木工 从入门到精通

阳鸿钧 等 编著

MUGONG
CONG RUMEN
DAO JINGTONG

U0230954

 化学工业出版社

·北京·

内 容 简 介

本书主要讲述了现代木工必备技能，同时兼顾传统木工的相关知识。本书介绍了木材、木工工具与设备、木工用材、工程结构与木结构等基础知识和基本常识，也介绍了木工基本功、木工识图、木工门窗、家具制作、家具安装、木工吊顶等上岗从业必备技能与实战经验，还介绍了装修木工与工地木工，木工计算、尺寸与数据等现代木工"两大职场——装修职场、建筑职场"技能与活用尺寸、常查数据。本书在编写过程中，通过双色图解加视频解读的方式将木工基本技能展现出来，以达到让读者能快速提升自身的专业技能的目的。

本书可以作为木工、吊顶工、模板工、家具厂员工、定制柜子相关人员，以及门窗制造与安装人员等的职业培训用书或者工作参考用书，也可以作为大专院校相关专业的辅导用书，以及灵活就业、想快速掌握一门技能手艺人员的自学参考用书。

图书在版编目（CIP）数据

木工从入门到精通 / 阳鸿钧等编著 . —北京：化学工业出版社，2022.10（2025.5重印）
ISBN 978-7-122-42034-3

Ⅰ．①木…　Ⅱ．①阳…　Ⅲ．①木工 - 基本知识
Ⅳ．①TU759.1

中国版本图书馆 CIP 数据核字（2022）第 153629 号

责任编辑：彭明兰　　　　　　　　　　文字编辑：冯国庆
责任校对：边　涛　　　　　　　　　　装帧设计：史利平

出版发行：化学工业出版社（北京市东城区青年湖南街 13 号　邮政编码 100011）
印　　装：高教社（天津）印务有限公司
787mm×1092mm　1/16　印张 17　字数 409 千字　2025 年 5 月北京第 1 版第 3 次印刷

购书咨询：010-64518888　　　　　　　　　　售后服务：010-64518899
网　　址：http://www.cip.com.cn
凡购买本书，如有缺损质量问题，本社销售中心负责调换。

定　　价：78.00 元

前　言

　　木工，作为建筑工程和装饰装修工程中的一个重要工种，在建筑领域、装饰装潢领域、景观领域、定制工厂领域等有着广泛的需求。但很多人对木作施工的相关知识不是很了解，不清楚相关的操作步骤与要求，或对施工细节模棱两可，并且，随着时代的变化，许多木质家具均已实现工厂化生产，现场木工制作需求大大减少。传统木工往往局限于与"木质"材料有关的工作，难以全面适应现在学习、就业、创业的变化需要。为此，现代木工，不仅要会与"木质"材料有关的工作，而且还要会与从事木工相关的、相近和类似的工作。

　　针对这一现象，我们将木工所涉及的一些具体工程项目，比如顶棚工程、吊顶工程、木质隔墙工程、轻钢龙骨隔墙工程、家具工程、门窗套工程、门窗工程、背景墙工程、玄关工程、地板工程、模板工程、橱柜工程、吊柜工程等，通过图解加视频解读的方式展现出来，让读者能快速提升自身的专业技能，同时，也能满足业主对木作施工的监工需求。

　　本书介绍了木材、木工工具与设备、木工用材、工程结构与木结构等基础知识和基本常识，也介绍了木工基本功、木工识图、木工门窗、家具制作、家具安装、木工吊顶等上岗从业必备技能与实战经验，还介绍了装修木工与工地木工，木工计算、尺寸与数据等现代木工"两大职场——装修职场、建筑职场"技能与活用尺寸、常查数据。

　　为了能让读者轻松学习木工相关知识与技能，本书尽量把木工标准做法图解图说化、木工细部做法图文视频详解化。本书的特点如下。

　　① 内容丰富，涵盖了木工有关基础知识、吊顶技能、隔墙技能、柜子技能、门窗技能等内容。

　　② 实用性强，主要配合木工职业要求进行讲解，既满足实际工作需要，又符合市场需求。

　　③ 内容新颖，根据现行标准要求进行编写。

　　④ 直观性强，采用双色图解的方式讲解，同时配有相关视频，符合现代市场新要求。

　　本书在编写过程中，参考了一些珍贵的资料、文献、网站，在此向这些资料、文献、网站的作者深表谢意！由于部分参考文献标注不详细或者不规范，暂时没有或者没法在参考文献中列举鸣谢，在此特意说明，同时深表感谢。

　　另外，本书在编写过程中还参考了现行有关标准、规范、要求、政策、方法等资料，从而保证本书内容新，符合现行要求。

　　本书可以作为木工、吊顶工、模板工、家具厂员工、定制柜子相关人员、门窗制造与安装人员等职业培训用书或者工作参考用书。本书也可以作为大专院校相关专业的辅导用书，以及想灵活就业、快速掌握一门技能的人员自学参考用书。

　　本书由阳鸿钧、阳育杰、阳许倩、许秋菊、欧小宝、许四一、阳红珍、许满菊、许小菊、阳梅开、阳苟妹等人员参加编写或支持编写。

　　另外，本书的编写还得到了一些同行、朋友及有关单位的帮助与支持，在此，向他们表示衷心的感谢！

　　由于时间和笔者水平有限，书中难免存在不足之处，敬请广大读者批评、指正。

编著者

2022 年 8 月

目 录

第1篇 入门篇——零基础轻松入行

第 2 章　木工工具与设备　// 40

第3章　木工用材 // 66

第4章　工程结构与木结构 // 83

第2篇　提高篇——上岗无忧

第5章　木工基本功　// 108

第 6 章　木工识图　　// 135

第 7 章　木工门窗　　// 151

第 8 章　家具制作　　// 178

第 3 篇 精通篇——匠心精铸

第 11 章 装修木工与工地木工 // 233

第*12*章　木工计算、尺寸与数据

第 1 篇

入门篇——零基础轻松入行

第 1 章

木材基础知识

1.1 木材的基本常识

1.1.1 木材的特点

木工就是俗称的木匠，其分为小木匠、大木匠。小木匠，即细木工，主要是指从事家具制作、室内装修的木工。大木匠，即粗木工，主要是指从事木结构、模板工程的木工。

木工是以木材为基本制作材料，以锯、刨、凿、插接、黏合等工序进行造型的一个工种。为此，木工应掌握一些木材基础知识。

木材的特点：不易传热、易燃等，如图 1-1 所示。

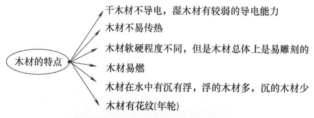

木材的特点
- 干木材不导电，湿木材有较弱的导电能力
- 木材不易传热
- 木材软硬程度不同，但是木材总体上是易雕刻的
- 木材易燃
- 木材在水中有沉有浮，浮的木材多，沉的木材少
- 木材有花纹(年轮)

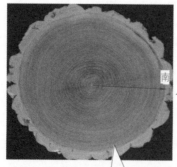

南

我国在北半球，由于日照偏南方的缘故，树木的年轮往往有"南疏北密"的现象

锯开的树木的横断面上长着一圈一圈的印痕，这是树木的年轮,植物的生长一般一年形成一个年轮，数一数树木横断面上有多少个圈，就能知道这棵树生长了多少年

图 1-1 木材的特点

1.1.2　木材的用途

木材的用途如下。

① 办公用品——制作桌子、椅子等。

② 盖房子——制作房梁、窗户、门口等。

③ 学习用品——制作铅笔、纸制品等。

④ 娱乐产品——制作棋子、滑梯等。

⑤ 做家具——制作大衣橱、床、餐桌椅等。

⑥ 架桥梁。

⑦ 铺铁轨当枕木。

⑧ 用作装饰材料。

⑨ 有的具有极高的收藏价值，如紫檀、金丝楠木等。

⑩ 有的能制作香料，如一种叫依兰香的树，被称为"天然的香水树"。

⑪ 有的能作中药材，如银杏树等。

⑫ 有的有香味，能驱虫，如香樟木等。

 **知识贴士**

一棵树从幼苗长到能盖房子或做家具一般需要的时间如下：

① 杨树：3～5年。

② 柳树：8～10年。

③ 松树：12～15年。

④ 紫檀木：至少25年以上。

1.1.3　软木与硬木的特征

软木（软杂类木料）具有一定的香气，并且抗腐蚀性强，大多数软木相对比硬木便宜。硬木（硬杂类木料）多为来自可以开花的阔叶林，其材质硬且重，密度与强度较大，纹理自然美观。软木与硬木的特征如图1-2所示。

针叶树
是树叶细长如针的树，多为常绿树，其材质一般较软，有的含树脂，又称软材。针叶树主要是乔木或灌木

阔叶树
是叶子宽阔的树。阔叶树的经济价值高，不少为重要用材树种，例如樟树、楠木等

图1-2

软杂类木料
常见的软杂类木料有红松、白松、杨木等。该类木材具有木质疏松、纹理顺直、不易膨缩、变形较小等特点

白松

硬杂类木料
常见的硬杂类木料有榆木、水曲柳、桦木等。该类木材具有木质坚硬、膨缩翘裂较显著、易变形等特点

桦木

软木
多为针叶树林，其材质较轻、松软，易于切削加工。常用的软木有红松、云杉、柚木、白松、冷杉、柳桉、柏木等。软木主要用于建筑、造船、电杆、桥梁、家具、坑木、桩木等

硬木
是制作模型与面饰的上好材料。常见的硬木有紫檀、榆木、水曲柳、柞木、花梨、酸枝、鸡翅木、橡木、胡桃木等。硬木常被用于家具、室内装修中

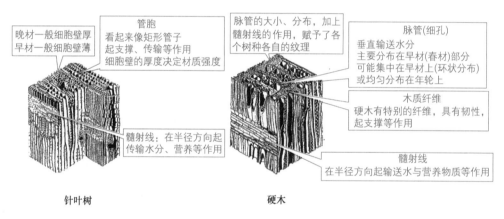

晚材一般细胞壁厚
早材一般细胞壁薄

管胞
看起来像矩形管子
起支撑、传输等作用
细胞壁的厚度决定材质强度

脉管的大小、分布，加上髓射线的作用，赋予了各个树种各自的纹理

脉管(细孔)
垂直输送水分
主要分布在早材(春材)部分
可能集中在早材上(环状分布)
或均匀分布在年轮上

木质纤维
硬木有特别的纤维，具有韧性，起支撑等作用

髓射线：在半径方向起传输水分、营养等作用

髓射线
在半径方向起输送水与营养物质等作用

针叶树　　　　　　　　　　硬木

图 1-2　软木与硬木的特征

软杂类木材易加工。硬杂类木材不易加工，但是木纹清晰美观。

1.1.4　木材的种类

（1）根据树木的生长类型分类　木材分为阔叶灌木类、阔叶乔木类、藤木类等，具体见表 1-1。

表 1-1　根据树木的生长类型分类

分类依据	常绿	落叶
阔叶灌木类	月桂、黄杨、假连翘等	榆叶梅、山桃、迎春等
阔叶乔木类	广玉兰、女贞、石楠等	柳、毛白杨、悬铃木等
藤木类	常春藤、络实等	地锦、紫藤等
针叶树类	油松、白皮松、侧柏等	池杉、落叶松、水杉等
竹类	黄槽竹、早园竹、佛肚竹等	

（2）根据树种分类　木材分为针叶树、阔叶树，具体见表1-2。针叶木与阔叶木的比较见表1-3。

表1-2　根据树种分类

项目	分类与特点
针叶树	（1）针叶树（软木材）包括杉木、白松、红松、黄花松等 （2）大部分针叶树为常绿树 （3）针叶树具有树叶细长、树干直且高大、木质较软、易加工、纹理顺直、表观密度小、强度较高、胀缩变形小等特点 （4）针叶树主要用途：建筑工程、木制包装、电杆、桩木、桥梁、家具、坑木、枕木、造船、机械模型等
阔叶树	（1）阔叶树（硬木材）包括桦木、榆木、水曲柳等 （2）阔叶树常用作室内装饰、次要承重构件、胶合板等 （3）阔叶树具有树叶宽大（呈片状）、树干通直部分较短、木材较硬、加工比较困难、表观密度较大、易胀缩、易开裂、易翘曲等特点 （4）阔叶树主要用途：建筑工程、木制包装、家具、坑木、机械制造、桥梁、枕木、造船、车辆、胶合板等

表1-3　针叶木与阔叶木的比较

项目	针叶木	阔叶木
形状	针状、鳞片状	宽大呈网状，叶脉呈网状
树干枝杈特点	树干通直高大、纹理顺直、易得大材、材质均匀	枝杈多而较大
加工情况	较软、容易加工	较硬、难于加工
胀缩、强度等	胀缩变形较小、强度较高、耐腐蚀、可承重	胀缩变形大、易翘曲、强度高，用于装饰
髓线、导管等	髓线不明显、无导管（无孔材）、有管胞	髓线发达、有导管（有孔材）、无管胞

 **知识贴士**

用于模型制作的木材种类比较多，例如松木、椴木、水曲柳、榉木、樱桃木、红木、白蜡木、胡桃木等。

（3）根据用途和加工分类　木材可以分为原条、原木、板材与方材，具体见表1-4。木材在土木工程中，可以被用作屋架、桁架、脚手架、柱、桩、梁、地板、门窗、混凝土模板，以及用于一些装饰装修中等。

表1-4　根据用途和加工分类

名称	解释
原条	原条是指已经除去皮、根、树梢的木料，但是尚未根据一定尺寸加工成规定的木料
原木	原木是指原条根据一定尺寸加工而成的规定直径、长度的木料，其可以直接在建筑中作楼梯、木桩、搁栅、木柱等
板材、方材	（1）板材和方材是指原木经锯解加工而成的木材，宽度为厚度的三倍或三倍以上的为板材，不足三倍的为方材 （2）根据用途不同，板材可以分为结构材料、隔热材料、装饰材料、电绝缘材料等 （3）板材、方材主要用途：家具、木制包装、桥梁、建筑工程、装饰等

（4）根据成型分类　木材分为密度板、刨花板等，具体见表1-5。

（5）根据价格分类　木材分为一类价、二类价等，具体见表1-6。

（6）根据材质分类　木材分为实木板、人造板等，具体见表1-7。人造板如图1-3所示。

表 1-5　根据成型分类

名称	解释
防火板	（1）防火板是指采用硅质材料或钙质材料为主要原料，与一定比例的纤维材料、轻质骨料、黏合剂、化学添加剂混合，经过蒸压技术制成的装饰板材 （2）防火板的施工对于粘贴胶水的要求比较高 （3）质量较好的防火板价格比装饰面板高 （4）防火板的厚度一般为 0.8mm、1mm、1.2mm 等
胶合板	（1）胶合板又叫做细芯板 （2）胶合板一般是由三层或多层 1mm 厚的单板或薄板胶贴热压制而成的 （3）胶合板是目前手工制作家具中最为常用的材料 （4）胶合板夹板一般分为 3 厘板、5 厘板、9 厘板、12 厘板等规格（说明：厘为俗称，1 厘即为 1mm）
密度板	（1）密度板又叫做纤维板 （2）密度板是以木质纤维或其他植物纤维为原料，填加脲醛树脂或其他适用的胶黏剂制成的人造板材 （3）根据密度不同，密度板可以分为高密度板、中密度板、低密度板 （4）密度板具有质软、耐冲击、易再加工等特点
刨花板	（1）刨花板是以木材碎料为主要原料，再添加胶水和添加剂经压制而成的薄型板材 （2）根据不同的压制方法，刨花板可以分为挤压刨花板、平压刨花板等类型 （3）刨花板具有价格便宜、强度差等特点 （4）刨花板一般不适宜制作较大型或者有力学要求的家具
实木板	（1）实木板就是采用完整的木材制成的木板材 （2）实木板具有板材坚固耐用、纹路自然、造价高、施工工艺要求高等特点 （3）实木板是装修中优中之选 （4）实木板一般根据板材实质名称来分类，没有统一的标准规格
细木工板	（1）细木工板又叫做大芯板 （2）细木工板是由两片单板中间粘压拼接木板而成的 （3）细木工板竖向（以芯材走向区分）抗弯压强度和抗压强度差，但是横向抗弯压强度较高 （4）细木工板常见尺寸：长度 2440mm；宽度 1220mm （5）细木工板常用的厚度为 18mm，其他厚度规格有 12mm、15mm、20mm 等 （6）在市场上大部分是实心、胶拼、双面砂光、五层等细木工板
装饰面板	（1）装饰面板又叫做面板 （2）装饰面板是将实木板精密刨切成厚度为 0.2mm 左右的微薄木皮，以夹板为基材，然后经过胶粘工艺制作而成的具有单面装饰作用的装饰板材 （3）装饰面板是夹板存在的特殊方式，厚度为 3mm （4）装饰面板是目前有别于混油做法的一种高级装修材料

表 1-6　根据木材价格分类

名称	解释
一类价	例如橡木（非橡胶木）、红檀、楠木、枫木、紫檀、酸枝木、柚木等
二类价	例如水曲柳、榉木、柞木、胡桃木、榆木、樱桃木等
三类价	例如橡胶木、桦木、椴木、铁杉、楸木等
四类价	例如松木、水杉木、樟木、杨木等
五类价	例如桐木、柯木等

表 1-7　根据材质分类

名称	解释
实木板	（1）装修中地板、门扇可能会使用实木板，一般所使用的板材以人造板为主 （2）天然材料是在大自然中天然生长的
人造板	（1）人造板就是人工加工出来的板材 （2）人造材料也称合成材料，是人为地把不同天然物质经化学方法或聚合作用加工而成的材料

续表

名称	解释
天然木材	天然木材包括原木、锯材（方木、板材）、规格材等
工程木	工程木包括层板胶合木、木基结构板材、结构复合木材等

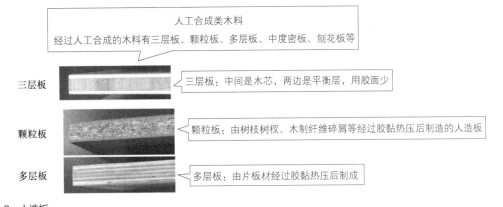

人工合成类木料

经过人工合成的木料有三层板、颗粒板、多层板、中度密板、刨花板等

三层板　　　三层板：中间是木芯，两边是平衡层，用胶面少

颗粒板　　　颗粒板：由树枝树杈、木制纤维碎屑等经过胶黏热压后制造的人造板

多层板　　　多层板：由片板材经过胶黏热压后制成

图1-3　人造板

1.1.5　我国各地区可供选用的常用树种

我国各地区可供选用的常用树种见表1-8。

表1-8　我国各地区可供选用的常用树种

地区	可供选用的常用树种
广东、广西	铁杉、杉木、松木、鸡毛松、罗汉松、陆均松、红稠、白稠、红锥、黄锥、白锥、拟赤杨、木麻黄、乌墨、油楠、檫木、山枣、紫树、红桉、白桉等
河北、河南、山东、山西	云杉、冷杉、落叶松、松木、华山松、杨木、臭椿、桦木、水曲柳、槐树、榆木、刺槐、榭栎、柳木等
黑龙江、辽宁、吉林、内蒙古	杨木、云杉、冷杉、红松、落叶松、松木、水曲柳、桦木、榭栎、榆木等
湖南、湖北、江苏、安徽、江西、福建、浙江	油杉、柳杉、杉木、松木、杨木、檫木、荷木、红锥、白锥、红稠、白稠、栗木、拟赤杨、枫香等
陕西、宁夏、甘肃、青海、新疆	铁杉、云杉、冷杉、松木、落叶松、华山松、杨木、臭椿、桦木、榆木等
四川、贵州、云南、西藏	冷杉、红杉、铁杉、杉木、云杉、松木、白锥、红锥、黄锥、红桉、白桉、木莲、桤木、柏木、荷木、榆木、檫木、拟赤杨等

1.1.6　木材的三个切面与结构

木材的三个切面为横切面、弦切面、径切面，如图1-4所示。

1.1.7　木材的切割方法

木材的切割方法会影响木材变形的方向，木材的切法有弦切、刻切、径切等，如图1-5所示。
平切是指沿着树干轴向依次平行切，其中的板面混合了弦切、刻切、径切三种切面。木材的合理切割，是产生优美花纹的关键。

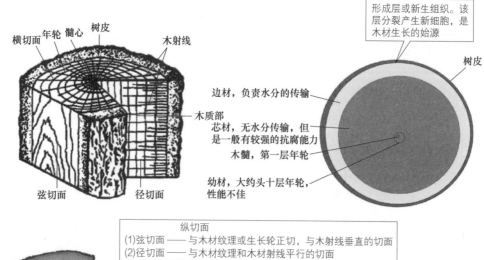

横切面　年轮　髓心　树皮　木射线

形成层或新生组织。该层分裂产生新细胞，是木材生长的始源

树皮

边材，负责水分的传输

木质部

芯材，无水分传输，但是一般有较强的抗腐能力

木髓，第一层年轮

幼材，大约头十层年轮，性能不佳

弦切面　径切面

纵切面
(1)弦切面 —— 与木材纹理或生长轮正切，与木射线垂直的切面
(2)径切面 —— 与木材纹理和木材射线平行的切面

径切面

横切面是与树干主轴(或木材纹理)垂直方向的切面

弦切面

图1-4　木材的三个切面与结构

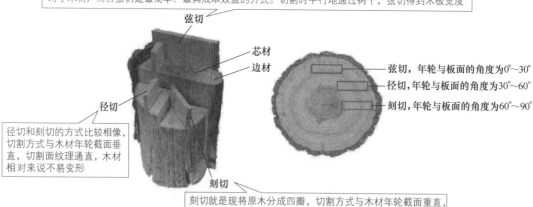

弦切又叫做平锯，即顺着树干主轴或木材纹理方向，垂直于树干断面的半径进行锯切
弦切面的不同纹路，可以作为鉴别木材的依据之一
对于木材厂而言弦切是最简单、最具成本效益的方式。切割时平行地通过树干，弦切得到木板宽度

弦切

芯材
边材

弦切，年轮与板面的角度为0°~30°
径切，年轮与板面的角度为30°~60°
刻切，年轮与板面的角度为60°~90°

径切

径切和刻切的方式比较相像，切割方式与木材年轮截面垂直，切割面纹理通直，木材相对来说不易变形

刻切

刻切就是现将原木分成四瓣，切割方式与木材年轮截面垂直，切割面纹理通直
刻切时，木材相对而言不易变形
以刻切方式加工出来的木材纹理通直，带有独特的木髓斑纹
刻切的切割方式相对弦切麻烦一些

整体示意

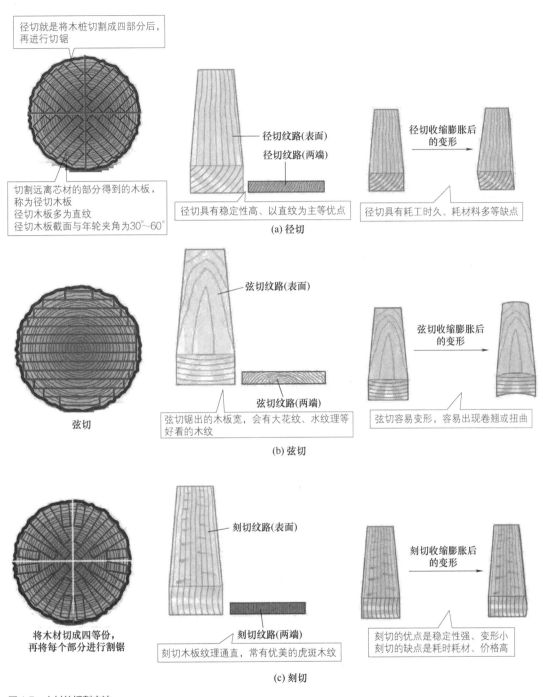

图1-5 木材的切割方法

1.1.8 木材的节疤

木材节疤会影响木材构造均匀性、构造完整性、表面美观性、加工性等，会降低木材的某些强度等。

木材的节疤如图1-6所示。

节子——包含在树干或主枝木材中产枝条部分
活节——由树木的活枝条形成
死节——由树木的枯死枝条形成

节疤对顺纹抗拉强度的影响最大,其次是抗弯强度
节疤对顺纹抗压强度影响较小
节子能提高横纹抗压、顺纹强度

节子的存在,破坏了木材的纹理

根据质地及与周围木材结合程度,木节可分为活节、死节、漏节
根据断面形状,木节可分为圆形节、条状节、掌状节

掌状节　　　　条状节　　　　圆形节　　　　活节　　　　死节

图1-6　木材的节疤

1.1.9　木材的裂纹

根据木材开裂的部位、方向不同,木材裂纹可分为径裂、轮裂、端裂等几种,如图1-7所示。

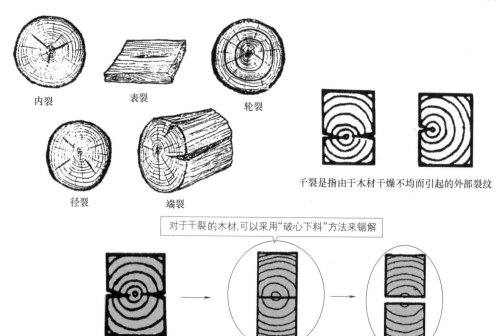

内裂　　　表裂　　　轮裂

干裂是指由于木材干燥不均而引起的外部裂纹

径裂　　　端裂

对于干裂的木材,可以采用"破心下料"方法来锯解

方木、原木的干裂

图1-7　木材的裂纹

根据木材开裂表现形式，木材裂纹可分为表裂、内裂、端裂、轮裂等。

基本防裂方法

① 采用高温定性处理——通过高温定性处理，消除木料表层因加湿膨胀而产生压缩残余变形，以减少木材的开裂。

② 用防水剂进行加压处理——用防水剂进行加压处理，使防水剂深深地进入木材中，以达到持久性的良好防裂效果。

③ 机械法防裂——在已干燥的木材上用铁丝捆端头，使用防裂环、组合钉板等，用机械的方法强制木材不膨胀、不收缩，以免木材发生开裂。

④ 改进制材时下锯的方法——下锯时多生产一些径切板，以减少开裂。带有髓心的板材干燥时易劈裂，因此，在制材时避免生产带髓心的板材。

⑤ 涂刷防水涂料——在木材的端部、表面涂刷防水涂料，以减缓木材表面的蒸发强度，减少木材的开裂。

1.1.10　木材的变色

木材的变色是由变色菌侵入木材后引起的，由于菌丝的颜色、所分泌的色素不同，因此会产生蓝变色、红斑等色彩，如图 1-8 所示。

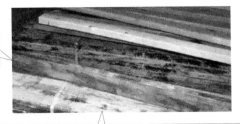

桦木、杨树、铁杉常引起红斑
云南松、马尾松容易引起青变

变色菌主要在边材的薄壁细胞中，依靠内含物生存，不破坏木材的细胞壁

图 1-8　木材的变色

1.1.11　木材的腐朽

木材的腐朽是指腐朽菌在木材中由菌丝分泌酵素，破坏细胞壁而使木材产生的质变，如图 1-9 所示。

木材腐朽会使木材的强度、硬度等降低，木材腐朽分为白色腐朽(筛状腐朽)、褐色腐朽(粉状腐朽)

图 1-9　木材的腐朽

1.1.12　木材的变形与扭曲

木材在三个方向的干缩存在差异，以及木材截面各边与年轮所成的角度不同，当木材含水率变化时，会引起木材不均匀收缩，从而致使木材产生变形、扭曲等现象，如图1-10所示。

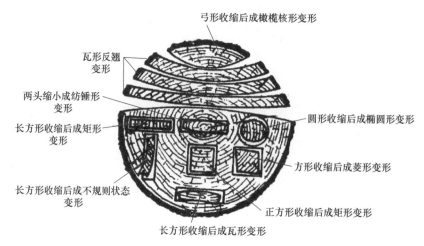

图 1-10　木材的变形与扭曲

1.1.13　木材的主要性质

木材的主要性质，包括平均密度、表观密度、所含水分、纤维饱和点、木材的平衡含水率等，见表1-9。

表1-9　木材的主要性质

名称	解释
平均密度	$1.5 \sim 1.56g/cm^3$
表观密度	$500kg/m^3$
纤维饱和点（木材中的吸附水达到饱和，而尚无自由水时的含水率）	$25\% \sim 35\%$
木材的平衡含水率	$12\% \sim 18\%$

　**知识贴士**

木材的湿胀干缩性在各个方向都不同：弦向最大、径向次之、顺纹最小。

环境温度长期处于50℃及以上时，不应使用木结构。

1.1.14　木材的含水率

正常状态下的木材及其制品，会含有一定数量的水分。木材中所含水分的质量与绝干后木材质量的比例（％），定义为木材含水率。

木材含水率可以用全干木材的质量作为计算基准，算出的数值叫做绝对含水率，计算公式如图1-11所示。

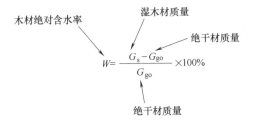

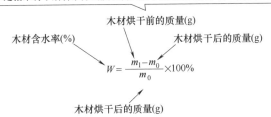

图1-11　木材含水率计算公式

木材干燥时细胞壁的变化如图1-12所示。纤维饱和点是指潮湿木材放在空气中干燥，当自由水蒸发完毕后，细胞壁中的吸着水尚在饱和状态时木材的含水率。

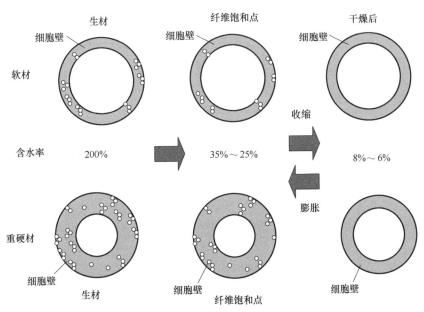

图1-12　木材干燥时细胞壁的变化

　　木制品制作完成后，造型、材质不会再改变，此时决定木制品内在质量的关键因素主要就是木材含水率、干燥应力。

1.1.15　干材、半干材与湿材的区别

　　干材、半干材与湿材，以含水率18%、25%为界进行区别，如图1-13所示。

图1-13　干材、半干材与湿材的区别

1.1.16　木材、板材含水率的要求

　　木材、板材含水率的要求如图1-14所示。

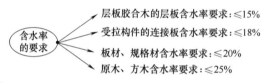

图1-14　木材、板材含水率要求

1.1.17　木材的干缩、湿胀

　　木材的干缩、湿胀是指木材含水率在纤维饱和点以下，随着含水率降低，其纵向、横向尺寸都会缩短，体积变小；反之，木材体积会变大的现象。

　　木材干缩程度用干缩率来表示。干缩率包括线干缩率、体积干缩率、气干干缩率、全干干缩率等，如图1-15所示。

　　线干缩率可以分为纵向线干缩率（顺木纹方向）、弦向线干缩率、径向线干缩率（横木纹方向）。

1.1.18　木材的收缩率

　　木材的收缩率如图1-16所示。各树种的收缩率见表1-10。

　　径向、弦向干缩率的差异是造成木材开裂与变形的重要原因之一。

1.1.19　木材收缩量的计算

　　木材收缩量的计算如图1-17所示。

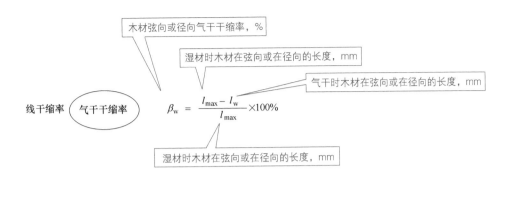

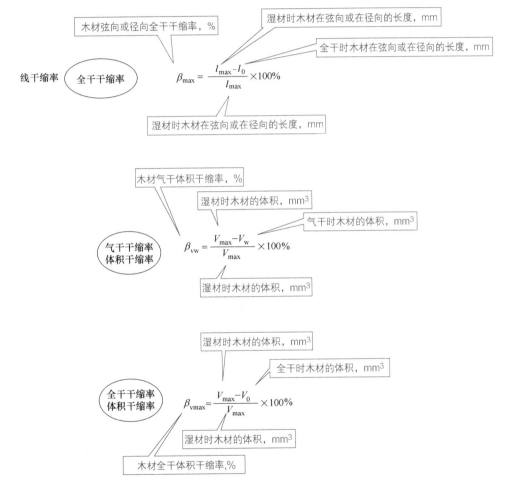

图1-15 木材的干缩、湿胀

1.1.20 木材平衡含水率

木材放在一定的环境下，足够长的时间后，其含水率会趋于一个平衡值，也就是该环境的平衡含水率。木材含水率高于环境的平衡含水率时，木材会排湿收缩；反之会吸湿膨胀。

木材的平衡含水率，其实就是木材在一定的空气状态下，最后达到的吸湿稳定含水率或解吸稳定含水率。

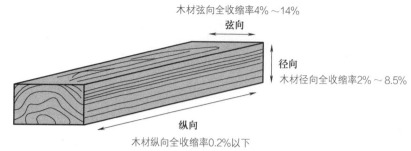

图 1-16　木材的收缩率

表 1-10　各树种的收缩率

树种	气干容重 / (g/cm³)	平均干缩系数 (径向)/%	平均干缩系数 (弦向)/%	平均干缩系数 (体积)/%	产地
红松	0.440	0.122	0.321	0.459	东北
黄檀	0.897	0.207	0.346	0.579	江西
马尾松	0.515	0.150	0.296	0.466	湖南
泡桐	0.283	0.147	0.269	0.453	河南
杉木	0.376	0.123	0.291	0.420	湖南
水曲柳	0.686	0.197	0.353	0.577	东北
水杉	0.342	0.089	0.241	0.344	湖北
蚬木	1.128	0.369	0.429	0.807	广西

例如：泡桐长 500mm、宽 122mm、厚 12mm，从含水率为 14% 烘干到 8% 时，其宽度是多少？

查表 1-10 得知泡桐木平均收缩率：弦向为 0.269%、径向为 0.147%。

收缩量：

$$122 \times 0.269\% \times (14-8) = 1.97（mm）$$

烘干后宽度：

$$122-1.97=120.03（mm）$$

图 1-17　木材收缩量的计算

木材干燥要适当，并非越干越好。不同地区、不同用途，对木材含水率的要求也是不一样的。一些城市木材平衡含水率年平均值见表 1-11。

表 1-11　一些城市木材平衡含水率年平均值

城市	平衡含水率年平均值 /%	城市	平衡含水率年平均值 /%
北京	11.4	海口	17.3
长春	13.3	杭州	16.5
长沙	16.5	合肥	14.8
成都	16	呼和浩特	11.2
大连	13	济南	11.7
福州	15.6	昆明	13.5
广州	15.1	拉萨	8.6
贵阳	15.4	兰州	11.3
桂林	14.4	南昌	16
哈尔滨	13.6	南京	14.9

续表

城市	平衡含水率年平均值 /%	城市	平衡含水率年平均值 /%
南宁	15.4	乌鲁木齐	12.1
青岛	14.4	武汉	15.4
上海	16	西安	14.3
沈阳	13.4	西宁	11.5
石家庄	11.8	银川	11.8
太原	11.7	郑州	12.4
天津	12.2	重庆	15.9
温州	17.3		

1.1.21　木材平衡含水率与空气温、湿度的关系

木材平衡含水率与空气温、湿度的关系，如图 1-18 所示。

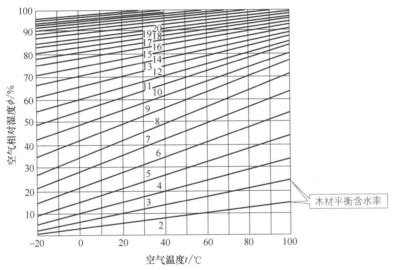

图 1-18　木材平衡含水率与空气温、湿度的关系

1.1.22　木材的密度

木材密度是指木材单位体积的质量。木材密度可以分为气干密度、全干密度、基本密度等，如图 1-19 所示。

一般而言，木材密度是决定木材强度、刚度的物质基础，是判断木材强度的最佳指标。

一些木材气干密度见表 1-12。

　**知识贴士**

木材密度

① 一般而言，木材密度是决定木材强度、刚度的物质基础，是判断木材强度的最佳指标。

② 一般而言，木材密度增大，木材强度、刚性增高。

③ 一般而言，木材密度增大，木材的弹性模量呈线性增长。

④ 一般而言，木材密度增大，木材韧性成比例地增长。

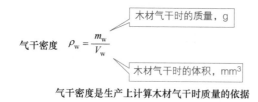

气干密度　$\rho_{\mathrm{w}} = \dfrac{m_{\mathrm{w}}}{V_{\mathrm{w}}}$

木材气干时的质量，g

木材气干时的体积，mm³

气干密度是生产上计算木材气干时质量的依据

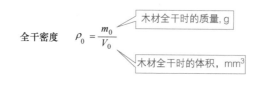

全干密度　$\rho_0 = \dfrac{m_0}{V_0}$

木材全干时的质量，g

木材全干时的体积，mm³

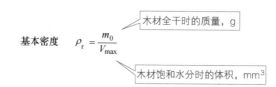

基本密度　$\rho_{\mathrm{r}} = \dfrac{m_0}{V_{\mathrm{max}}}$

木材全干时的质量，g

木材饱和水分时的体积，mm³

基本密度为实验室中判断材性的依据，其数值比较准确、固定

图 1-19　木材密度

表 1-12　一些木材气干密度

木材	气干密度	木材	气干密度	木材	气干密度
硬木松	0.5～0.7g/cm³	摘亚木	＞0.8g/cm³	水青冈（山毛榉）	0.67～0.72g/cm³
软木松	0.4～0.5g/cm³	印茄木（波罗格）	约0.8g/cm³	红栎（橡木）	0.66～0.77g/cm³
（黄杉）花旗松	约0.53g/cm³	大甘巴豆	＞0.8g/cm³	白栎（橡木）	0.63～0.79g/cm³
铁杉	约0.47g/cm³	甘巴豆	0.77～1.1g/cm³	铁樟木	约0.8g/cm³
鸭脚木	约0.55g/cm³	龙脑香	0.7～0.8g/cm³	椴木	0.42～0.56g/cm³
桤木	0.43～0.53g/cm³	冰片香	约0.8g/cm³	榆木	0.58～0.78g/cm³
桦木	0.55～0.75g/cm³	重黄娑罗双	0.85～1.15g/cm³	榉木	约0.79g/cm³
重蚁木	＞0.9g/cm³	重红娑罗双	0.8～0.88g/cm³	石梓	0.5～0.64g/cm³
蚁木	0.6～0.7g/cm³	黄娑罗双	0.58～0.74g/cm³	柚木	0.58～0.67g/cm³
木棉	约0.4g/cm³	青皮	＞0.8g/cm³	苏木	＞1.0g/cm³
非洲破布木	＜0.43g/cm³	乌木	＞0.96g/cm³	香脂树	0.7～0.78g/cm³
贝壳杉	0.45～0.55g/cm³	破布木	＞0.65～0.8g/cm³	橡胶木	约0.65g/cm³
南洋杉	0.45～0.55g/cm³	橄榄木	0.5～0.7g/cm³	龙骨豆	＞0.96g/cm³
冷杉	0.42～0.48g/cm³	四榄木	约0.87g/cm³	二翅豆	＞1.0g/cm³
雪松	0.56～0.58g/cm³	缅茄木	约0.8g/cm³	美木豆	约0.7g/cm³
落叶松	0.56～0.7g/cm³	铁苏木	约0.83g/cm³	紫檀	1.05～1.26g/cm³
云杉	0.4～0.52g/cm³	鞋木	约0.72g/cm³	花梨	＞0.76g/cm³
新西兰罗汉松	约0.48g/cm³	马蹄豆木	0.9～1.0g/cm³	绅甸铁樟木	约1.0g/cm³
腰果木	约0.56g/cm³	酸豆木	＞0.8g/cm³	木荚豆	1.0～1.18g/cm³
人面子木	约0.6g/cm³	类樟	约0.9g/cm³	白蜡木	0.6～0.72g/cm³
夹竹桃木	约0.44g/cm³	木麻黄	约0.92g/cm³	铁线子	0.9～1.1g/cm³
重盾籽木	0.91～0.95g/cm³	冠瓣木	0.48～0.64g/cm³	纳托山榄	0.56～0.77g/cm³
红盾籽木	约0.75g/cm³	异翅香	约0.6g/cm³	四籽木	约0.78g/cm³

1.1.23　木材给人的视觉特性

木材的视觉具有和谐感、温馨感，如图 1-20 所示。

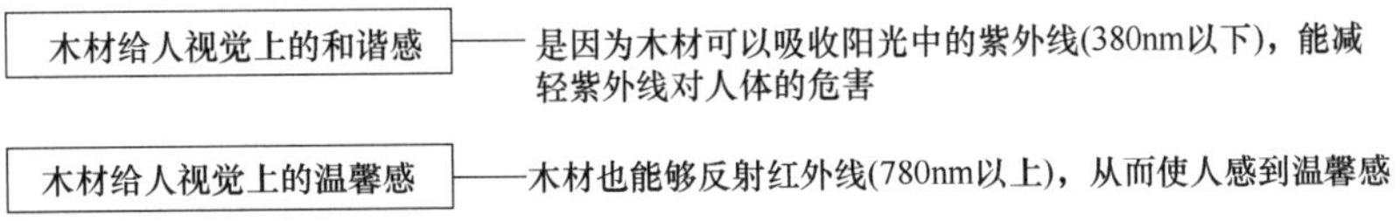

| 木材给人视觉上的和谐感 |—— 是因为木材可以吸收阳光中的紫外线(380nm以下)，能减轻紫外线对人体的危害

| 木材给人视觉上的温馨感 |—— 木材也能够反射红外线(780nm以上)，从而使人感到温馨感

图1-20　木材的视觉

1.1.24　木材给人的触觉特性

人对材料表面的冷暖感觉，主要是由材料的热导率的大小决定的，如图 1-21 所示。

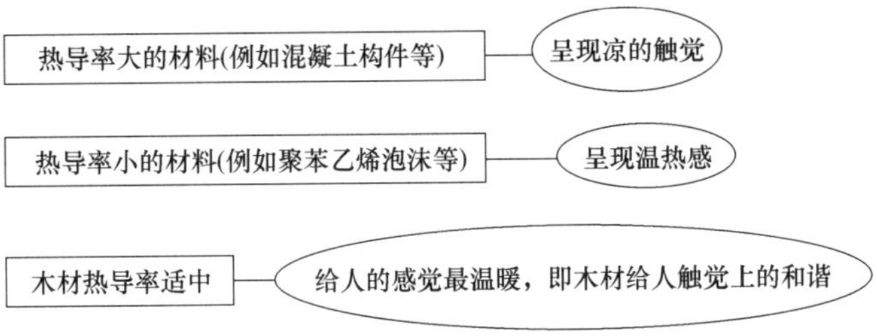

| 热导率大的材料(例如混凝土构件等) |—— (呈现凉的触觉)

| 热导率小的材料(例如聚苯乙烯泡沫等) |—— (呈现温热感)

| 木材热导率适中 |—— (给人的感觉最温暖，即木材给人触觉上的和谐)

图1-21　木材的触觉

1.1.25　木材的力学性能

木材在物理力学性质方面，具有显著的各向异性。木材的力学性能包括抗弯强度、承压强度、抗剪强度等，如图 1-22 所示。

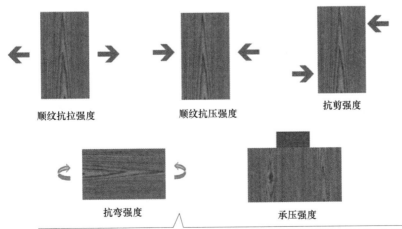

木材强度：顺纹受力强度最高，横木纹受力强度最低，斜木纹介于两者间。
木材顺纹受压强度比受拉低，木材受弯强度则介于两者之间

顺纹抗拉强度　　　　顺纹抗压强度　　　　抗剪强度

抗弯强度　　　　　　承压强度

木材受弯时，既有受压区又有受拉区。因此，木节与斜纹对强度的影响介于受压和受拉间。木材受剪破坏时变形很小，达到强度极限时突然破坏，表现为脆性特点

图1-22　木材的力学性能

木材顺纹受拉、受力 - 应变曲线特点如图 1-23 所示。木材的顺纹抗拉强度较高，但横纹抗拉强度很低，一般为顺纹抗拉强度的（1/40）～（1/10）。因此，受力构件中不允许木材横纹受拉。

清材的顺纹抗压强度为抗拉强度的 40%～ 50%。

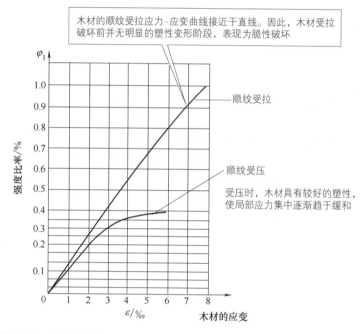

图 1-23 木材顺纹受拉、受力 - 应变曲线特点

木材抗剪强度的特点：木材顺纹受剪 > 木材成角度受剪 > 木材横纹受剪，如图 1-24 所示。

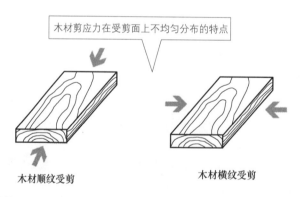

图 1-24 木材抗剪强度的特点

1.1.26 木材的弹性模量

木材弹性模量与木材密度、树种、含水率等因素有关。抗弯弹性模量略低于抗拉、抗压弹性模量，大约差 10%。顺纹受压与顺纹受拉弹性模量基本相等。

部分树种木材顺纹受拉、受压的弹性模量见表 1-13。部分树种木材的剪变模量见表 1-14。部分木材密度与顺纹受压强度的关系见表 1-15。

表1-13　部分树种木材顺纹受拉、受压的弹性模量

树种	产地	弹性模量（顺纹受拉）/×10³ MPa	弹性模量（顺纹受压）/×10³ MPa
臭冷杉	东北	10.7	11.4
红皮云杉	东北	12.2	11
红松	东北	10.2	9.5
落叶松	东北	16.9	—
马尾松	广西	10.6	—
木荷	福建	12.8	12.3
拟赤杨	福建	9.4	9.4
杉木	广西	10.7	—
鱼鳞云杉	东北	14.7	14.2
樟子松	东北	12.3	—

表1-14　部分树种木材的剪变模量

树种	G_{LT}/×10³ MPa	G_{LR}/×10³ MPa
白桦	0.9976	1.9310
红皮云杉	0.6307	1.2172
红松	0.2866	0.7543
马尾松	0.9739	1.1705
山杨	0.1827	0.9001
杉木	0.2967	0.5348
水曲柳	0.8439	1.4783
柞栎	0.2152	2.3795

注：G_{LT} 表示变形导致在纵向和切向所组成的平面上产生的剪切模量；G_{LR} 表示变形导致在纵向和径向所组成的面上产生的剪变模量。

表1-15　部分木材密度与顺纹受压强度的关系

树种	产地	关系式
杉木	福建	$f_{15}=1119.34\rho_{15}-43$
杉木	湖南	$f_{15}=1455\rho_{15}-151$
红松	东北	$f_{15}=1067\rho_{15}-151$
白桦	东北	$f_{15}=832\rho_{15}-63$
落叶松	东北	$f_{15}=1191.75\rho_{15}-209$
马尾松	福建	$f_{15}=403.05\rho_{15}+149.61$
黄花落叶松	东北	$f_{15}=1192.96\rho_{15}-188$

注：f_{15}、ρ_{15}——当含水率为15%时，木材的顺纹受压强度和密度。

1.1.27　影响结构木材强度的因素

影响结构木材强度的因素包括尺寸效应、含水率、荷载持续时间、缺陷、温度、设计使用年限、试件尺寸、干湿状况、使用条件、树干位置、含水率等，见表1-16。

表1-16　影响结构木材强度的因素

因素	解释
尺寸效应	（1）构件截面越大，构件越长，则构件中包含缺陷的可能性越大，木材强度越低 （2）受弯、顺纹受拉、顺纹受剪折减系数分别为0.89、0.75、0.9

续表

因素	解释
含水率	（1）大于纤维饱和点，不影响 （2）小于纤维饱和点，含水率越高则强度越低 （3）抗压、抗弯强度影响最大，抗剪次之，抗拉影响最小 （4）对低品质结构木材影响甚微，对高品质结构木材影响明显
荷载持续时间	（1）较大荷载在木结构上长期持续作用，会导致木材强度、刚度降低 （2）一般认为，木材荷载持续约为短期强度的 60%，不会引起木材破坏的临界强度 （3）荷载持续作用 10 年，木材强度会降低大约 40% （4）持续荷载的影响系数一般取 0.72。当结构作用全部为恒荷载时，再乘以 0.8 的折减系数，也就是 0.576 （5）木材的长期强度与瞬时强度的比值，随木材的树种、受力性质不同而不同，一般为：顺纹受拉约 0.5、顺纹受压 0.5 ～ 0.59、顺纹受剪 0.5 ～ 0.55、静力弯曲 0.5 ～ 0.64
缺陷	（1）斜纹对抗拉强度的影响最大，抗弯次之，抗压最小 （2）木节对抗拉强度的影响最大，并且与木节位置有关 （3）木节对抗压强度的影响最小 （4）木节对抗弯强度的影响介于抗拉与抗压之间，木节对原木抗弯强度的影响小于对锯材影响 （5）木节对位于受拉边缘的影响大于受压边缘 （6）通长的贯通裂缝不允许用作结构木材 （7）干裂对顺纹抗剪强度的影响最大，抗弯次之 （8）考虑干裂影响，抗弯、抗拉、抗剪强度折减系数分别取 0.85、0.90、0.82 （9）考虑斜纹和木节的影响，抗弯、抗压、抗拉强度折减系数分别为 0.75、0.80、0.66
温度	（1）常温下，随温度升高强度降低，强度降低程度与木材的含水率、温度值、荷载持续作用的时间等多种因素有关 （2）低温（0℃）以下，抗弯强度、抗压强度、抗冲击性能略高于常温 （3）高温（大于 50℃）时，强度明显降低 （4）高温条件下不宜选用木材作为承重构件材料 （5）温度超过 140℃，木纤维开始裂解成黑色，强度、弹性模量显著降低 （6）温度升高，木材的强度、弹性模量降低

1.1.28　木材的改性

木材的改性包括木材的强化、木材尺寸稳定化等，如图 1-25 所示。

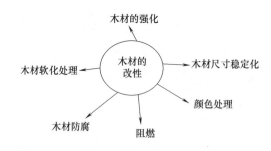

图 1-25　木材的改性

1.1.29　木材的强化

木材的强化，就是用物理或化学或两者兼用的方法来处理木材，使处理药剂沉积填充于细胞壁内，或者使木材组分发生交联，从而使木材密度增加、强度提高的过程。

木材的强化应用制品见表 1-17。

表 1-17　木材的强化应用制品

名称	解释
胶压木制品	胶压木，就是将酚醛树脂的初期缩聚物扩散到单板的木材细胞中，对木材起到增塑的效应，在不使树脂固化的温度下使单板干燥并层积，再于高温、高压下使树脂固化，制得的产品
浸渍木制品	浸渍木，就是木材在低分子量树脂或单体溶液中浸渍，借助于压力或常压，树脂或单体扩散进木材细胞壁使木材增容，通过干燥除去水分或溶剂，同时树脂固化而生成不溶于水的聚合物
强化木制品	强化木，就是将低熔点合金以熔融状态注入木材细胞壁中，冷却硬化后和木材共同构成的材料
塑化木制品	塑化木，就是通过浸渍的方法，将乙烯基单体浸注到木材中，通过引发剂引发、热引发或辐射引发，使乙烯基单体固化，填充木材的孔隙或接枝到木材分子上，得到的制品
压缩木制品	压缩木，就是在热、湿、压力作用下，将实体木材塑化、压缩密实得到的产品

1.1.30　木材的阻燃

木材是天然的高分子有机化合物，其主要化学组成是纤维素、半纤维素、木质素，三者均是固体可燃物质。

木材燃烧的四个阶段，如图 1-26 所示。木材起火的危险温度，是热分解液体的实际温度，一般为 210 ～ 260℃。

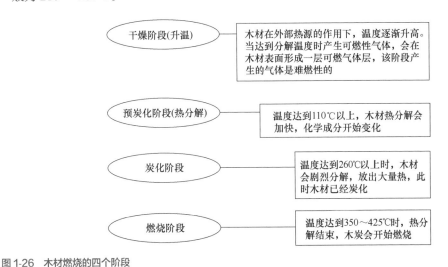

图 1-26　木材燃烧的四个阶段

1.1.31　阻燃剂的分类

阻燃剂的分类包括按引入阻燃剂的方法来分类、按阻燃剂的类型来分类、按阻燃剂的有效阻燃元素来分类等，如图 1-27 所示。

1.1.32　作为阻燃剂应具备的条件

作为阻燃剂应具备的条件包括能够阻止木材着火、具有耐溶脱性等，如图 1-28 所示。

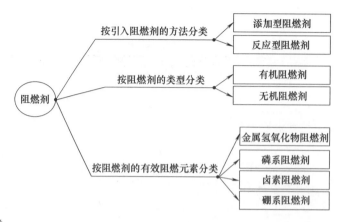

图 1-27　阻燃剂的分类

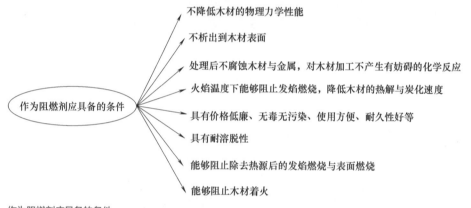

图 1-28　作为阻燃剂应具备的条件

1.1.33　木材阻燃处理的方法

木材阻燃处理的方法有表面处理、深层处理、贴面处理等，见表 1-18。

表 1-18　木材阻燃处理的方法

名称	解释
表面处理	（1）表面处理：在木材表面涂刷或喷淋阻燃物质的处理方法 （2）表面处理适用范围：该方法不适用于处理成材，适合处理单板
深层处理	（1）深层处理：通过浸渍法、浸注法，使阻燃剂或具有阻燃作用的物质注入整个木材中或达到一定深度的处理方法 （2）深层处理适用范围：适用于渗透性好的树种，以及要求木材应保持足够的含水率
贴面处理	贴面处理：在木材表面贴具有阻燃作用的材料的处理方法

1.1.34　常用木材、新利用树种的主要特性

常用木材、新利用树种的主要特性，见表 1-19。

1.1.35　新利用树种的主要特性

新利用树种的主要特性见表 1-20。

表 1-19　常用木材的主要特性

常用木材	主要特性
红松、华山松、广东松、海南五针松、新疆红松等	易干燥、干缩小、不易开裂或变形、耐腐性中等
桦木	不翘裂、较易干燥、不耐腐等
栎木及椆木	易开裂、干缩甚大、干燥困难、强度高、甚重甚硬、耐腐性强等
落叶松	（1）干燥较慢、易开裂。早晚材的硬度、收缩均有大的差异 （2）干燥过程中易轮裂，耐腐性强
青冈	较易开裂、可能劈裂、干燥难、干缩甚大、耐腐性强等
水曲柳	易翘裂、干燥难、耐腐性较强等
铁杉	较易干燥，干缩在小到中等之间，耐腐性中等
云南松、赤松、马尾松、樟子松、油松等	干燥时可能翘裂、不耐腐、极易受白蚁危害等
云杉	易干燥、干后不易变形、干缩较大、不耐腐等

表 1-20　新利用树种的主要特性

新利用树种	主要特性
檫木	干燥后不易变色、干燥较易、耐腐性较强等
臭椿	不耐腐、易干燥、易呈蓝变色、木材轻软等
槐木	干燥困难、耐腐性强、易受虫蛀等
隆缘桉、柠檬桉和云南蓝桉	（1）干燥困难、易翘裂 （2）云南蓝桉能耐腐 （3）隆缘桉和柠檬桉不耐腐
木麻黄	木材硬而重、易干燥、不耐腐、易受虫蛀等
拟赤杨	木材轻、易干燥、收缩小、质软、强度低、不耐腐等
桤木	干燥颇易、不耐腐等
乌墨	干燥较慢、耐腐性强等
杨木	不耐腐、易干燥、易受虫蛀等
榆木	易翘裂、干燥困难、收缩颇大、耐腐性中等、易受虫蛀等

1.2　各种木材的特性

1.2.1　酸枝木与橡木的特性

酸枝木与橡木的特性如图 1-29 所示。

1.2.2　桦木与水曲柳的特性

桦木与水曲柳的特性如图 1-30 所示。

酸枝木主要产地为东南亚国家
酸枝木木材有光泽，具酸味或酸香味

酸枝木木材材色不均匀，芯材呈橙色。
浅红褐色至黑褐色，深色条文明显
酸枝木木材纹理斜而交错、密度高、
坚硬耐磨

橡木木材不易干燥、锯解和切削
橡木树芯呈黄褐色至红褐色、年轮明显、略成波状

白橡木　　　红橡木

橡木重硬纹理直、结构粗、色泽淡雅、纹理美观、
机械强度相当高、耐磨损
橡木大量应用于装潢材、家具材、造船材、车辆材、
体育器材、地板材等

图 1-29　酸枝木与橡木的特性

桦木木材呈淡褐色至红褐色
桦木可以用作地板、家具、纸浆、内
部装饰材料、胶合板等

水曲柳呈黄白色(边材)或褐色略黄(芯材)
年轮明显但不均匀、木质结构粗、纹理直、
硬度较大、切面光滑
水曲柳具有弹性、韧性好、耐磨、耐湿、
加工性能好等特点
水曲柳干燥困难，易翘曲

图 1-30　桦木与水曲柳的特性

1.2.3　樟木与黄杨木的特性

樟木与黄杨木的特性如图 1-31 所示。

黄杨木是制作盆
景的珍贵树种

樟木为常绿乔木，树皮呈黄褐色，有不规则的纵裂纹
樟木有强烈的樟脑香气，味清凉，有辛辣感
樟木常用于木雕

图 1-31　樟木与黄杨木的特性

1.2.4　鸡翅木与黄花梨木的特性

鸡翅木与黄花梨木的特性如图 1-32 所示。

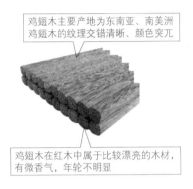

鸡翅木主要产地为东南亚、南美洲
鸡翅木的纹理交错清晰、颜色突兀

黄花梨木是明清硬木家具的主要用材

鸡翅木在红木中属于比较漂亮的木材，有微香气，年轮不明显

黄花梨木具有色泽黄润、纹理柔美、材质细密、香气泌人等特点

图 1-32　鸡翅木与黄花梨木的特性

1.2.5　紫檀与楠木的特性

紫檀与楠木的特性如图 1-33 所示。

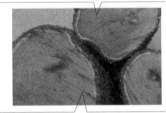

楠木是一种极高档的木材
楠木是软性木材中最好的一种，名列硬木之外的白木之首
楠木木质坚硬耐腐、寿命长、用途广泛

紫檀是世界上非常名贵的木材之一
最大的紫檀木直径仅为约20cm，其珍贵程度可想而知

楠木色浅(橙黄略灰)、纹理淡雅文静、质地温润柔和、无收缩性、遇雨有阵阵幽香
楠木伸缩变形小、易加工、耐腐朽

图 1-33　紫檀与楠木的特性

1.2.6　榉木与樱桃木的特性

榉木与樱桃木的特性如图 1-34 所示。

1.2.7　胡桃木与柚木的特性

胡桃木与柚木的特性如图 1-35 所示。

榉木即椐木、棋木
榉木比多数普通硬木都重

樱桃木特别适宜用于制作车件、雕刻件
精选的原木，可以用于制造家具饰面单板、护墙板、橱柜饰面单板、光面门等

榉木重、坚固、色调柔和、抗冲击、纹理清晰、木材质地均匀、蒸汽下易于弯曲、可以制作造型、钉子性能好

樱桃木芯材呈深红色至淡红棕色、纹理通直、细纹里有狭长的棕色髓斑及微小的树胶囊、结构细
樱桃木可以做拼花地板、乐器、家具、烟斗、橱柜、高级细木工件、船用内装饰

图1-34　榉木与樱桃木的特性

胡桃木属于木材中较优质的一种，主要产自欧洲、北美洲国产的胡桃木颜色较浅

柚木对多种化学物质有较强的耐腐蚀性

黑胡桃呈浅黑褐色带紫色，弦切面为大抛物线花纹
黑胡桃非常昂贵，做家具常用木皮，极少用实木

柚木是制造高档家具、地板、室内外装饰的非常好的材料
柚木适用于造船、露天建筑、桥梁等，特别适合制造船甲板
柚木实为地板中的极品

图1-35　胡桃木与柚木的特性

1.2.8　榆木与楸木的特性

榆木与楸木的特性如图1-36所示。

榆木木性坚韧、纹理通达清晰、硬度与强度适中
一般透雕和浮雕榆木均能适应，刨面光滑
榆木经烘干、整形、雕磨髹漆可制作精美的雕漆工艺品
榆木可供家具、装修等用

楸木纹理清晰、耐腐性强、结构细而匀、不开裂、不变形、无异味

图1-36　榆木与楸木的特性

1.2.9　红木与桃花心木的特性

红木与桃花心木的特性如图1-37所示。

红木外观形体对称、天然材色、纹理宜人
红木工艺主要采用中国家具制造的雕刻、榫卯、镶嵌、曲线等方式

桃花心木为世界名贵木材之一
桃花心木树干挺拔、树皮呈淡红色、能抗虫蚀、木材色泽美丽

桃花心木可作为庭园树、行道树，是制高级家具的好木材
桃花心木是红色硬木，主要用于制造高档家具、游艇、乐器、高档汽车的装潢等

图 1-37　红木与桃花心木的特性

1.3　板材、方材

1.3.1　各种板材的作用

为了合理利用木材资源，应充分利用现代科技和加工技术将原木材料进行深加工得到半成品材料——板材。各种板材的作用见表 1-21。

表 1-21　各种板材的作用

名称	作用	性能、特点
12夹板	边框、抽屉	（1）拉力度强、单层表面较为平整、只能做里面 （2）如果表面皱褶、平放起翘、透视有透光，则属于不合格产品
大芯板	门套、书柜、衣柜结构（家装主体结构除了吊顶外，多采用 18mm 大芯板）	（1）具有拉力度强、厚度大、双层都平整、不易变形等特点。 （2）如果表面粗糙、不均匀、有起伏痕迹，则属于不合格产品
九夹板	门套挡缝板、天花吊顶造型、房门套的挡板	（1）拉力度强、单层表面较为平整、只能做底面 （2）如果表面有皱褶、平放起翘、透视有透光，则属于不合格产品
三夹板	有色漆饰面板	（1）双层表面光滑、平整、层与层间黏合牢固、平放不起翘为达标 （2）如果表面有皱褶、平放起翘、透视有透光，则属于不合格产品
五夹板	抽屉的底板、写字台、书柜、大衣柜的背板	（1）单层表面平整光滑、层与层间黏合牢固，放平基本不翘则为达标 （2）如果表面有皱褶、平放起翘、透视有透光，则属于不合格产品

> **知识贴士**
>
> 蜂窝纸芯就是由多条纸或纸板通过胶接、拉伸等工艺形成的连续蜂巢状芯材。装饰单板，就是用刨切、旋切或锯切方法加工成的用于表面装饰的薄木。集成材，就是将纤维方向基本平行的板材、小方材等在长度、宽度、厚度方向上集成胶合而成的材料。

1.3.2　结构用集成材强度等级对应关系

部分国家和地区结构用集成材强度等级对应关系，见表 1-22 ～表 1-24。

表1-22　同等组合强度等级对应关系

中国	欧洲	日本	美国
TC_T40		E135-F405	
TC_T36	GL36h	F120-F375	NO.5DF/NO.50SP
TC_T32	GL32h	E105-F345	NO.3DF/NO.48SP
TC_T28	GL28h	E95-F315	NO.3DF/NO.48SP
TC_T24	GL24h	E85-F300	

表1-23　对称异等组合强度等级对应关系

中国	欧洲	日本	美国
$TC_{YD}40$		E150-F435	30F-2.1E
$TC_{YD}36$	GL36c	E135-F375	26F-1.9E
$TC_{YD}32$	GL32c	E120-F330	24F-1.8E
$TC_{YD}28$	GL28c	E105-F300	20F-1.6E
$TC_{YD}24$	GL24c	E75-F240	

表1-24　非对称异等组合强度等级对应关系

中国	日本	美国
$TC_{YF}38$	E140-F420	28F-2.1E
$TC_{YF}34$	E125-F360	24F-1.8E
$TC_{YF}31$	E110-F315	20F-1.6E
$TC_{YF}27$	E100-F285	20F-1.5E
$TC_{YF}23$	E70-F225	16F-1.3E

1.3.3　木工板的种类

　　木工板是绝大多数板式家具板材的总称，根据不同群体的不同需求选择不同的木工板。木工板的种类见表1-25。家具板材如图1-38所示。

表1-25　木工板的种类

项目	解释
根据板芯材料分	（1）根据板芯材料不同，可以分为杨木、桦木、松木、泡桐等 （2）采用杨木、桦木为板芯材料的木工板属于较好的板材，因为其木质不硬且不易变形 （3）泡桐的质地很轻，很软，握钉力差，制成的成品家具易干裂变形
根据板芯结构分	（1）根据板芯结构不同，可以分为实心木工板、空心木工板 （2）实心木工板是以实体板芯制成的木工板 （3）空心木工板是以方格板芯制成的木板
根据层次分	根据层次不同，可以分为三层木工板、五层木工板、多层木工板等
根据木工板表面加工情况分	根据木工板表面加工情况不同，可以分为单面砂光木工板、双面砂光木工板、不砂光木工板等
根据拼接方式分	（1）根据拼接方式不同，可以分为胶拼板芯木工板、不胶拼板芯木工板 （2）胶拼板芯木工板是用胶黏剂将芯条胶黏组合在一起的木工板 （3）不胶拼芯木工板是不用黏剂将芯条组合到一起的木工板
根据使用环境分	根据使用环境，可以分为室内用的木工板、室外用的木工板等
根据用途分	根据用途，可以分为普通用的木工板、建筑用的木工板等

图 1-38　家具板材

1.3.4　板、方材的标准宽度与厚度

板、方材的标准宽度与厚度见表 1-26。板、方材如图 1-39 所示。

表 1-26　板、方材的标准宽度与厚度

材种	厚度/mm	宽度/mm												
		50	60	70	80	90	100	120	150	180	210	240	270	300
方材	18	50	60	70	80	90	100	120	150	180	210	240		
	21	50	60	70	80	90	100	120	150	180	210	240	270	
	25	50	60	70	80	90	100	120	150	180	210	240	270	
	30	50	60	70	80	90	100	120	150	180	210	240	270	300
	35	50	60	70	80	90	100	120	150	180	210	240	270	300
	40	50	60	70	80	90	100	120	150	180	210	240	270	300
	45	50	60	70	80	90	100	120	150	180	210	240	270	300
	50	50	60	70	80	90	100	120	150	180	210	240	270	300
	55		60	70	80	90	100	120	150	180	210	240	270	300
	60		60	70	80	90	100	120	150	180	210	240	270	300
	65			70	80	90	100	120	150	180	210	240	270	300
	70			70	80	90	100	120	150	180	210	240	270	300
	75				80	90	100	120	150	180	210	240	270	300
	80				80	90	100	120	150	180	210	240	270	300
	85					90	100	120	150	180	210	240	270	300
	90					90	100	120	150	180	210	240	270	300
	100						100	120	150	180	210	240	270	300
	120							120	150	180	210	240	270	300
	150								150	180	210	240	270	
	160									180	210	240	270	
	180									180	210	240	270	
	200										210	240	270	
	220											240	270	
	240											240	270	
	250												270	
	270												270	
	300													300

续表

材种	厚度/mm	宽度/mm										
板材	10	50	60	70	80	90	100	120	150			
	12	50	60	70	80	90	100	120	150	180	210	
	15	50	60	70	80	90	100	120	150	180	210	240

图 1-39 板、方材

1.3.5 室内人造板及其制品甲醛释放量分级

室内人造板及其制品甲醛释放量分级见表 1-27。

表 1-27 室内人造板及其制品甲醛释放量分级   单位：mg/m³

甲醛释放限量等级	限量值	标识
E_1 级（说明）	≤ 0.124	E_1
E_0 级	≤ 0.050	E_0
E_{NF} 级	≤ 0.025	E_{NF}

注：E_1 级为 GB 18580—2017 中规定的人造板及其制品的甲醛释放限量值及标识。

1.3.6 细木工板的特点

细木工板也称为大芯板，是由两片单板中间胶压拼接木板而成的。中间木板是由木板方经热处理后，加工成一定规格的木条，由拼板机拼接而成。拼接后的木板两面各覆盖两层单板，再经冷、热压机胶压后制成。细木工板如图 1-40 所示。

1.3.7 密度板的特点

密度板也称为纤维板，其是以木质纤维或其他植物纤维为原料，施加脲醛树脂或其他适用的胶黏剂制成的人造板材，如图 1-41 所示。

1.3.8 三聚氰胺板的特点与结构

三聚氰胺板是经过刨花板表面砂光处理、单层贴纸、表面再进行热压处理工艺得到的一种板材，如图 1-42 所示。

细木工板与刨花板、密度板相比，具有天然木材特性、质轻、易加工、握钉力好、不变形等优点
细木工板是室内装修和高档家具制作的理想材料
细木工板可以用于作门窗套、柜子、隔断、吊顶造型等

优质细木工板中间的填芯木条为杨木、杉木、桐木、桦木等，具有成品轻便、握钉力强等特点
劣质细木工板填芯层多为硬杂木，具有较沉重、握钉力不强等特点

图 1-40　细木工板

根据密度不同，密度板可以分为高密度板、中密度板、低密度板，若密度板大量使用胶黏剂，则环保要求会不达标

图 1-41　密度板

三聚氰胺树脂装饰板或装饰防火板，又叫作 UV 贴面板、塑料贴面板。三聚氰胺板全称为三聚氰胺浸渍胶膜纸饰面人造板，其是由基材、表面黏合成的。

三聚氰胺板的基材有刨花板、防潮板、胶合板、细木工板、中密度纤维板、多层板、硬质纤维板等。

三聚氰胺板由表层纸、饰面纸、覆盖纸、底层纸、薄木板、木芯条等部分组成。

三聚氰胺板具有耐磨、耐热、耐污染、耐划痕、耐酸碱、质地轻、抗震、易清洁、防火、防潮、可再生等特点。

三聚氰胺板常用于制作橱柜、浴室柜、衣帽间、家具等的材料。由于三聚氰胺板材质松软,不宜作为门套的底板

在三聚氰胺板的制作过程中,需要使用大量的胶黏剂,因此三聚氰胺板的环保系数不高

图 1-42　三聚氰胺板

知识贴士

　　用三聚氰胺板做家具,可以使家具外表坚实耐用,且打制的家具不用上漆,表面有自然形成的保护膜。

1.3.9　刨花板的特点

　　刨花板是利用木材或木材加工剩余物作为原料,并且加工成刨花或碎剩余物再作为原料,然后加工成刨花或碎料,再加入一定的胶黏剂,在一定温度与压力下制作而成的一种人造板材,如图 1-43 所示。

刨花板具有整体较为松软、握钉力不强等特点
刨花板属于低档板材
刨花板一般不宜作为家具底衬,也不能制作门窗套

图 1-43　刨花板

1.3.10　难燃刨花板的分类

　　难燃刨花板的分类如图 1-44 所示。

1.3.11　饰面板的品种与特点

　　饰面板可以分为免漆板、油漆饰面板、波音软片、防火板、华丽板等,如图 1-45 所示。饰面材料的品种与其特点见表 1-28。

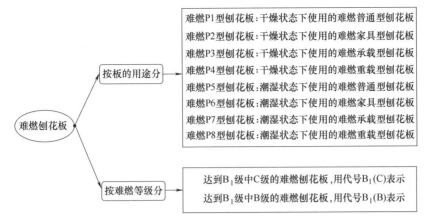

图 1-44 难燃刨花板的分类

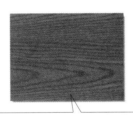

有的免漆板是在5mm密度板上压粘一层饰面板或者色纸等得到的
油漆饰面板是表面贴上一层木皮的三合板
油漆饰面板种类多,具有不同木材不同花色的特点

图 1-45 饰面板

表 1-28 饰面材料的品种与其特点

名称	作用	特点
白桦	表层装饰,钉装在大芯板的基层上	平放不起翘,厚度均匀、不透光。表面平整、光滑、木纹色泽基本自然一致
白影	利用木纹装饰成图案,用木纹斜拼图案	平放不起翘,厚度均匀、不透光。表面平整、光滑、木纹色泽基本自然一致
斑马	表层装饰,钉装于大芯板的基层上	平放不起翘,厚度均匀、不透光。表面平整、光滑、木纹色泽基本自然一致
枫木	表层装饰,钉装在大芯板的基层上	平放不起翘,厚度均匀、不透光。表面平整、光滑、木纹色泽基本自然一致
黑胡桃	表层装饰,钉装在大芯板的基层上	平放不起翘,厚度均匀、不透光。表面平整、光滑、木纹色泽基本自然一致
黑檀	表层装饰,钉装于大芯板的基层上	平放不起翘,厚度均匀、不透光。表面平整、光滑、木纹色泽基本自然一致
红胡桃	表层装饰,钉装在大芯板的基层上	平放不起翘,厚度均匀、不透光。表面平整、光滑、木纹色泽基本自然一致
红桦	表层装饰,钉装在大芯板的基层上	平放不起翘,厚度均匀、不透光。表面平整、光滑、木纹色泽基本自然一致
红影	装饰拼图,用木纹斜拼图案	平放不起翘,厚度均匀、不透光。表面平整、光滑、木纹色泽基本自然一致
花樟	表层装饰间色造型,可以用两种面板拼图	平放不起翘,厚度均匀、不透光。表面平整、光滑、木纹色泽基本自然一致

名称	作用	特点
沙芘利	表层装饰，钉装在大芯板的基层上	平放不起翘，厚度均匀、不透光。表面平整、光滑、木纹色泽基本自然一致
水曲柳	表层装饰，钉装在大芯板的基层上	平放不起翘，厚度均匀、不透光。表面平整、光滑、木纹色泽基本自然一致
泰柚	表层装饰，钉装在大芯板的基层上	平放不起翘，厚度均匀、不透光。表面平整、光滑、木纹色泽基本自然一致

1.3.12 石膏板的规格、分类与特点

石膏板的厚度规格有 6 ～ 25.4mm 等；宽度规格有 600 ～ 1220mm 等；石膏板的长度规格有 1800 ～ 3000mm 等。常见的规格：厚度规格有 9.5mm、12mm、15mm 等；宽度规格有 1200mm、1220mm 等。

普通石膏板可以用于大面积吊顶以及室内客厅、餐厅、过道、卧室等对防水要求不高的地方的吊顶，也可以做隔墙面板、吊顶面板，如图 1-46 所示。

普通石膏板一般是由双面贴纸内压石膏而制成的。市场中普通石膏板的常用规格有1200mm×3000mm、1200mm×2440mm、1220mm×2400mm等，厚度一般为9mm

普通石膏板遇水遇潮容易软化或分解

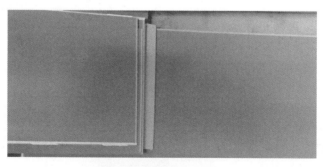

图 1-46　普通石膏板

1.3.13 颗粒板的特点

颗粒板内部是交叉错落的结构，所以握钉力比较好，无论是钉圆钉，还是钉螺丝钉都可以。稳定性高且不易变形的实木颗粒板，尺寸稳定性高、挺度好。

实木颗粒板的特点见表1-29。

表1-29 实木颗粒板的特点

项目	解释
实木颗粒板环保等级	（1）实木颗粒板的环保等级分为 E_0、E_1、E_2 （2）E_1 级是欧洲环保标准，也是目前国内最常用到的板材环保判断标准 （3）E_0、E_1 级是一种代表甲醛释放量等级的环保标准 （4）国际上也有将甲醛限量等级分 E_2、E_1、E_0，其中 $E_2 \leqslant 5.0mg/L$、$E_1 \leqslant 1.5mg/L$、$E_0 \leqslant 0.5mg/L$
实木颗粒板板芯等级	（1）通常情况下，实木颗粒板板芯等级可分为长40mm、70mm，宽5mm、20mm，厚0.3mm、0.7mm 等的刨片 （2）刨片是经过干燥、用胶等过程后，经热压成型制作的一种人造板
家具板材常用到的实木颗粒板厚度	家具板材常用到的实木颗粒板厚度为3mm、5mm、6mm、9mm、12mm、15mm、16mm、18mm、25mm 等，常用规格为2440mm×1220mm

知识贴士

实木颗粒板虽然硬度大，但是没有密度板那么容易做造型、做弧度。

1.3.14 阻燃板的特点与等级

目前，好的防火板阻燃家具板通常都能达到 B_1 级，被很好地应用在室内墙体装修、防火门制造、橱柜等各类家具的表面，不仅有装饰、美观的作用，还可以起到阻燃的功效，如图1-47所示。

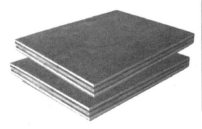

阻燃板的等级
A级:属于不燃性建筑材料,基本上不会发生燃烧的材料
A_1级:不燃,没有明火
A_2级:不燃,需测烟量,需达到合格标准
B_1级:难燃性建筑材料,阻燃性好,若遇明火或高温很难起火,不易让火势蔓延
B_2级:可燃性建筑材料,有一定的阻燃作用,如果遇明火或高温,易立即起火,导致火势蔓延
B_3级:易燃性建筑材料,没有阻燃效果,易燃烧,引发火灾危害大

图1-47 阻燃板

知识贴士

阻燃板的厚度有9mm、12mm、15mm、18mm 等。

1.3.15 多层板与多层生态板的特点与分类

多层板通常是由表板、内层板对称地配置在中心层或板芯两侧，然后用胶、加热、压制等一系列工艺制成的。

多层板的层数一般为奇数，偶尔也有偶数的情况。

多层板的好坏与层数的多少无关，主要在于原料的使用、生产工艺是否成熟、是否环保等。

多层板根据常用板芯原材不同分类如下。

① 桉木多层板。

② 桦木多层板。

③ 榉木多层板。

④ 柳桉多层板。

⑤ 山樟木多层板。

⑥ 水曲柳多层板。

⑦ 松木多层板。

⑧ 杨桉多层板。

⑨ 杨木多层板。

⑩ 榆木多层板。

多层生态板主要适用于高档住宅、商业楼宇、学校、医院、酒店、公共设施等建筑物的外墙体的装饰和保温装饰，以及园林景观、城市家具、栈道、甬路铺装等方面。

多层生态板具有免油漆、无毒、防潮、阻燃、无挥发性的气味、表面硬度大、耐冲击、隔声、防震等特点，如图 1-48 所示。

桐木生态板的规格一般为 17mm×2440mm×1220mm，具有无腐朽、无断裂、无虫蛀 无毛刺、纹理比较清楚、抛光后有绢丝光泽 结构稳定等特点。桐木生态板在家装上可用作梁、门窗、檩、天花板、瓦板、房间隔板等

松木生态板具有防腐、抗潮、纹理美观等特点，适合用于各种高档家具板材

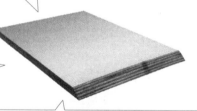

杨木生态板具有韧性好、能防腐、很坚固等特点，但是由于杨木生态板内部的板芯是由木方拼接而成的，如果加工制作工艺不到位，有可能会因为含水率超标等原因造成些许变形

图 1-48　多层生态板

知识贴士

多层生态板多用于橱柜等。多层板多用于衣柜、鞋柜等。多层生态板与多层板在原材料、生产工艺、胶黏剂等方面存在差异。

1.3.16　家具板的规格、特点与应用

常见家具板见表 1-30。

表 1-30　常见家具板

名称	解释
多层家具板	（1）多层家具板即细芯板、三合板是指 3 ～ 18mm 的胶合板通过免漆、三聚氰胺树脂加工、表面贴花色等处理工艺得到的一种多层生态免漆家具板材 （2）规格：3 厘板、5 厘板、9 厘板、12 厘板、15 厘板等（1 厘 =1mm） （3）特点：重量轻、强度高、外观美、绝缘等 （4）应用：手工制作家具等 （5）多层家具板和普通的胶合板相比，多层家具板具有变形小、强度大、内在质量好等特点
颗粒家具板	颗粒家具板别称：刨花家具板、蔗渣家具板等
实木家具板	实木家具的板材种类：水曲柳、柳桉、杨木、核桃楸、柞木、香樟、白桦、桦木、榆木等
细木工家具板	（1）别称：大芯板、木工板、木芯板等 （2）特点：尺寸稳定、幅面较大、厚度较大等 （3）等级：优等品、一级品、合格品等 （4）应用：装饰装修、构造材料 （5）各类细木工家具板的边角缺损，在公称幅面内的宽度不得超过 5mm，长度不得大于 20mm。细木工家具板的两面胶黏单板的总厚度不得小于 3mm
阻燃家具多层板	挑选阻燃家具板，可以通过看材质、看结构来判断

知识贴士

　　全屋定制的板材有密度板、大芯板、颗粒板、多层板等。就环保性而言，实木板＞实木生态板＞实木多层板＞实木颗粒板。从使用角度上看，实木板年限较长，但是保养较费事。木工制作现场，常用到木工板、指接板。全屋定制，除少数高端实木家具定做外，则是以刨花板等作为制作基材的。

第 2 章

木工工具与设备

2.1 木工手工工具

2.1.1 手工施工工具基础与常识

　　木工是指以木材为基本制作材料，以锯、刨、凿、插接、黏合等工序进行造型的一种工艺。现代木工作业，既有传统的手工操作工具，又有机械化加工设备等现代操作工具。

　　木工常见工具见表 2-1，木工手工常见工具如图 2-1 所示。

表 2-1　木工常见工具

名称	作用
拔钉钳	拔钉钳主要用于拔出钉歪的钉子、射钉等
板锯	板锯的锯片很宽，靠自身的挺进等实现其功能
长刨	长刨可以用于修细、刨直、刨细等
传统手锯	传统手锯是根据鲁班发现野草割手的原理制作的一种手拉锯
带线刨	带线刨主要用于局部、边缘修整等
刀锯	刀锯的锯齿很细，一般适用于锯修口线斜角
短刨	短刨又称光刨，主要用于表层修饰等
钢锯	钢锯可以锯断钢条等
钢卷尺	钢卷尺用于测量尺寸大小等
鸡尾锯	鸡尾锯可以用于锯少量转弯的工艺
胶钳	胶钳用于剪断铁丝、钉子以及钳住小物件等
角尺	可以采用紧靠角尺 90° 正角的一方画出横向定位线
墨斗	墨斗用于弹出需要的线条等
木刻刀	（1）木刻刀在木雕的工艺制作过程中，主要用于木头造型的塑造 （2）木刻刀大小及型号多，有角刀、平刀、尖刀、圆刀等常用刀具
鸟刨	鸟刨可以用于修光高弯度的木材。使用时，手要紧握刨的方向和角度
平水尺	平水尺用于检查木材局部水平、木材刨面平整等
平水管	平水管利用的是连通水流的原理，可以确定房间内的水平高度等
青细磨石	青细磨石主要用于细磨刀口，使其更锋利等
十字起子	十字起子主要用于把十字头螺钉拧进物体等

续表

名称	作用
试电笔	试电笔主要用于测试电源、维修电动工具等
双面油石	双面油石主要起到使刀口锋利、磨刀磨平整等作用
修线刨	修线刨可以替代修边机，其刨刀较窄，只需2cm，并且口很密
羊角钉槌	羊角钉槌主要用于把钉子钉入木板等。使用时，应用力握紧手柄
一字起子	一字起子主要用于把一字头螺钉拧进物体等
凿刀套件	凿刀套件主要用于装锁、装门合页等
中刨	中刨可以用于刨直等

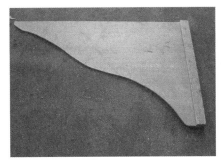

图2-1 木工手工常见工具

 知识贴士

根据图纸、实物的几何形状尺寸，在待加工模型工件表面上划出加工界线的工具，叫做划线工具。

2.1.2 量具的种类、特点与应用

木工常用工具的种类较多，量具是常见的工具之一，如图2-2所示。模型制作过程中，用于测量模型材料尺寸、角度的工具叫做量具。

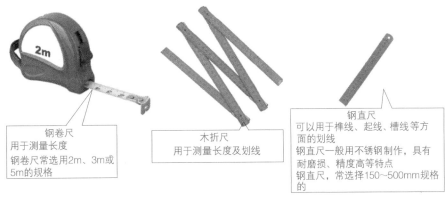

钢卷尺
用于测量长度
钢卷尺常选用2m、3m或5m的规格

木折尺
用于测量长度及划线

钢直尺
可以用于榫线、起线、槽线等方面的划线
钢直尺一般用不锈钢制作，具有耐磨损、精度高等特点
钢直尺，常选择150～500mm规格的

图2-2

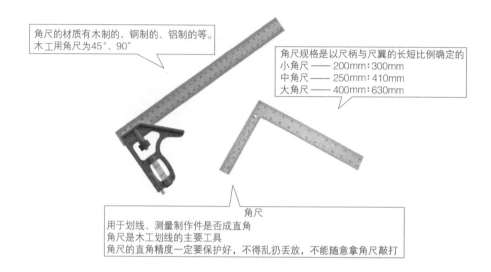

角尺的材质有木制的、钢制的、铝制的等。
木工用角尺为45°、90°

角尺规格是以尺柄与尺翼的长短比例确定的
小角尺 —— 200mm：300mm
中角尺 —— 250mm：410mm
大角尺 —— 400mm：630mm

角尺
用于划线、测量制作件是否成直角
角尺是木工划线的主要工具
角尺的直角精度一定要保护好，不得乱扔丢放，不能随意拿角尺敲打

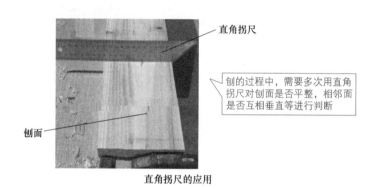

直角拐尺

刨的过程中，需要多次用直角拐尺对刨面是否平整，相邻面是否互相垂直等进行判断

刨面

直角拐尺的应用

图 2-2　量具

2.1.3　锯的种类、特点与应用

手工锯，主要用于锯割工艺。木工锯，常用的类型有框锯（即架锯）、工字锯、板锯、狭手锯、刀锯、钢丝锯（又称弓锯）、槽锯、曲线锯等，如图 2-3 所示。大型锯主要用于切割大型木料。手锯主要切割小型木料。

目前，大板材的锯开、锯断由电锯来完成，但是有些工作量不大的情况，则可以用手工锯来完成。

榫头锯属于中齿锯，主要用于纵横直线锯削。榫头锯锯条长大约 550mm，宽 30 ～ 35mm。榫头锯锯齿适中，锯削较精密、光洁。榫头锯是锯剖榫头等手工木工较精密的工具。

小锯属于细齿锯，主要用于较薄木板、胶合板等的纵横直线锯削。小锯锯条长大约 400mm，宽大约 25mm。小锯锯齿较细，锯削精密、光洁。小锯是截榫肩、精密制作等手工木工最精密的工具。

钢丝锯是用竹片弯成弓形，两端绷装钢丝而成，钢丝上剁出锯齿形的飞棱，利用飞棱的锐刃来锯割。钢丝锯主要用于锯割复杂的曲线、开孔。

钢丝锯的钢丝长 200 ～ 600mm，锯弓长 800 ～ 900mm。

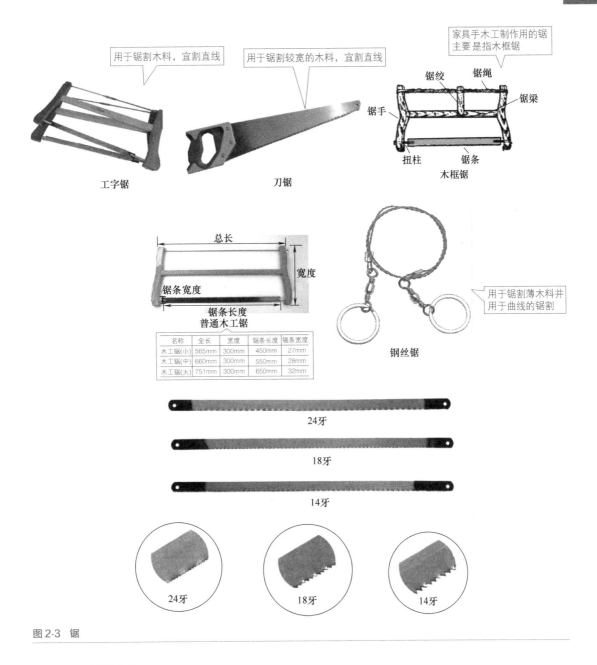

图 2-3 锯

知识贴士

根据锯条长度及齿距不同，框锯可以分为粗框锯、中框锯、细框锯等类型。

① 粗框锯——主要用于锯割较厚的木料。

② 中框锯——主要用于锯割薄木料。

③ 细框锯——主要用于锯割较细的木材。

2.1.4 手工刨的种类、特点与应用

刨子，就是将木料刨削到平、直、光滑程度的工具。刨子可用于木料的粗刨、细刨、净料、

净光、起线、刨槽、刨圆等。

手工刨由刨刃、刨床等构成，其是木工常用工具。手工刨削的过程，就是刨刃在刨床向前运动中不断切削木材的过程。

手工刨常用的类型有平刨、槽刨、双刃槽刨、拼缝刨、二刨、净刨、裁口刨、坡棱刨、单线刨、清口刨、大线刨、凹面刨、凸面刨、双线刨等，如图 2-4 所示。

手工刨刨刃是金属锻制而成的

手工刨刨床是木制的

手工刨的外形

手柄
刨刀　　　　　　前镶铁
刨身
钳口

螺钉　　盖铁
楔木

刨削槽
镶口铁

平刨的构造

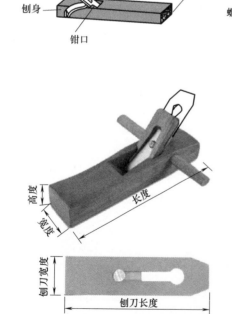

高度
长度
宽度

刨刀宽度
刨刀长度

平刨，用于刨削木料粗糙的表面，使之平滑光洁

规格	长/mm	宽/mm	高/mm	刨刀宽/mm	刨刀长/mm
长刨	400	60	40	44	185
中刨	350	60	40	44	185
中刨	280	60	40	44	185
短刨	185	60	40	44	185
小角刨	127	42	25	30	75
小角刨	95	33	25	25	60
微脚刨	100	33	22	30	75

粗短刨 →	常用于刨削木材粗糙的表面
细长刨 →	主要用于精细加工,以及拼缝、工艺要求高的面板净光
细短刨 →	常用于刨削工艺要求较高的木材表面
中长刨 →	主要用于一般加工和粗加工表面,以及工艺要求一般的工作

槽刨,用开槽

光刨:要求刨削量小(即切削极浅),光洁度高,所以刨削角度大,为55°~60°
光刨的刨削槽开口更小

细刨:平直度要求高,切削量较小(即切削较浅),所以刨削角度较大,为49°~51°
细刨的刨削槽开口较小,也可把镶口铁装成略向里倾斜的形式

粗刨:要求刨削量大(即切削深),所以刨削角度较小,为40°~45°,粗刨口的刨削槽开口较大,易于出屑,但光洁度较差

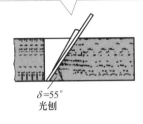

$\delta=55°$
光刨

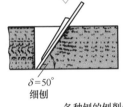

$\delta=50°$
细刨

各种刨的刨削角度

$\delta=44°$
粗刨

图 2-4　手工刨

2.1.5　凿子铲子的种类、特点与应用

凿子主要用于凿榫孔等,如图 2-5 所示。凿子、铲子的种类多,使用凿子、铲子,可以在木料上开凿和铲削出不同形状的槽、通孔等。

传统木工凿子,有一分凿、二分凿、三分凿、五分凿、四分凿、六分凿、扁铲等。木工凿子见表 2-2。

图 2-5　凿子

表 2-2　木工凿子

名称	解释
平凿	平凿刀口是平的,刀口与工件呈倒等腰三角形,其主要用于开方形孔或是对一些方形孔的修整
斜凿	斜凿刀口呈 45° 角,刀口与工件呈倒直角三角形,其主要用于修整,多数用于雕刻
圆凿	圆凿刀口呈半圆形,其主要用于开圆形孔位或是椭圆孔位
菱凿	菱凿刀口呈 V 字形,其主要用于雕刻

2.1.6　锉刀的种类、特点与应用

锉刀表面上有许多细密刀齿、条形,其主要用于对木料表层做少量加工。根据其截面形状,普通锉刀可以分为平锉、半圆锉、方锉、三角锉、圆锉等种类。

木锉包括板锉、柳叶锉等,如图 2-6 所示。

2.1.7　砂纸的种类、特点与应用

砂纸为常用的打磨工具,其主要用于工件的表面打磨,往往适合精细加工打磨。根据不同的研磨物质,有金刚砂纸、人造金刚砂纸、玻璃砂纸等类型,如图 2-7 所示。

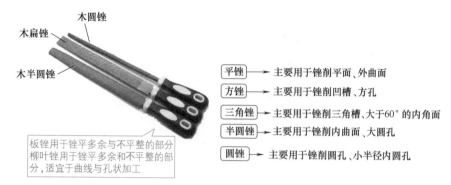

木圆锉

木扁锉

木半圆锉

平锉	→	主要用于锉削平面、外曲面
方锉	→	主要用于锉削凹槽、方孔
三角锉	→	主要用于锉削三角槽、大于60°的内角面
半圆锉	→	主要用于锉削内曲面、大圆孔
圆锉	→	主要用于锉削圆孔、小半径内圆孔

板锉用于锉平多余与不平整的部分
柳叶锉用于锉平多余和不平整的部分,适宜于曲线与孔状加工

图 2-6　木锉

干磨砂纸(木砂纸)——磨光木、竹器表面
耐水砂纸(水砂纸)——用于在水中或油中磨光金属或非金属工件表面

砂纸的号数从80号到5000号不等,号数越大砂纸越细。砂纸越细磨出来的物件就越光滑

图 2-7　砂纸

2.1.8　斧子的结构与分类

斧子是传统木工的必备工具,如图 2-8 所示。

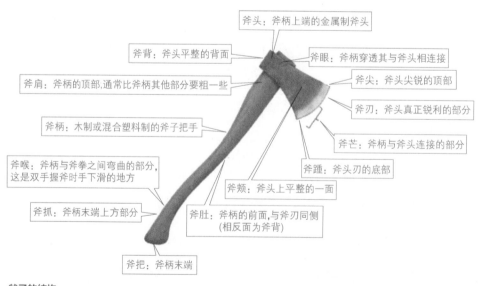

斧头:斧柄上端的金属制斧头

斧背:斧头平整的背面

斧眼:斧柄穿透其与斧头相连接

斧肩:斧柄的顶部,通常比斧柄其他部分要粗一些

斧尖:斧头尖锐的顶部

斧刃:斧头真正锐利的部分

斧柄:木制或混合塑料制的斧子把手

斧芒:斧柄与斧头连接的部分

斧喉:斧柄与斧拳之间弯曲的部分,这是双手握斧时手下滑的地方

斧踵:斧头刃的底部

斧颊:斧头上平整的一面

斧抓:斧柄末端上方部分

斧肚:斧柄的前面,与斧刃同侧(相反面为斧背)

斧把:斧柄末端

图 2-8　斧子的结构

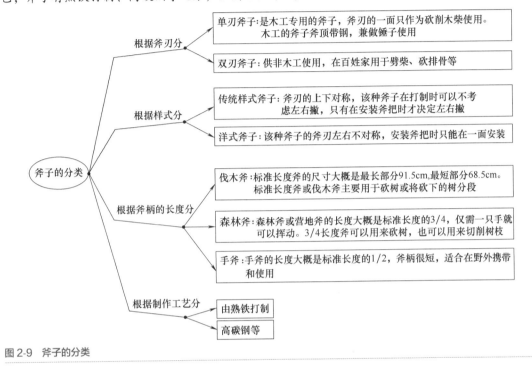

斧子的使用——快锯不如钝斧；一世斧头三年刨；大木匠的斧、小木匠的锯。

根据斧刃特点，斧子有单刃、双刃之分。根据样式，斧子有传统、洋式之分。根据制作工艺，斧子有熟铁打制、高碳钢等之分，如图 2-9 所示。

斧子的分类

根据斧刃分
- 单刃斧子：是木工专用的斧子，斧刃的一面只作为砍削木柴使用。木工的斧子斧顶带钢，兼做锤子使用
- 双刃斧子：供非木工使用，在百姓家用于劈柴、砍排骨等

根据样式分
- 传统样式斧子：斧刃的上下对称，该种斧子在打制时可以不考虑左右撇，只有在安装斧把时才决定左右撇
- 洋式斧子：该种斧子的斧刃左右不对称，安装斧把时只能在一面安装

根据斧柄的长度分
- 伐木斧：标准长度斧的尺寸大概是最长部分91.5cm,最短部分68.5cm。标准长度斧或伐木斧主要用于砍树或将砍下的树分段
- 森林斧：森林斧或营地斧的长度大概是标准长度的3/4，仅需一只手就可以挥动。3/4长度斧可以用来砍树，也可以用来切削树枝
- 手斧：手斧的长度大概是标准长度的1/2，斧柄很短，适合在野外携带和使用

根据制作工艺分
- 由熟铁打制
- 高碳钢等

图 2-9　斧子的分类

2.1.9　其他工具的特点

传统木工其他工具有墨斗、小锛、麻花钻、小方尺、大方尺、活角尺、多线勒、单线勒、小角尺、双线勒、活尺、木卡口、镂锯、牵钻、麻花钻、手拉钻、钢丝锯、大锛、小刀锯、磨刀石、板夹、条凳、木工台、台虎钳、螺丝刀、手摇钻等。

其中，墨斗的特点，如图 2-10 所示。

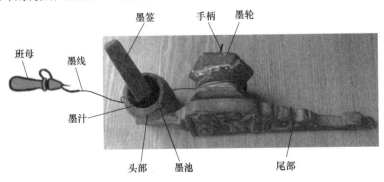

墨签　　手柄　　墨轮

班母　　墨线

墨汁

头部　　墨池　　尾部

图 2-10　墨斗的特点

墨斗的原理与操作：墨线绕在活动的轮子上，墨线经过墨斗轮子缠绕后，端头的线拴在一

个定针上。使用时，拉住定针，在活动轮的转动下，抽出的墨线经过墨池沾墨，然后拉直墨线在木材上弹出需要加工的线

2.2 木工电动工具

2.2.1 木工电动工具基础与常识

木工电动工具，常见的有手电钻、电刨、锯机等，见表 2-3。

表 2-3 木工电动工具综述

名称	作用
电锤	电锤上换上不同型号的钻花，可以在原墙、瓷砖、大理石上等钻孔来钉膨胀螺钉、木楔等
电刨	主要用于将不平的木板、木框刨平等
风批	用气管把气送入风批，装上风批头，可以拧螺钉等
锯机	主要用于把锯机安装在预先做好的锯台上，锯开大型板材等
空压机	产生气压，使枪钉经射枪入木等
镙机	（1）镙机又称修边机 （2）镙机换上不同的镙头，可以在夹板上镙出适合尺寸的缝隙等
马钉	可以用于固定抽屉背板、柜体背板等
切线机	主要用于切斜度断口等
曲线锯	主要用于把木板锯成曲线等。曲线锯可以任意转弯
射钉枪	根据不同的工序要求，射钉枪上装上不同型号的射钉，用于封闭线条、部分结构板等
手电钻	（1）手电钻换上不同类型的钻头，可以在夹板、玻璃、石膏板、瓷砖等地方钻出适合尺寸的孔 （2）手电钻还可以用于上螺钉
蚊钉枪	（1）蚊钉枪可以用于饰面板与外层三夹板的固定 （2）具有钉眼小等特点

2.2.2 电锯的结构

电动曲线锯（电锯），是在板材上可按曲线（可作倾斜度调节）进行锯切的一种电动往复锯，如图 2-11 所示。

选择电动曲线锯的方法和要点如下。

① 根据需要锯切的木板或其他材料的厚度来选用不同规格、不同品种的电动曲线锯。

② 当加工要求不高时，可以选择普通型电动曲线锯。

③ 当需要锯切加工比较精细的工件时，应选用带无级调速的电动曲线锯为宜。

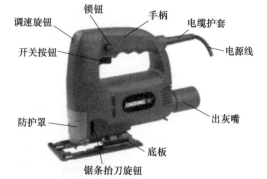

图 2-11 电锯

2.2.3 曲线锯锯条的分类与应用

① 曲线锯的锯条根据应用的需要，可以分为高碳钢锯条、高速钢锯条、双金属锯条、合金锯条。

② 根据齿距来分，可分为 3.5mm、2.5mm、1.75mm 等类型。

③ 根据锯齿粗细，可以分为细齿锯条、粗齿锯条。

④ 高碳钢锯条主要用于切割木板、塑料硬纸板、塑料、非金属等。碳钢曲线锯锯齿被磨尖，呈圆锥形，切割快并且切屑处理能力强。

⑤ 高速钢锯条主要用于软金属、铝、非含铁金属等的锯切。

⑥ 双金属锯条与合金锯条适合用于锯切钢材、金属、有色金属。

⑦ 锯切硬度较高、材质紧密的板料与薄板料时，需要选用细齿锯条。

⑧ 锯切硬度较小、材质较疏松的板料时，需要选用粗齿锯条。

⑨ 锯条的齿距为 3.5mm，有前后切削刃口，专门用于锯切木材，可使不同曲率半径的弯曲部分都能获得平滑的加工表面。

⑩ 锯条的齿距为 3.5mm，适于高速锯切 40mm 厚的木板、塑料板。

⑪ 锯条的齿距为 2.5mm，适于锯切除玻璃纤维层压板外的各种胶合板、层压板。

⑫ 锯条的齿距为 1.75mm，适于锯切铝板、类似材料。

⑬ 锯条的齿距为 1.36mm，适于锯切 3 ～ 6mm 钢板（不同规格的曲线锯，所能锯切的钢板厚度不同）、玻璃纤维层压板。

⑭ 锯条为锋利的刀片，适于剪裁橡胶、皮革、纤维织物、泡沫塑料、纸板等。

⑮ 一般锯条宽度不大于 9mm，不小于 6.5mm。

⑯ 就锯切木材而言，8mm 宽的锯条可以锯切曲率半径为 10mm 的曲线工件。

2.2.4　曲线锯锯直线的操作

曲线锯锯直线的操作如下。

曲线锯可以锯曲线，也可以锯直线。但是，需要了解曲线锯的锯条只有一端是固定的，遇到木质软硬与纹理发生变化时，没有固定的一侧所锯的线路是不可预期的。也就是说，正面锯路比较直，背面一般不直。要想正面、背面锯路均直，可以采用曲线锯"倒装"的方案，并且在台面上安装固定装置，使得曲线锯条两端都固定，也就是用台锯做榫头。

曲线锯如图 2-12 所示。

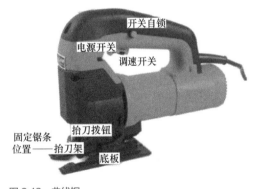

图 2-12　曲线锯

2.2.5　使用曲线锯时的注意事项

① 操作前检查工件，以免切到铁钉等物体。

② 不可用曲线锯来切空心管子。

③ 不要用电动曲线锯锯切超过规定尺寸的工件。

④ 锯切前，检查工件下面是否需要留有适当的空隙，以防锯片碰到地板、工作台等物体。

⑤ 锯割前，需要根据加工件的材料种类，选取合适的锯条。

⑥ 不可用手触摸转动部件。

⑦ 操作时，需要握紧曲线锯。

⑧ 打开开关前，需要确认锯切刀没有与工件接触。

⑨ 切通隔墙、地板或任何可能会碰到埋藏的通电电线的地方时，不要碰到曲线锯的任何金

属部件，抓在工具的绝缘把手上，以防止切到有电的电线时触电。

⑩ 如果在锯割薄板时发现工件有反跳现象，表明锯齿太大，则需要调换细齿锯条。

⑪ 锯割时，向前推力不能过猛。如果存在卡住现象，需要立刻切断电源，退出锯条，再进行锯割。

⑫ 在锯割时，不能够将曲线锯任意提起，以防损坏锯条。

⑬ 使用中，如果发现存在不正常的声响、水花、外壳过热、不运转、运转过慢等现象时，需要立即停锯，等检查修复后才可以使用。

⑭ 不可脱手丢开正在转动着的曲线锯。

⑮ 务必关上开关，并且等到锯刀完全停止下来后，才可以将锯刀移离工件。

⑯ 操作完后，不可以立即用手去触摸锯刀或加工件，因其可能还非常热，以免受到烫伤。

⑰ 用完曲线锯后，需要保养好，以免生锈。

2.2.6 电刨的结构与特点

电刨是用于刨削木材与类似材料表面的一种电动工具，如图 2-13 所示。

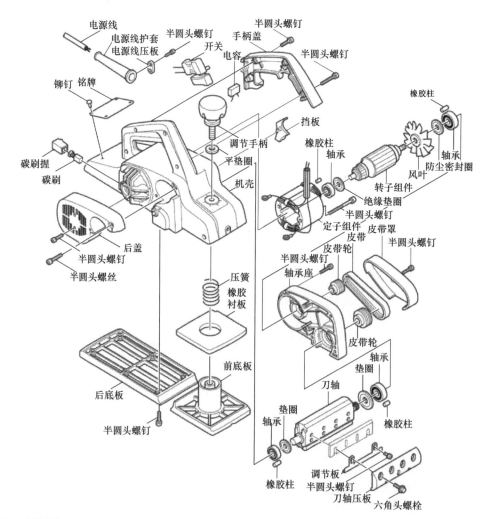

图 2-13 电刨的结构

电刨的特点如下。

① 电刨用于刨削、倒棱、裁口木材或木结构件。

② 手持式电刨广泛用于房屋建筑、装潢、木工车间、野外木工作业等场合。

③ 电刨可以装在台架上，也可以作小型台刨使用。

④ 电刨带有一个与底盘平行的旋转刨刀。

⑤ 电刨的刀轴由电动机转轴通过皮带驱动。

2.2.7　电刨刀片的调试

电刨刀片的调试方法、要点如下：首先需要松开刀片支架的螺母，然后把刀片重新安装，并且调整。如果不行，则调整支架上方的内六角螺钉，看是否达到要求，如图 2-14 所示。

另外，也可以用后地板作为标准，使刀片的刀刃线与后地板的面在同一平面内，可以采用角尺判断是否为同一平面。

如果上述方法不能够调整好电刨的刀片，则可能是电刨的轮毂损坏了，那么需要维修或更换轮毂。

图 2-14　电刨刀片的调试

2.2.8　使用木工电刨时的注意事项

① 使用前，需要先检查电源电压是否符合电刨所需的额定电压值。

② 常用的手持木工电刨电源电压需要保持在 220V ± 22V 范围内。

③ 操作前，需要根据实际刨削的需要，调节好手柄上的深度刻度板。

④ 两片刨刀安装位置需要正确与对称，凸出大底板的高度需要一致，为 0.1 ～ 0.25mm，并且刃口必须与大底板的平面平行，这样刨削时，电刨不会产生振动。

⑤ 刨刀的刃口需要保持锋利，钝口或缺口时需要刃磨或更换。

⑥ 刃磨刨刀需要采用磨刀附件，并且将一副刨刀装在磨刀架的上、下两面同时磨刀，刃口紧靠磨刀架中的斜面，并且放上压板以及旋紧螺钉。

⑦ 必须定期检查电源插头、开关、电刷、换向器等。

⑧ 需刨削的木材工件上应无铁钉、沙子、小石子等障碍物。

⑨ 电刨在露天场所作业时，不能在潮湿、下雨、下雪、易爆以及有易腐蚀气体的地方使用。

⑩ 电刨的机械防护装置不得任意拆除或调换。

⑪ 移动电刨时，必须握持手柄，不得提拉电源线。

⑫ 木工电刨中的多楔带属于易损件，若损坏，需要及时更换。

⑬ 聚氨酯多楔带需要防潮、防高温。

⑭ 电刨运转时，不得用手触摸底板与托住底板。

⑮ 拆装刀片与更换多楔带前，需要拨出电刨电源插头。

⑯ 等电刨的刨刀组合件空转正常后，才能够进行刨削。

⑰ 刨削时，需要将电刨缓慢向前推进。

⑱ 刨削时，不得随意转动调节手柄，以免损坏电刨与木材表面。

⑲ 作业中，需要戴好防护眼镜，防止木屑飞出损伤眼睛。

⑳ 刨削中，需要防止电源线被割破、擦破，以免发生人身事故。

㉑ 电刨运转时，手不得接近刨刀与旋转零件。

㉒ 如果电刨需长时间工作或安装在特殊装置台刨架上作小型台刨使用时，可使用开关上的自锁装置，即先用右手食指按下开关键，然后用大拇指将手柄左侧伸出的圆柱销按进，此时食指先行松开，再松开大拇指，开关就被锁定于接通位置，电刨即可长时间工作。如需要停止电刨工作，只要用手指紧紧按下开关键，自锁装置即被打开，圆柱销自行弹出，再松开手指，电源即被切断，电刨停止工作。

㉓ 电刨使用后，需要存放在干燥、清洁、无腐蚀性气体的环境中。

㉔ 久置没有使用的电刨，使用前需要先测量电机绕组与机壳间的绝缘电阻，其值不得小于 $7M\Omega$，否则需要进行干燥处理。

㉕ 遇到临时停电或间断供电时，必须将电刨的电源开关关闭，拔掉电源插头。

㉖ 电刨使用中，遇到换向器火花过大及环火、剧烈振动、机壳温升过高等现象，则需要停止电刨工作，等查明原因并排除故障正常后，才能够继续使用。

2.2.9 空气压缩机的种类、特点与应用

空气压缩机是一种气源装置，它能将原动机（一般是电动机）的机械能转换成气体压力能，或者将自由状态下的空气压缩成具有一定压力能。

一些工具或者设备需要压缩空气做动力或介质、风源，例如喷砂除锈、管线吹扫、试压、风动工具、气动射钉枪气源动力、喷漆气源动力、喷涂料气源动力等。空气压缩机的外形与结构如图 2-15 所示。空气压缩机的种类见表 2-4。

> **知识贴士**
>
> 不同应用时空气压缩机的压力如下。
> ① 用于控制仪表、自动化装置时，其压力一般为 0.6MPa。
> ② 交通运输业中利用压缩空气制动车辆、启闭门窗，压力一般为 0.2 ～ 1.0MPa。
> ③ 驱动各种风动工具例如风镐、风钻、气动扳手、气力喷砂等，此时压力一般为 0.6 ～ 1.5MPa。

  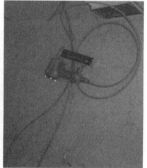

(a) 外形与应用

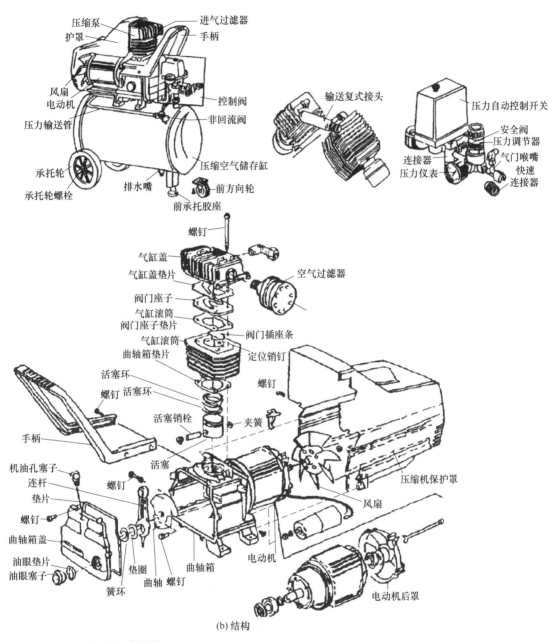

图 2-15　空气压缩机的外形与结构

表 2-4　空气压缩机的种类

分类依据	种类	解释
排气压力 /MPa	低压空气压缩机	> 0.2 ～ 1.0
	中压空气压缩机	> 1.0 ～ 10
	高压空气压缩机	> 10 ～ 100
	超高压空气压缩机	> 100
气量 /（m³/min）	微型空气压缩机	< 1
	小型空气压缩机	< 1 ～ 10
	中型空气压缩机	> 10 ～< 100
	大型空气压缩机	≥ 100

分类依据	种类	解释
工作原理	容积式空气压缩机	容积式空气压缩机的工作原理是通过压缩气体的体积，使单位体积内气体分子的密度增加，从而提高压缩空气的压力
	动力式（速度式）空气压缩机	动力式空气压缩机的工作原理是提高气体分子的运动速度，使气体分子具有的动能转化为气体的压力能，从而提高压缩空气的压力
运动件或气流工作特征	往复式空气压缩机	往复式空气压缩机包括活塞式、柱塞式、隔膜式等种类的空气压缩机。往复式压缩机是容积式压缩机的一种，其压缩元件主要是一个活塞，通过其在气缸内往复做运动，起到压缩空气的作用
	回转式空气压缩机	回转式空气压缩机包括滚动转子、滑片、三角转子、双螺杆等。回转式压缩机是容积式压缩机的一种，其压缩是通过旋转元件的强制运动实现的
	离心式空气压缩机	离心式空气压缩机属于速度型空气压缩机，其通过一个或多个旋转叶轮，使气体加速，从而起到压缩空气的作用
	轴流式空气压缩机	轴流式空气压缩机属于速度型空气压缩机，其通过装有叶片的转子加速，从而起到压缩空气的作用
	喷射式空气压缩机	喷射式空气压缩机是利用高速气体或蒸汽喷射流带走吸入的气体，然后在扩压器上将混合气体的速度转化为压力

2.2.10 使用空气压缩机的方法、要点

使用空气压缩机的方法、要点见表2-5。

表2-5 使用空气压缩机的方法、要点

项目	解释
空气压缩机启动前的检查与注意点	空气压缩机启动前的一些检查事项与注意事项如下 （1）启动前，需要检查润滑油量是否足够。如果不够，需要加满到标准油位 （2）确定电源电压在空气压缩机的额定电压的 ±10% 范围内 （3）确定空气压缩机所用的电源插座是带有接地良好的地线插座 （4）如果压缩机的动力为三相电动机时，则需要观察电动机旋转的方向应与标定的方向一致。如果方向不一致，则需要任意调换一根电源相线 （5）皮带带动的压缩机需要注意皮带的松紧度。正确的松紧度为：用大拇指压下皮带中央位置，压下的距离不能超过 10mm 为正常。如果超过这个范围，则需要调紧
空气压缩机的运行与调整	空气压缩机的运行和调整方法与注意事项如下 （1）空气压缩机运行时，需要查看压力值是否正确，保护动作是否可靠 （2）压力的调整，一般可以通过压力调节器旋钮来进行，其能够调整气导出口排出的压缩空气的压力。一般而言，压力调节器旋钮向顺时针方向转动，增加压力；压力调节器旋钮向逆时针方向转动，减小压力 （3）调整气压时，需要参看气压表显示的压力参数 （4）当压力表显示最高压力值时，不得将压力调节器旋钮再向顺时针用力转动，以免损坏压力调节器内部结构 （5）空气压缩机停止操作时，拧动压力调节器旋钮向逆时针方向转动，致使压力表显示零后停止。并且，可以试开启气导出口开关，以确认气压控制阀门是否已经关闭 （6）某些型号附有自动排水设备，则需要每天开启排水阀放水 空气压缩机使用注意事项如下 （1）压缩机接通电源时，不要取掉风罩，以免伤及人体 （2）使用时，使用眼保护器、脸部保护器等防护设备 （3）不要让气流正对着自己或他人 （4）为避免损坏，不得给压缩机部件随意加油 （5）使用后，关断电源，以免触电

项目	解释
维护维修	空气压缩机维护维修的注意事项如下 （1）空气压缩空气与电器具有危险性，检修、维护、保养时需要确认电源已被切断，并且符合检修、维护、保养程序与要求、规定 （2）停机维护时，需要在压缩机冷却后、系统压缩空气安全释放后等情况下，才能够进行 （3）需要定期检验空气压缩机的安全阀等保护系统与附件、部件 （4）清洗机组零部件时，需要采用无腐蚀性安全溶剂，严禁使用易燃、易爆、易挥发的清洗剂 （5）零配件必须采用规范的、符合要求的产品，有的零配件可能需要采用指定的

2.2.11　钉枪基础与常识

钉枪（图 2-16）的种类很多，根据使用的钉子，可以分为直钉枪、蚊钉枪、图钉枪、射钉枪等。根据驱动源，可以分为气动钉枪、电动钉枪、液压钉枪、点火钉枪。

装饰装潢工程中，主要使用气动钉枪、电动钉枪等。

码钉枪的种类有气动码钉枪、电动码钉枪、电动直钉码钉两用枪、小码钉枪、大码钉枪等。

码钉枪主要应用于以下一些领域。

① 码钉枪适用于家具制造业以及沙发布、皮革的钉合。

② 码钉枪适用于木箱、外层薄板的钉合。

③ 码钉枪适用于装潢业细小木工、木器接驳、天花装嵌等。

④ 码钉枪适用于装潢业、天花板、薄板的钉合。

图 2-16　钉枪

2.2.12　气动码钉枪的结构

气动码钉枪的结构如图 2-17 所示。

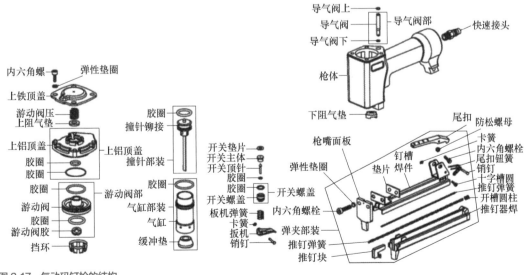

图 2-17　气动码钉枪的结构

使用气动码钉枪的方法和要点如下。

① 使用气动码钉枪前，从管接头处滴入少许润滑油。

② 首先把管接头与压缩空气机相连，然后在钉槽内装上枪钉，再合拢弹夹。使用时，只需要扣动扳机即可射击应用。

2.2.13　电动码钉枪的外形与结构

电动码钉枪的外形与结构如图 2-18 所示。

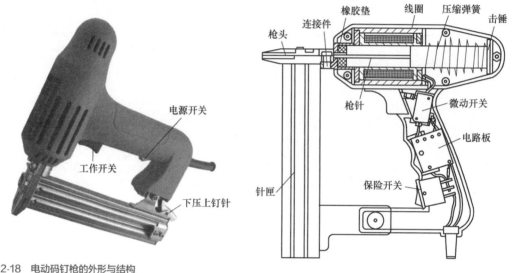

图 2-18　电动码钉枪的外形与结构

2.2.14　射钉枪的分类与特点

射钉枪是装饰工程中木工、门窗安装工常用的一种工具。射钉枪又称为射钉器，由于其外形和原理与手枪相似，故常称为射钉枪。其是把射钉弹、射钉通过枪机发射，即利用弹内燃料的能量将各种射钉、射钉弹直接打入钢铁、混凝土、砖砌体等材料中去。

射钉枪的种类有气动式射钉枪、螺旋式射钉枪、电动式射钉枪、点火式射钉枪，如图 2-19 所示。

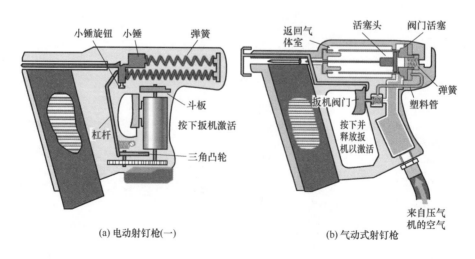

(a) 电动射钉枪(一)　　　　　　　(b) 气动式射钉枪

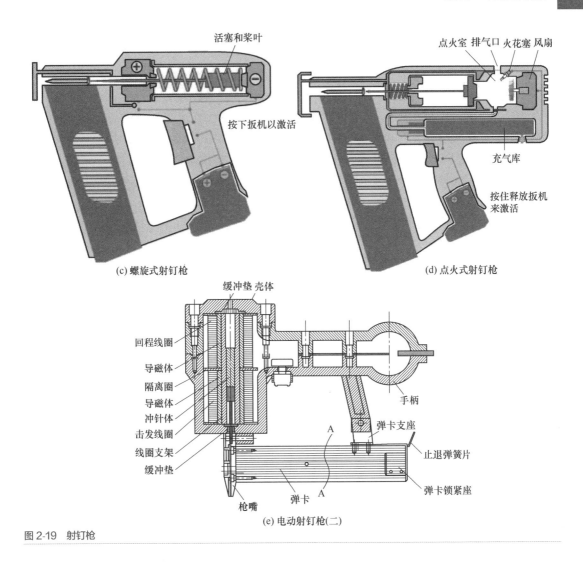

图 2-19　射钉枪

2.2.15　电动式射钉枪使用的注意事项

①工作时，需要戴上防护眼镜。

②工作中，不要戴戒指、项链、手链等首饰物品。

③射钉弹属于危险物品，其保管、发放、领取、使用都须有相应的规定，并设专人负责。

④使用前，检查电源及连接线是否正常。

⑤严禁对准人体或向空中击射，以免伤害自己或他人。

⑥严禁用手掌推压钉管。

⑦严禁将枪口对准人。

⑧装填钉子时，不要扣动扳机。

⑨装填钉子前，需要先关闭保险开关，以免误扣扳机发射。

⑩不要经常空击，以免损坏工具内部零件。

⑪插上电源，打开保险开关，将枪嘴对准，并且紧贴于工作物后，才能够击发。

⑫如果工作物较硬，则需加力按下钉枪，不使其反弹，确保钉子钉入工作物中。

⑬作业间隙，应关闭保险开关。

⑭ 连续作业会导致电机发热，因此，需要待其自然冷却后再进行作业。

⑮ 作业完毕后，需要关闭保险开关，并且拔下电源插头，以及取出弹夹内多余的钉子。

⑯ 当两次扣动扳机，子弹均不击发时，需要保持原射击位置数秒钟后，再退出射钉弹。

⑰ 更换零件或断开射钉枪前，射枪内均不得装有射钉弹。

⑱ 射钉枪因型号不同，使用方法略有不同，因此，操作时需要具体了解所用电动式射钉枪的具体方法。

⑲ 打钉时，严禁在同一钉子位置处打两枚以上钉子，以防第二枚钉子打到第一枚钉帽上溅钉。

⑳ 使用工具时，不可将其当作铁锤重击和敲打。

㉑ 不要站在架子、梯子上面打钉。

㉒ 不可任意改变工具原有的设计、结构、功能组合。

㉓ 暂停使用工具时，不可一直扣住扳机，以免造成不必要的射钉。

㉔ 在薄墙、轻顶墙上射钉时，对面不得有人停留、经过，并且要设专人监护，防止射穿基体而伤人。

㉕ 发射后，钉帽不要留在被紧固件的外面。

㉖ 射钉枪发生卡弹等故障时，需要停止使用。

2.2.16　电动拉铆枪的特点与使用注意事项

电动拉铆枪是采用拉伸的方法实现铆钉连接的一种电动工具。电动拉铆枪常见的拉具有抽芯的铝铆钉，如图 2-20 所示。

使用电动拉铆枪的一些注意事项如下。

① 被铆接物体上的铆钉孔应与铆钉配合良好。

② 拉铆前，需要检查电动拉铆枪是否完好、可用、安全。

③ 长期搁置不用的电动拉铆枪，使用前需要进行干燥处理。

图 2-20　电动拉铆枪

④ 选择铆钉的长度需要与铆接物体厚度相匹配。

⑤ 根据所用的铆钉选定适用的枪头。例如枪头内孔尺寸为 $\phi 2.2$、$\phi 2.6$、$\phi 3.4$，可以分别适用于 $\phi 3$、$\phi 4$、$\phi 5$ 的抽芯铆钉。

⑥ 铆接时，当铆钉轴没有拉断时，可以重复扣动扳机，直到拉断为止。但是，不得强行扭断或撬断。

⑦ 作业中，如果接铆头子有松动，应立即拧紧。

⑧ 操作过程中，如果发现异常声音、现象，应立即停机，切断电源进行检查。

⑨ 换向器部件注意保养。

2.3　机械设备

2.3.1　机械设备基础与常识

常见木工机械设备见表 2-6。一些木工机械设备外形如图 2-21 所示。

表 2-6　常见木工机械设备

名称	作用
带锯	（1）带锯是一种简单实用的切割机械，其可以完成用台锯比较难完成的任务 （2）通常锯条上的齿数越多，切割面就越细致
砂轮机	（1）砂轮机种类多，其主要由电动机、砂轮架、开关、护罩、砂轮、底座等组成 （2）砂轮机主要用于修磨刀具、进行普通小物件磨削等 （3）砂轮机分为带式砂轮机、盘式砂轮机等类型 （4）操作砂轮机过程中需要注意安全，戴上防护眼镜与口罩
台锯	（1）台锯由一个切割台面和锯片组成，主要用于开料、裁板等作用 （2）台锯型号根据其锯片的不同而不一样 （3）使用台锯时，最好是用一根推杆来送料，以增加使用过程中的安全
台钻	（1）在木料上钻非常精细的孔，特别是要钻一些大尺寸孔、特殊角度孔以及批量钻孔，可能需要用到台钻 （2）有的台钻有可移动的钻柱，可以安装不同尺寸的钻头，并且可以钻出不同深度、大小的孔

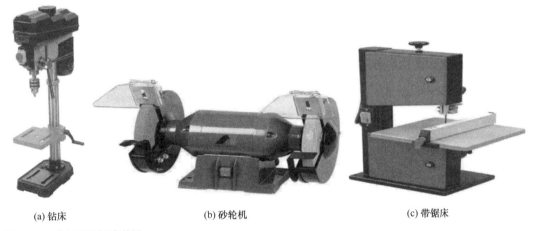

(a) 钻床　　　　　　(b) 砂轮机　　　　　　(c) 带锯床

图 2-21　一些木工机械设备外形

2.3.2　木工刨床的特点、分类与应用

　　木工刨床可将木毛料加工成具有精确尺寸、截面形状的工件，并保证工件表面具有一定的表面粗糙度。

　　木工刨床的分类：平刨床、压刨床、双面刨床、四面刨床、精光刨床等。

　　木工平刨的特点如图 2-22 所示。

平刨机

图 2-22

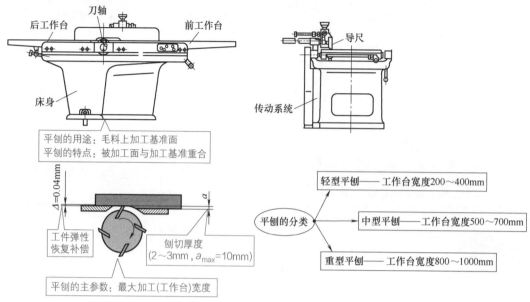

平刨床的结构、特点、参数与分类

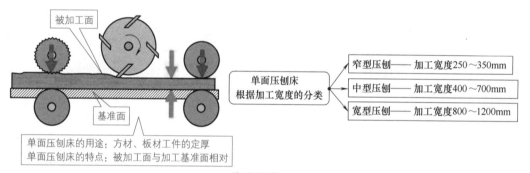

单面压刨床

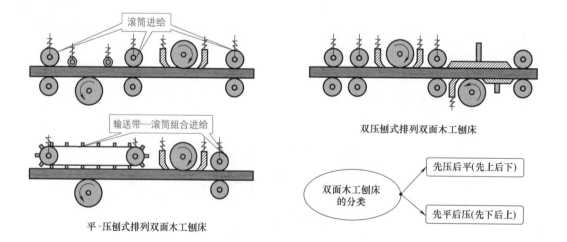

双面木工刨床的用途：同时加工相对两面，获定厚、光整表面的工件

图 2-22　木工平刨的特点

2.3.3　木工铣床的特点、分类与应用

　　木工铣床能完成各种不同工艺的加工，主要用于零件外形的曲线、直线、成型表面的加工，以及开榫、仿型加工等作业。

　　加工不同形状工件时使用的刀具是不同的。开榫槽时常用装配式铣刀，修边部曲线时常用整体式铣刀。

　　铣刀是木材切削加工中的一类刀具，如图 2-23 所示。

不重磨螺旋式榫槽铣刀

装配式铣刀利用螺钉、楔形压块等方式将刀片装在刀体上，刀片可以按需要更换

根据刀体的形状不同，装配式铣刀可分为方头铣刀、圆头铣刀、圆盘式铣刀

刀片的形状有平刀片、曲线刀片、弧形刀片等

不重磨装配式铣刀：由于刀具刃磨较麻烦，需要专门设备，并且易产生各种毛病与质量缺陷

有的装配式铣刀采取不需重磨的形式

角度铣刀

角度铣刀　　垫片

开槽刀

不重磨组合式套装铣刀：可以调换组合，实现开榫或开槽

组合式套装铣刀是由两个或多个简单盘状铣刀组合而成的。为了安装调整、排屑的方便，一般刀片交错安放，并以销、键、螺纹等方式连接固定

刀体组合时，可用不同厚度的垫圈或定位螺钉来调整各刀间相关位置，调整后应保证使用时刀刃不在工件上留下多刀痕迹

9.52mm
12.7mm
15.9mm
19.05mm
22.2mm
28.6mm

8mm柄木工可调节槽口铣刀

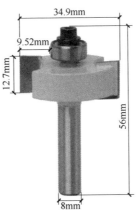

34.9mm
9.52mm
12.7mm
56mm
8mm

图 2-23　铣刀

根据铣刀在机床主轴上的装夹方式，铣刀可以分为套装铣刀、柄铣刀。

套装铣刀做有套装孔，可以通过装刀卡头或直接套装在主轴上。

柄铣刀的一端具有刀刃，另一端则为尾柄，尾柄有圆柱形、圆锥形、螺纹形等，如图 2-24 所示。

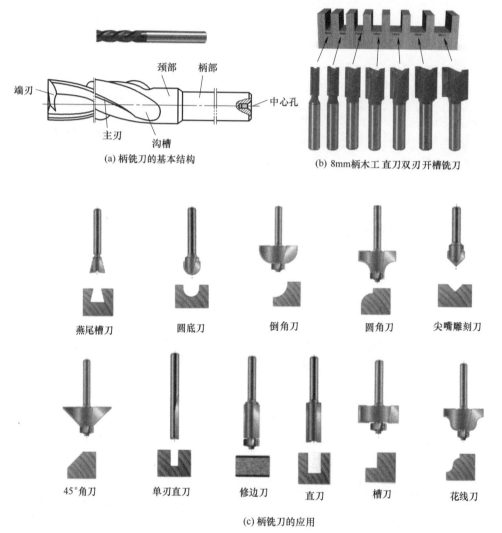

(a) 柄铣刀的基本结构

(b) 8mm柄木工 直刀双刃开槽铣刀

燕尾槽刀　　圆底刀　　倒角刀　　圆角刀　　尖嘴雕刻刀

45°角刀　　单刃直刀　　修边刀　　直刀　　槽刀　　花线刀

(c) 柄铣刀的应用

图 2-24　柄铣刀

知识贴士

不同类型、形状的零件其加工要求不同，需要的具体铣床也不同。

① 根据进给方式不同，铣床可以分为手工进给铣床、机械进给铣床。

② 根据主轴数目不同，铣床可以分为单轴铣床、双轴铣床、多轴铣床。

③ 根据主轴位置不同，铣床可以分为立式铣床、卧式铣床。

④ 根据加工范围不同，铣床可以分为普通万能铣床、仿型铣床。

⑤ 面立式铣床，可以分为上轴式铣床、下轴式铣床。

2.3.4　木工裁口机操作规程

木工裁口机操作规程如图 2-25 所示。

木工裁口机操作规程

1. 开车前,要检查铣刀固定螺栓的紧固度,不得有过紧或过松的现象。
2. 遇有硬节时,要低速送料。木料送过刨口 150mm 后,再进行接料。
3. 木料将铣切到端头时,要将手移到木料已铣切的一端接料。送短料时,必须用推料棍。
4. 铣切硬木口一次不得超过深 15mm、高 50mm。铣切松木口一次不得超过深 20mm、高 60mm。严禁在中间插刀。
5. 卧式铣床的操作人员,必须站在刀刃侧面,严禁迎刃而立。
6. 作业后,切断电源、锁好闸箱。进行擦拭、润滑,清除木屑、刨花。

图 2-25　木工裁口机操作规程

2.3.5　木工平刨机操作规程

木工平刨机操作规程如图 2-26 所示。

木工平刨机操作规程

1. 每名工人都要严格遵守安全生产制度和操作规程。
2. 没有操作证书的人员不准操作机床,本工种不准单独操作,需要操作时,必须在师傅的指导下进行操作。
3. 木工平刨应安有安全装置,在木工平刨刨板时,不准转动安全装置。如发现有转动安全装置者,按违章作业进行处罚。
4. 对超出安全装置的木料不准在平刨上操作。
5. 对超过压盖高度的方材(本机为 110 ~ 130mm),可将压杆用手抬高通过。但是,不准用手从压盖下面通过。
6. 工作前应检查机床各运行部位、刀头螺栓要紧固好,刀轴转动灵活且平稳,各转动处润滑良好,扇形保护板要灵活好用。
7. 刀轴运转正常后,才可进行加工。使用过程中若发现异常情况,应立即停车。
8. 工具台上不准放工具与其他杂物。
9. 禁止刨带有疖子、有钉子的木料。
10. 本机禁止刨大圆木材,厚度小于 15mm、长度小于 400mm 的木料不准刨。长度在 400mm 以下的短料,本机必须以专用的压板压住加工木料,推动木料前进才可以刨。长度小于 400mm 的端面,本机不准刨。
11. 刨料时手不能在刨刀上通过。在木料将要靠近刨刀时,后面的手要立即离开木料,用力不可过大,送料不可过快。
12. 木料纹理混乱、形状不规则的不准加工。
13. 刨刀旋转的正面不准站人。停车时不准用零件或其他物件刹住刀轴。
14. 作业结束后要切断电源。

图 2-26　木工平刨机操作规程

2.3.6　木工锯床操作规程

木工锯床操作规程如图 2-27 所示。

木工锯床操作规程

一、凡固定有专人操作的木工锯床，操作者必须经过考试合格，持有本锯床的《设备操作证》方可操作。没有固定专人操作的木工锯床，也应持有该锯床的《设备操作证》方可使用锯床。

二、认真执行下述木工锯床通用规定

1. 工作前

（1）固定有专人操作的锯床，操作者要仔细阅读交接班记录，了解上一班锯床的运转情况与存在问题。

（2）检查锯床上、工作现场的情况。如果有与工作无关的杂物，应清除。

（3）检查安全防护装置，应齐全完好。无防护装置的锯床不准操作。

（4）检查操作应处于非工作的位置上。

（5）检查电器配电箱要关闭牢靠，电气接地良好。

（6）检查润滑储油部位的油量，应充足且密封良好。油标、油杯、油嘴等齐全，安装正确。

（7）停车一个班以上的锯床要作空运转试车。确认运转正常后，方可工作。

2. 工作中

（1）固定有专人操作的锯床，操作者要坚守岗位，认真操作。离开锯床时要停车，切断电源。没有固定专人操作的锯床，使用人员用完锯床后，应停车，切断电源。

（2）刀具、木料应装夹正确，紧固牢靠。

（3）传动、进给的机械变速，必须在刀具离开工件后停车进行。

（4）注意木料上不得有铁钉，严防损坏刀具。

（5）密切注意锯床的运转情况、温升情况、声音情况、润滑情况。如果发现有任何异常现象，应立即停车检查，排除故障后再工作。

（6）锯床发生事故时应立即停车，保持事故现场，报告有关部门分析处理。

3. 工作后

（1）将操作手柄放到非工作位置上，切断电源。

（2）擦净锯床，清扫工作场地。

（3）固定有专人操作的锯床，操作时应将班中发现的锯床问题填到交接班记录本上，做好交班工作。

三、认真执行下述木工锯床的特殊规定

1. 普通带锯

（1）工作前，应调整锯条，使其松紧合适，齿顶高出飞轮边缘端面一些。

（2）根据需要调整工作台斜度时，要注意勿碰锯条和卡子。工作结束后，要及时将工作台调平。

（3）锯料时，送料进给量不准过大。如果因送料过大导致锯条转速减慢时，应立即将木料稍往回撤，待转数恢复后再送料。

（4）工作后，应将上飞轮下降使锯条放松。

2. 圆锯机

（1）工作前，检查圆锯片安装要正确、紧固要牢靠，用手动盘车应转动灵活。

（2）锯料时，送料进给量不准过大。如果因送料过大导致锯片转速减慢时，应立即将木料稍往回撤，待转数恢复后再送料。

图 2-27　木工锯床操作规程

2.4　木工紧固工具与工作台

2.4.1　木工紧固工具的特点与应用

紧固件（工具），可以作为模型制作的辅助件，如图 2-28 所示。

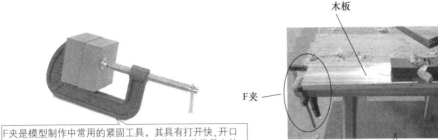

F夹是模型制作中常用的紧固工具，其具有打开快、开口大、装卸工件便捷、施以较小的作用力就可以获得最大的压紧力等作用

用F夹将木板固定在桌边，并且调整好刨刀深度，然后将板面刨平刨整

图 2-28　木工紧固工具

2.4.2　木工工作台的特点与制作

木工制作模型时，需要一个平稳的台面来进行操作。台面上放一些常用工具，台面下可以存放一些不急需用的工具，台面旁边可以放固定工件。

一般木工工作台的尺寸长度为 1.2m，宽度为 60cm 或者 95cm，采用优质冷轧板精工制作而成。有的木工工作台配有工具吊箱、侧柜灯架、调节脚杯、层板、抽屉等。

木工工作台的高度，一般根据使用者的身高和习惯来决定，常为 70 ～ 90cm。

现场简易木工工作台的制作如图 2-29 所示。

裁板

扫码看视频

木工工作台的制作

第1步，准备两块大约1cm厚的木工板，数根木条，一些钉子
第2步，把木条钉成桌架子
第3步，把木工板安装在架子上。把手锯安装在这个木工板正中间的下面，也就是先在木工板上挖一个长方形的孔，便于安装锯片(手锯)
第4步，在右边靠近锯片的地方安装一个和锯片平行的木条。右边靠近工板位置也安装一个木条
第5步，再安装上另一个板子，与上一个板子保持平行
第6步，安装定位板。定位板具体安装在锯片右边，还是左边，距离多少，往往根据实际尺寸情况来确定
第7步，安装、固定手锯的电源开关
第8步，检查安装情况，安全可靠且合格后试锯，以检测定位板的安装位置、形状是否符合要求，是否需要调整

图 2-29　现场简易木工工作台的制作

第3章

木工用材

3.1 建材的基础与常识

3.1.1 建材的分类

建材就是土木工程、建筑工程中使用的材料的一种统称。

建材可以分为结构材料、装饰材料、专用材料等类型，如图 3-1 所示。

结构材料——包括木材、砖瓦、软瓷、陶瓷、水泥、混凝土、金属、竹材、石材、玻璃、工程塑料、复合材料等

装饰材料——包括各种涂料、贴面、各色瓷砖、油漆、镀层、具有特殊效果的玻璃等

专用材料——包括用于防水、阻燃、隔声、防火、隔热、防潮、防腐、保温、密封等

图 3-1 建材的分类

3.1.2 家居建材的特点与分类

常见的家居建材，包括家具、板材、陶瓷卫浴、安防、管材、楼梯、灯具灯饰、厨卫家电、门、吊顶、涂料等，见表 3-1。

表 3-1 家居建材

名称	解释
安防——防盗报警产品	红外探测器、微波探测器、红外微波双监探测器、破玻探测器等
安防——门禁产品	IC 卡识别、指纹识别、脸谱识别、虹膜识别、楼宇对讲系统等
安防——视频安防产品	（1）模拟视频产品——模拟摄像机、模拟矩阵等 （2）网络视频产品——网络摄像机、视频服务器等
板材	装饰面板、大芯板、实木板、刨花板、密度板、防火板、夹板、三聚氰胺板、木塑板、石膏板等
厨卫电器	水槽、饮水机、洗碗机、灶具、消毒柜、燃气灶、油烟机、微波炉、厨房设备等
灯具灯饰	吊灯、吸顶灯、射灯、舞台灯具、壁灯、筒灯、室内灯具、专用灯具、彩灯、室外灯具、电光源、落地灯、浴霸灯、节能灯、卤灯等

续表

名称	解释
电线电缆	（1）裸线类——没有绝缘外层或外皮的一种电线 （2）电磁线——是用以制造电工产品中的线圈或绕组的绝缘电线。电磁线可以分为漆包线、漆包绕包线、绕包线、无机绝缘线等 （3）电力电缆——电气装备用电线电缆，又可分为电气装备用绝缘电线、船用电缆、控制信号电缆、电梯电缆、石油及地质用电缆等 （4）通信电线电缆与光缆
吊顶建材	玻璃纤维板、PVC 扣板、矿棉隔音板、石膏板、玻璃、格栅等
家具	板式家具、板木家具、沙发、实木家具、软床、餐桌椅子、儿童家具、古典家具、办公家具等
门	艺术玻璃门、生态门、钢木门、实木复合门、木塑门、实木门等
软装饰	工艺台布、装饰工艺品、沙发套、靠垫、窗帘、皮革、地毯等
水暖管件	（1）给水管道系统管材、管件 （2）排水管道系统管材、管件 （3）采暖用散热器、热水采暖管道系统散热器等 （4）室内用阀门、卫生洁具等管件 （5）消防类管件：塑铝稳态管、阻氧管、地暖管、纳米抗菌管、纤维增强管、聚丙烯管等
陶瓷卫浴	水龙头、毛巾架、置物架、瓷砖、洗手盆、坐便器、浴缸、热水器、浴室柜、干手机、桑拿房、卫浴配件等
涂料	（1）根据粉刷部位——分为墙漆、金属漆、木器漆。墙漆主要是乳胶漆，包括外墙漆、内墙漆、顶面漆。金属漆主要是磁漆。木器漆主要是硝基漆、聚酯漆 （2）根据性质、功能——分为乳胶漆、汽车漆、建筑涂料、水性漆、油漆、聚酯漆、纳米漆、木器漆、船舶涂料、木器涂料通用涂料、轻工涂料、防腐涂料、硝基漆、防锈漆、防水漆、聚氨酯漆、防火漆、桥梁漆等 （3）油漆其实是涂料的一种
五金机电	五金机电可以根据五金性质与用途等来分类
型材	（1）型材是铁或钢以及具有一定强度、韧性的材料，通过轧制、挤出、铸造等工艺制成的具有一定几何形状的物体 （2）型材包括各种形状的金属管、金属槽、异型材、塑钢窗等

 **知识贴士**

型材的种类

① 根据生产方法分类——无缝管、焊管等。

② 根据断面形状分类——简单断面钢管、复杂断面钢管等。

③ 根据壁厚分类——薄壁钢管、厚壁钢管等。

④ 根据用途分类——热工设备用管、管道用管、石油地质钻探用管、机械工业用管、容器用管、化学工业用管、特殊用途钢管等。

3.1.3　地面材料的特点、分类与应用

地面材料的特点、分类与应用见表 3-2。

表 3-2 地面材料的特点、分类与应用

名称	解释
强化地板	（1）强化木地板的规格主要是通过改变单板的长度、宽度、厚度来实现的 （2）强化木地板的长度一般为 1200 ～ 1820mm，宽度一般为 182 ～ 225mm，厚度一般为 6 ～ 12mm （3）根据一块地板宽度方向有几块地板图案称为几拼板，其分为单拼板、双拼板、三拼板等 （4）房间比较小的，一般宜采用双拼板或三拼板。房间比较大的，则一般选用单拼板
实木地板	（1）实木地板厚度一般为 18mm，常见规格有 90×900mm、125×900mm 等 （2）实木地板铺装上有直接铺贴和龙骨铺贴两种。直接铺贴要求实木地板在制作上有虎口榫榫口设计
实木复合地板	实木多层复合地板厚度一般为 0.3 ～ 2mm，其中三层实木复合地板最厚可达 4mm
竹木地板	（1）竹地板的常用规格为 900mm×90mm×18mm、1820mm×90mm×15mm 等。 （2）竹地板铺贴方法与实木地板铺贴方法相似

3.1.4 常见木制家具的特点

常见木制家具见表 3-3。

表 3-3 常见木制家具

名称	解释
茶几	茶几是与沙发或扶手椅配套使用的小桌
大衣柜	大衣柜是独立柜体或柜体嵌入墙体内连接固定，具有挂长衣、贮放衣物等功能的柜
写字桌	写字桌是供办公、书写使用的桌子
行李柜	行李柜是能放置行李箱包、存放物品的低柜
椅、凳	椅、凳是由坐面与靠背或无靠背构成，供休息或办公使用的坐具

3.2 五金

3.2.1 五金的特点、分类与应用

五金是指五种金属：金、银、铜、铁、锡，泛指金属。如今的五金，常作为金属或铜铁等制品的一种统称。

根据五金性质与用途，可以分钢铁材料、非铁金属材料等。五金，有大五金、小五金之分，如图 3-2 所示。

3.2.2 普通五金类的分类与应用

普通五金类根据设置方式，可以分为合页滑轨类、装饰拉手类、装饰锁具类，如图 3-3 和图 3-4 所示。五金具体包括碰珠、玻璃托、门吸、法兰座、挂衣钩、挂衣杆等。

五金还可以分为连接性五金、功能性五金、装饰性五金等类型，如图 3-5 所示。

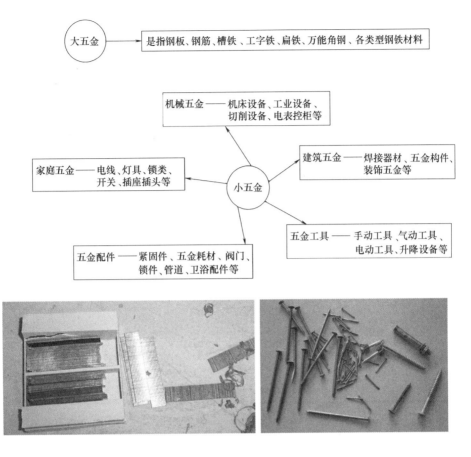

图 3-2　五金

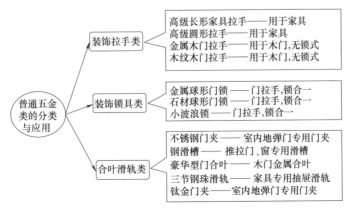

图 3-3　普通五金类的分类与应用

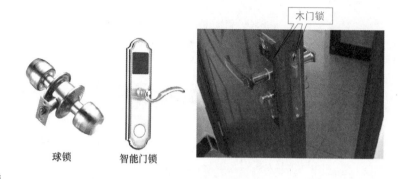

球锁　　智能门锁

图 3-4　门锁类

开孔15mm
高11～12mm可以用

图 3-5　五金的其他类型

五金，可以分为连接性五金、功能性五金、装饰性五金等类型
连接性五金，主要用于板材或物体间的连接，例如铁钉、铰链、自攻螺钉、气枪钉、螺纹铁钉、码钉、折页、连接件等
功能性五金，主要是指带有一定功能作用的五金，例如门锁、滑道、滑轮、滑轨、拉手、法兰等
装饰性五金，主要是指带有一定装饰效果的五金件，例如玻璃扣等

3.2.3　门铰的分类

门铰的分类见表 3-4。

表 3-4　门铰的分类

依据	分类
根据臂身类型	分为滑入式门铰、卡式门铰等
根据底座类型	分为脱卸式门铰、固定式门铰等
根据铰链的开门角度	一般常用 95°～110°，特殊的有 45°、135°、175°等
根据铰链的类型	分为普通一段力铰链、普通二段力铰链、短臂铰链、26 杯微型铰链、特殊角度铰链、玻璃铰链、弹子铰链、铝框门铰链、反弹铰链、美式铰链、阻尼铰链等
根据铰链发展阶段的款式	分为一段力铰链、二段力铰链、液压缓冲铰链等
根据门板遮盖位置	分为全盖（直弯、直臂）、一般盖 18 厘、半盖（中弯、曲臂）、盖 9 厘、内藏（大弯、大曲）、门板全部藏在里面等

3.2.4　普通合页的特点、分类与应用

铰链又称合页，可以分为普通铰链、弹簧铰链、大门铰链、其他铰链等。

普通合页（图 3-6）即一般合页，可以用于橱柜门、窗、门等的连接。材质上，合页可以分为铁质合页、铜质合页、不锈钢质合页。规格上，合页可以分为 2in❶（50mm）、2.5in（65mm）、3in（75mm）、4in（100mm）、5in（125mm）、6in（150mm）等。按方向限制，合页可以分为左式、右式。普通合页不具有弹簧铰链的功能，安装铰链后需要再装上各种碰珠，否则风会吹动门板。普通合页使用时受方向限制等特点。

---

❶ 1in=2.54cm。

孔距21.5mm　孔距56mm

长度71.5mm　宽度40mm

厚度1.2mm

50～65mm的铰链(合页)——适用于橱柜、衣柜门
75mm的铰链(合页)——适用于窗、纱门
100～150mm的铰链(合页)——适用于大门中的木门、铝合金门

■黄古铜[4in]4mm　　■不锈钢[4in]4mm　　■青古铜[4in]4mm　　■红古铜[4in]4mm
　×3mm×3.0mm　　　×3mm×3.0mm　　　×3mm×3.0mm　　　×3mm×3.0mm

不锈钢木门合页

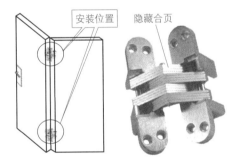

安装位置　　隐藏合页

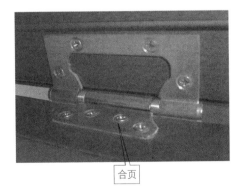

合页

合页的作用

图 3-6　普通合页

3.2.5　弹簧铰链的特点、分类与应用

扫码看视频

弹簧铰链的特
点、分类与应用

弹簧铰链主要用于橱柜门、衣柜门，其一般要求板厚度为 18 ～ 20mm，如图 3-7 所示。根据材质，弹簧铰链可以分为镀锌铁铰链、锌合金铰链；根据性能，弹簧铰链可以分为需打洞铰链、不需打洞铰链；不需打洞的铰链即桥式铰链。规格有小号、中号、大号；需打洞的铰链即弹簧铰链等。弹簧铰链的门式样受铰链限制。

铰链是现代橱柜、衣柜等柜门的安装合页

图 3-7　弹簧铰链

3.2.6　大门铰链的特点、分类与应用

大门铰链可以分为普通型铰链、轴承型铰链。从材质上看，轴承型铰链可以分为铜质铰链、不锈钢质铰链，如图 3-8 所示。从规格上看，大门轴承型铰链可以分为 100mm×75mm、125mm×75mm、150mm×90mm、100mm×100mm、125mm×100mm、150mm×100mm，厚度有 5mm、3mm 等。从轴承上看，大门轴承型铰链可以分为二轴承、四轴承等。

3.2.7　玻璃铰链的特点、分类与应用

玻璃铰链（图 3-9）有打洞、不打洞等类型。不打洞玻璃铰链，又分为磁吸式、上下顶装式等类型。玻璃铰链主要安装在无框玻璃橱门上，要求玻璃厚度为不大于 5 ～ 6mm。

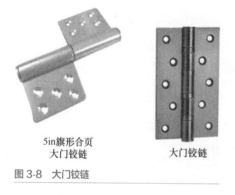

5in旗形合页
大门铰链

大门铰链

图 3-8　大门铰链

图 3-9　玻璃铰链

3.2.8　门铰的类型与应用

门铰的类型与应用见表 3-5。

表 3-5　门铰的类型与应用

名称	角度 / (°)	类型	用途
门铰	135	全盖	主要用于转角柜掩门
门铰	175	半盖、全盖	主要用于门板、侧板厚度为 18mm，其开门弧度大
门铰	275	—	主要用于 L 形转角折叠门板
铝框门铰		半盖、全盖、内嵌	主要用于铝框掩门
一字门铰	180	—	主要用于封板、假门、门板（厚度为 18mm）
快装门铰	95	半盖、全盖	主要用于门板（厚度为 25mm）、侧板（厚度为 18mm）
普通门铰	100	半盖、全盖、内嵌	主要用于门板、侧板（厚度为 18mm）

3.2.9　门铰的配量

门铰的配量，根据使用的木质门板、玻璃门板、非玻璃铝框门板不同而异，如图 3-10 所示。

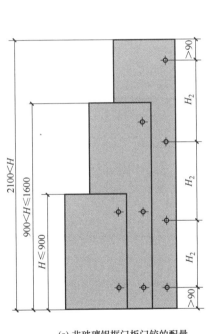

(a) 非玻璃铝框门板门铰的配量

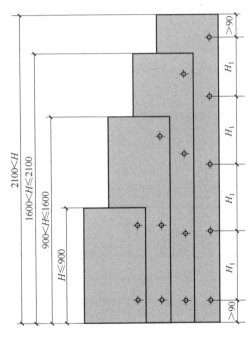

(b) 木质门板、玻璃门板门铰的配量

图 3-10　门铰的配量

H—高度；H_1，H_2—门铰间距

3.2.10　滑撑

滑撑一般是以间隙变化值作为产品质量分级性能，由高到低分为 1 级（特等品）、2 级（优等品）、3 级（合格品）。滑撑主体材料应为不锈钢。

滑撑连接处应圆整、光滑，不应有裂纹。滑撑外露表面不应有明显疵点、气孔、凹坑、划痕、锋棱、毛刺等缺陷。

滑撑分级性能与长度允许偏差如图 3-11 所示。外开上悬窗用滑撑的启闭力要求见表 3-6。

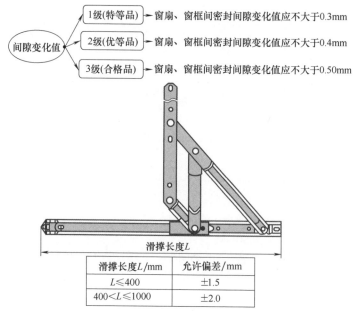

图 3-11 滑撑分级性能与长度允许偏差

表 3-6 外开上悬窗用滑撑的启闭力要求

承载质量 m/kg	启闭力 F/N	承载质量 m/kg	启闭力 F/N
$40 < m \leqslant 50$	$F \leqslant 60$	$80 < m \leqslant 90$	$F \leqslant 110$
$50 < m \leqslant 60$	$F \leqslant 75$	$90 < m \leqslant 100$	$F \leqslant 120$
$60 < m \leqslant 70$	$F \leqslant 85$	$m > 100$	$F \leqslant 140$
$70 < m \leqslant 80$	$F \leqslant 100$	$m \leqslant 40$	$F \leqslant 50$

3.2.11 暗铰链

暗铰链的类别如下。

① 根据是否具有缓冲功能——可以分为非缓冲型暗铰链、缓冲型暗铰链。

② 根据是否具有小角度缓冲功能——可以分为非小角度型暗铰链、小角度型暗铰链。

③ 根据质量——可以分为 1 级（特等品）、2 级（优等品）、3 级（合格品）。

缓冲型暗铰链，就是使家居门与框连接，通过阻尼器的作用，使门关到一定角度时，朝闭合方向进行自动缓慢关闭的一种暗铰链。

确定暗铰链最小门边距：根据暗铰链的类型、铰杯边距、柜门厚度来确定最小门边距，参考值见表 3-7。

表 3-7 确定暗铰链最小门边距

门板厚度 /mm	最小门边距 /mm			
	铰杯边距 3	铰杯边距 6	铰杯边距 4	铰杯边距 5
16	1.2	1.1	1.2	1.1
18	1.7	1.6	1.7	1.6
19	2.0	1.9	2.0	1.9

续表

门板厚度 /mm	最小门边距 /mm			
	铰杯边距 3	铰杯边距 6	铰杯边距 4	铰杯边距 5
20	2.4	2.2	2.3	2.2
22	3.3	2.9	3.1	3.0
24	4.5	3.9	4.2	4.0
26～32	根据实际安装验证确定			

3.2.12　连接件类的特点、分类与应用

一些连接件的特点如图 3-12 所示。

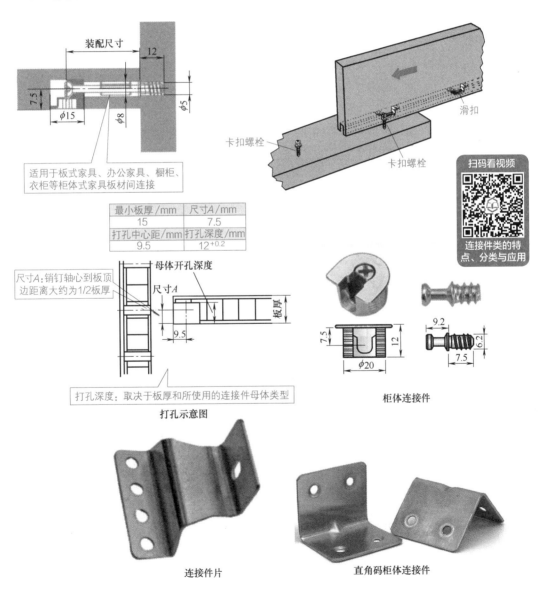

图 3-12

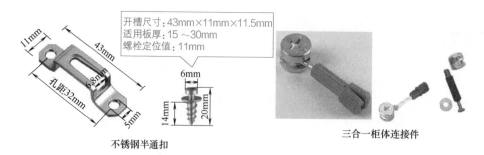

开槽尺寸：43mm×11mm×11.5mm
适用板厚：15～30mm
螺栓定位值：11mm

11mm   43mm

孔距32mm   5.8mm

5mm   6mm

14mm   20mm

不锈钢半通扣   三合一柜体连接件

图 3-12　一些连接件的特点

3.2.13　拉手类的特点、分类与应用

拉手可以分为大门拉手、家具拉手等类型，如图 3-13 所示。

有的大门拉手采用螺栓正反对撬，门厚度大约为 12mm，适用于无框门。

大门拉手的材质有铜、不锈钢、锌合金等类型。

(a) 大门拉手   (b) 家居拉手

图 3-13　拉手类型

知识贴士

① 家具拉手的材质，有铜质、木质、锌合金、塑料等，颜色和形状各式各样。

② 安装家具拉手的螺栓时需要在板上打洞，也就是从反面穿过来固定，正面看不见螺栓。

③ 家具拉手标准长度大约为 25mm。家具拉手要求板厚度为 18 ～ 22mm。

3.2.14　滑轨类的特点、分类与应用

抽屉的功能、寿命往往取决于滑轨。抽屉滑轨材质，常见的是铁质加烘漆或镀锌。滑轨类型如图 3-14 所示。

(a) 钢抽屉三节轨道   (b) 拉篮滑轨

图 3-14　滑轨类型

抽屉滑轨的种类：托底式、二节半拉出、三节全拉出、钢珠式等类型。

托底式抽屉滑轨的特点：路轨隐藏在抽屉底部。

3.2.15　移门、折门轨道的特点、材质与式样

使用移门的最大优点是能够节省室内空间，同时令室内布置独具匠心。移门、折门轨道如图 3-15 所示。

移门轨道的材质有：铝合金、镀锌钢等。

移门轨道的式样有：插片式吊顶、侧面式吊顶、单轨、双轨等。

图 3-15　移门、折门轨道

3.2.16　常见钉子的特点、分类与应用

常见钉子的特点见表 3-8。一些钉类的特点如图 3-16 所示。

表 3-8　常见钉子的特点

名称	解释	图例
地板钉	地板钉有的为矩形截面，钉尖为平头。有的地板钉具有螺旋槽。地板钉主要用于木地板铺装、出口木箱作业、家具制造等	
电线卡钉	电线卡钉一般采用优质 45# 中碳钢制造，主要用于电线、电缆安装工程，以及电子通信、室内装修等	
钢排钉	钢排钉一般采用碳钢制造，具有功效快、应用广泛等特点。钢排钉是水泥钉理想的换代产品。钢排钉主要用于混凝土、木条、铁板的钉合	
混凝土钢钉	混凝土钢钉具有刚性强、不易弯曲等特点，主要用于水泥墙、地面与面层材料的连接	
卷钉	卷钉可以分为以下几类 （1）根据元钉表面处理及杆钉形状分为光钉、环牙钉、螺牙钉、镀锌钉、环牙镀锌钉、螺牙镀锌钉等 （2）根据钉尖加工形状可以分为钻石形钉、斧头形钉、平尖形钉 （3）根据卷钉形状可以分为屋顶形卷钉、平顶形卷钉	
码钉	码钉主要用于沙发椅、沙发布与皮、天花板、薄板、木箱、外层薄板等的固定	

名称	解释	图例
排钉	排钉的钉杆形式有光身式、螺旋式、环纹式，主要用于制作装修、装饰箱体包装	
普通圆钉	普通圆钉一般采用优质低碳钢制造。普通圆钉大的钉帽不打入部件内部。其主要用于施工结构及粗制部件	
射钉	射钉是射钉枪的专用钉，一般采用优质中碳钢制造，主要用于家庭装修的细木制作、木质罩面工程以及装饰混凝土结构上的固定	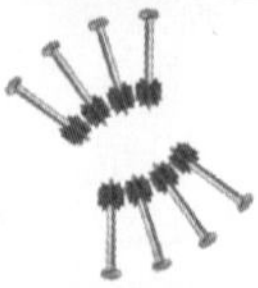
水泥钉	水泥钉的材料一般是钢，具有质地比较硬、粗而短、穿凿能力强等特点	
套环钉	套环钉带有刃形边缘，能增强基层的持钉力，主要用于纤维板、石膏板的板面	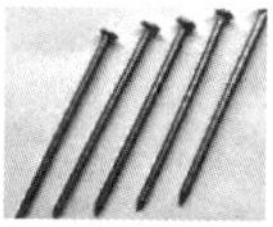
特种钢钉	特种钢钉一般采用优质 45# 中碳钢制造，主要适用于轻质木龙骨的连接	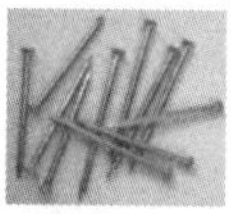
图钉	图钉是端帽大、身针短的一种钉子，可以把纸、布等钉在木板或墙壁上	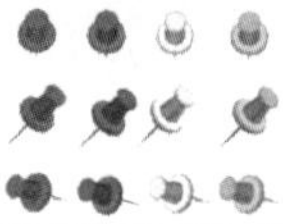
涂料水泥钉	涂料水泥钉一般采用优质 45# 中碳钢制造，钉身具有涂层，能够与墙壁牢牢结合	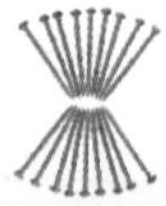
蚊钉	蚊钉属于无钉头的钉子，其打下后无钉痕，主要用于装潢和装修	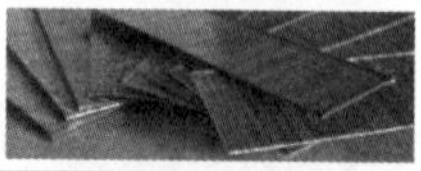
直钉	直钉主要用于装潢中三合板、条板的装嵌等	
装饰钉	装饰钉的钉帽往往带有装饰造型、装饰颜色，主要用于软包工程的紧固	

知识贴士

工业生产阶段中，现代木工工艺，广泛采用钉子和胶水连接处理等方式。

3.2.17 木结构用自攻螺钉的特点与应用

木结构用自攻螺钉的分类、特点如图 3-17 所示。

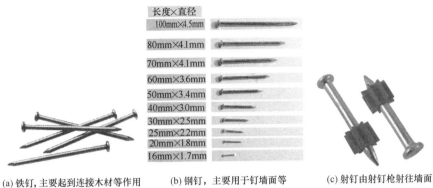

长度×直径
100mm×4.5mm
80mm×4.1mm
70mm×4.1mm
60mm×3.6mm
50mm×3.4mm
40mm×3.0mm
30mm×2.5mm
25mm×2.2mm
20mm×1.8mm
16mm×1.7mm

(a) 铁钉，主要起到连接木材等作用　　(b) 钢钉，主要用于钉墙面等　　(c) 射钉由射钉枪射往墙面

(d) 自攻钉，可以用于石膏板固定等　　(e) 地板钉，可以将实木地板固定到龙骨上

图 3-16　一些钉类的特点

自攻螺钉实物

按螺纹形式通常分　全螺纹　半螺纹　多段螺纹

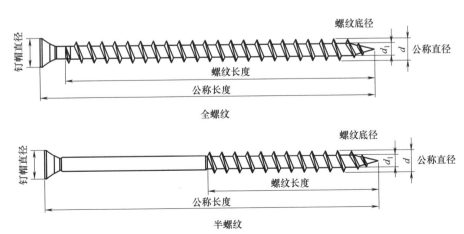

全螺纹

半螺纹

图 3-17

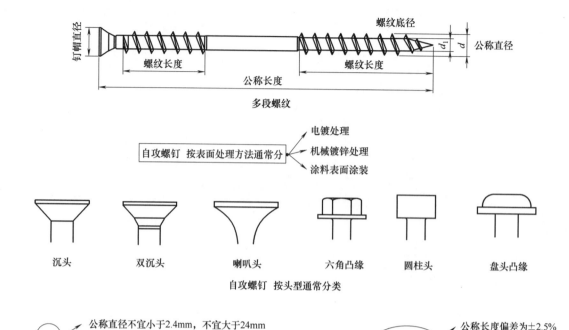

图 3-17　木结构用自攻螺钉的分类、特点

自攻螺钉是在金属或非金属材料的预钻孔中自行攻钻出所配合螺纹的一种有螺纹扣件。

根据头部不同，可以分为圆头、平头（即沉头）、顶柱头、圆顶宽边头、大圆头（即大扁头）、六角承穴头、六角头等。

根据槽型，可以分为一字槽头型（即开槽）、十字槽头型、十字和一字复合槽头型、米字槽头型等。

> **知识贴士**
>
> M3.5×12mm 自攻钉——用于衣柜抽屉、拉板、格裤架等。
>
> M3.5×16mm 自攻钉——用于衣柜门铰、衣通托、下垫板、塑料角码等。
>
> M3.5×25mm 自攻钉——用于衣柜抽屉等。
>
> M3.5×30mm 自攻钉——用于衣柜抽屉、上垫板、封板、吊码等。

3.2.18　铆钉的种类与应用

铆钉的种类与应用见表 3-9。

表 3-9　铆钉的种类与应用

名称	解释
半沉头铆钉	半沉头铆钉主要用于表面须平滑、载荷不大的铆接场合
半空心铆钉	半空心铆钉主要用于载荷不大的铆接场合
半圆头铆钉	半圆头铆钉主要用于具有横向载荷的铆接场合
扁平头、扁圆头铆钉	扁平头、扁圆头铆钉主要用于金属薄板、皮革、帆布、木料等非金属材料的铆接场合

续表

名称	解释
标牌铆钉	标牌铆钉主要用于铆接机器、设备等上面的铭牌
沉头铆钉	沉头铆钉主要用于表面须平滑、载荷不大的铆接场合
抽芯铆钉	抽芯铆钉是一类单面铆接用的铆钉，其需要使用专用工具，也就是用气动铆钉枪、电动铆钉枪、手动铆钉枪进行铆接。该类铆钉适用于不便采用从两面进行铆接的场合。以开口型扁圆头抽芯铆钉应用最广，沉头抽芯铆钉适用于表面须平滑的铆接场合，封闭型抽芯铆钉适用于要求较高载荷和具有一定密封性能的铆接场合
大扁平头铆钉	大扁平头铆钉主要用于非金属材料的铆接场合
管状铆钉	管状铆钉主要用于非金属材料的铆接场合
击芯铆钉	击芯铆钉是另一类单面铆接的铆钉。铆接时，需要用手锤敲击铆钉头部露出钉芯，使之与钉头端面平齐，即完成铆接操作。其适用于不便采用从两面进行铆接或抽芯铆钉的铆接场合
空心铆钉	空心铆钉主要用于载荷不大的非金属材料的铆接场合
平头铆钉	平头铆钉主要用于随一般载荷的铆接场合
平锥头铆钉	平锥头铆钉具有钉头肥大、能耐腐蚀等特点，常用于船壳、锅炉水箱等腐蚀强烈的铆接场合
无头铆钉	无头铆钉主要用于非金属材料的铆接场合

3.3　其他建材

3.3.1　波音软片的特点、分类与应用

波音软片，是一种即粘式薄片饰面材料，即一种贴膜。波音软片有背胶、不背胶等类型。波音软片的厚度为0.08～0.6mm。波音软片如图3-18所示。

波音软片不适于与木材或饰面板混合使用。波音软片，可以用于衣柜柜体内底衬板饰面、商业展柜的饰面等。

图 3-18　波音软片

3.3.2　木皮的特点、分类与应用

家装中常用木皮作为收边或弧形造型的封边用，使用胶黏剂粘贴。木皮的长度一般为2440mm，宽度有100mm、200mm、600mm等规格。

木皮门与纸皮门的区别见表3-10。

表 3-10　木皮门与纸皮门的区别

项目	木皮门	纸皮门
厚度区别	木皮门比纸皮门厚	纸皮门厚度薄一些
纹理区别	表面纹理用肉眼看上去更加真实，拥有饱满的层次感，纹理不会有很规律的分布	纹理主要以印刷实现，看起来规律可循的。纹理真实感与层次感比木皮门逊色
油漆区别	表面需用开放漆或其他特殊油漆	不需要使用油漆

3.3.3　木线条的特点、规格与应用

门套收口可以采用胶合板对角粘贴木线条、安装木线条等。木线条宽度有100mm、80mm、

60mm 等，如图 3-19 所示。木线条的规格、作用与特点见表 3-11。

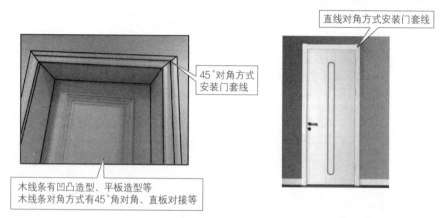

图 3-19　木线条

表 3-11　木线条的规格、作用与特点

线条类型	规格 /mm	作用	特点
白木门套线	80×10	门套收边	观赏性强、线条顺直、一般采用白油漆
白木门套线	70×8	门套收边	观赏性强、线条顺直、一般采用白油漆
白木门套线	60×8	门套收边	观赏性强、线条顺直、一般采用白油漆
白木门套线	50×8	门套收边	观赏性强、线条顺直、一般采用白油漆
白木门套线	40×8	门套收边	观赏性强、线条顺直、一般采用白油漆
白木收口线	30×5	柜边收口	观赏性强、线条顺直、一般采用白油漆
白木收口线	25×5	柜边收口	观赏性强、线条顺直、一般采用白油漆
白木收口线	20×5	柜边收口	观赏性强、线条顺直、一般采用白油漆
白木收口线	12×5	抽屉收口	观赏性强、线条顺直、一般适于刷漆
榉木门套线	100×10	门套收边	线条顺直、观赏性强、木纹清晰，呈现原木木纹
榉木门套线	80×10	门套收边	线条顺直、观赏性强、木纹清晰，呈现原木木纹
榉木门套线	70×8	门套收边	线条顺直、观赏性强、木纹清晰，呈现原木木纹
榉木门套线	60×8	门套收边	线条顺直、观赏性强、木纹清晰，呈现原木木纹
榉木门套线	50×8	门套收边	线条顺直、观赏性强、木纹清晰，呈现原木木纹
榉木门套线	40×8	门套收边	线条顺直、观赏性强、木纹清晰，呈现原木木纹
榉木收口线	30×5	柜边收口	线条顺直、观赏性强、木纹清晰，呈现原木木纹
榉木收口线	25×5	柜边收口	线条顺直、观赏性强、木纹清晰，呈现原木木纹
榉木收口线	20×5	柜边收口	线条顺直、观赏性强、木纹清晰，呈现原木木纹
榉木收口线	12×5	柜边收口	线条顺直、观赏性强、木纹清晰，呈现原木木纹

第**4**章

工程结构与木结构

4.1 工程结构

4.1.1 工程结构的类型

结构俗称承重骨架，是能够承受、传递作用并具有适当刚度的由各连接部件组合而成的整体。

工程结构就是房屋建筑、桥梁、公路、铁路、水运、水利水电等各类土木工程的建筑物、构筑物结构的总称。

工程结构除了满足工程所要求的功能、性能外，还必须在使用期内有安全、适用、耐久地承受外加的或内部形成的各种作用等要求。

工程结构的类型见表 4-1。木结构的类型见表 4-2。

表 4-1　工程结构的类型

名称	解释
木结构	木结构是以木材为主要材料制成的结构
砌体结构	砌体结构是由块体和砂浆砌筑而成的墙、柱作为建筑物主要受力构件的结构，其是砖砌体、砌块砌体、石砌体、配筋砌体结构的统称
砖砌体结构	砖砌体结构是由砖砌体制成的结构。其分为烧结普通砖、非烧结硅酸盐、承重黏土空心砖砌体结构
砌块砌体结构	砌块砌体结构是由砌块砌体制成的结构，其分为混凝土中、小型空心砌块砌体结构和粉煤灰中型实心砌块砌体结构
石砌体结构	石砌体结构是由石砌体制成的结构，其分为料石砌体、毛石砌体结构
配筋砌体结构	配筋砌体结构是由配置钢筋的砌体作为建筑物主要受力构件的结构
钢结构	钢结构是以钢材为主要材料制成的结构
混凝土结构（砼结构）	混凝土结构（砼结构）是以混凝土为主要材料制成的结构，其包括素混凝土结构、钢筋混凝土结构、预应力混凝土结构等
钢筋混凝土结构	钢筋混凝土结构是配置受力普通钢筋的混凝土结构
预应力混凝土结构	预应力混凝土结构是配置受力的预应力筋，通过张拉或其他方法建立预加应力的混凝土结构

表 4-2　木结构的类型

名称	解释
方木结构	方木结构是由原木经锯解成为符合规定的方木而制成的结构
胶合木结构	胶合木结构是由木料与木料或木料与胶合板胶粘成整体材料所制成的结构
原木结构	原木结构是由天然截面且最小梢径符合规定的木材制成的结构
井干式木结构	井干式木结构是采用截面经适当加工后的原木、方木和胶合原木作为基本构件，将构件水平向上层层叠加，并且在构件相交的端部采用层层交叉咬合连接，以此组成的井字形木墙体作为主要承重体系的木结构
木框架剪力墙结构	木框架剪力墙结构是在方木、原木结构中，主要由地梁、梁、横架梁与柱构成木框架，并且在间柱上铺设木基结构板，以承受水平作用的木结构体系
轻型木结构	（1）轻型木结构是用规格材、木基结构板或石膏板制作的木构架墙体、楼板和屋盖系统构成的建筑结构 （2）轻型木结构是将木基结构板材与间距不大于 600mm 侧立的规格材用钉连接成墙体、楼盖、屋盖，并组成框架式结构，用于 1～3 层房屋
抬梁式木结构	（1）抬梁式木结构是沿房屋进深方向，在木柱上支承木梁，木梁上再通过短柱支承上层减短的木梁，根据此方法叠放数层，逐层减短的梁组成一榀木构架。 （2）屋面檩条放置于各层梁端
正交胶合木结构	（1）正交胶合木结构是墙体、楼面板和屋面板等承重件采用正交胶合木制作的建筑结构 （2）正交胶合木结构形式主要为箱形结构、板式结构

4.1.2　木结构术语解说

木结构的术语解说见表 4-3。

表 4-3　木结构的术语解说

名称	解释
板材	板材是直角锯切且宽厚比大于或等于 3 的锯材
保持量	保持量是木构件经防腐剂加压处理后，能够长期保持在木材内部的防腐剂量，根据每立方米的质量（kg）计算
层板胶合木	（1）层板胶合木是木纹平行于长度方向且以厚度不大于 45mm 的木板层叠胶合的木制品 （2）层板胶合木也称为胶合木、结构用集成材
齿板	齿板是用镀锌钢板冲压成多齿的连接板，用以连接受力的木构件
齿连接	方木和原木桁架木压杆抵承在弦杆齿槽上传力的节点连接
穿斗式木结构	根据屋面檩条间距，沿房屋进深方向竖立一排木柱，檩条直接由木柱支承，柱间不用梁，仅用穿透柱身的穿枋横向拉结起来，形成一榀木构架。每两榀木构架间使用斗枋和纤子连接组成承重的空间木构架
定向木片板	定向木片板是将长度不小于 30mm 的薄木片施胶分层定向铺装、加压制成的木片板，面层薄木片的定向与板材的长度方向一致
方木	方木是直角锯切且宽厚比小于 3 的锯材。方木又称为方材
搁栅	搁栅是轻型木结构楼盖或屋盖的侧立受弯构件，其是采用高度等于或大于 115mm 的规格材
工字形木搁栅	工字形木搁栅是采用规格材或结构用复合材作翼缘，木基结构板材作腹板，并且采用结构胶黏剂胶结而组成的工字形截面的受弯构件
规格材	规格材是木材截面的宽度与高度根据规定尺寸加工的规格化木材
横纹	横纹是木构件的木纹方向与构件长度方向垂直的一种木纹

续表

名称	解释
机械应力分级木材	机械应力分级木材是采用机械应力测定设备对木材进行非破坏性试验，按测定的木材弯曲强度和弹性模量确定强度等级的木材
胶合木层板	胶合木层板是用于制作层板胶合木的板材，接长时采用胶合指形接头
胶合原木	（1）胶合原木是以厚度大于 30mm、层数不大于 4 层的锯材沿顺纹方向胶合而成的木制品 （2）胶合原木常用于井干式木结构或梁柱式木结构
结构复合木材	（1）结构复合木材是采用木质的单板、单板条或木片等，沿构件长度方向排列组坯，并且采用结构用胶黏剂叠层胶合而成，专门用于承重结构的一种复合材料 （2）结构复合木材包括旋切板胶合木、平行木片胶合木、层叠木片胶合木、定向木片胶合木、其他具有类似特征的复合木产品 （3）结构复合木材可用于轻型木结构的楼盖主梁、屋脊梁
结构胶合板	结构胶合是采用耐水胶黏结、专用于受力构件的胶合板
锯材	锯材是原木经制材加工而成的成品材或半成品材，其可以分为板材、方材
木材防护剂	木材防护剂是一种药剂，能够毒杀木腐菌、昆虫、凿船虫、其他侵害木材的有机物
木材含水率	木材含水率是木材内所含水分的质量占木材绝干质量分数
木基结构板	（1）木基结构板是以木质单板或木片为原料，采用结构胶黏剂热压制成的承重板材 （2）木基结构板包括结构胶合板、定向木片板 （3）木基结构板材是可以用于承重结构的木基复合板材，以及用于轻型木结构的墙面板、楼面板、屋面板
木基结构板剪力墙	木基结构板剪力墙是面层采用木基结构板，墙骨柱或间柱采用规格材、方木、胶合木而构成的，用于承受竖向与水平作用的墙体
目测分级木材	目测分级木材是采用肉眼观测方式来确定木材材质等级的木材
墙骨	墙骨是轻型木结构的墙体中根据一定间隔布置的竖向承重骨架构件
墙骨	墙骨是轻型木结构墙体框架的主要受压构件，采用宽度为 40mm、高度为 90 ～ 140mm 的规格材
顺纹	顺纹是指木构件木纹方向与构件长度方向一致
速生材	速生材是生长快、成材早、轮伐期短的木材
透入度	透入度是指木构件经防护剂加压处理后，防腐剂透入木构件的深度按毫米或占边材的比例（%）计算
销连接	（1）销连接是采用销轴类紧固件将被连接的构件连成一体的连接方式 （2）销连接也称为销轴类连接 （3）销轴类紧固件包括螺栓、销、六角头木螺钉、圆钉、螺纹钉等
斜纹	斜纹是指木构件木纹方向与构件长度方向形成某一角度
旋切板胶合木	（1）旋切板胶合木是将旋切的厚单板（厚度为 2.5 ～ 6.4mm）顺木纹层叠胶合热压而成 （2）与旋切板胶合木性能类同的产品有层叠木片胶合木、平行木片胶合木
预制工字形木搁栅	预制工字形木搁栅是指结构复合木材作翼缘，定向木片板或结构胶合板作腹板，用耐用水胶黏结的工字形搁栅
原木	原木是伐倒的树干经打枝与造材加工而成的木段
正交层板胶合木	（1）正交层板胶合木是以厚度为 15 ～ 45mm 的层板相互叠层、正交组坯后胶合而成的木制品 （2）正交层板胶合木也称为正交胶合木
指接节点	（1）指接节点是指在连接点处，采用胶黏剂连接的锯齿状的对接节点，简称指接 （2）指接分为胶合木层板的指接、胶合木构件的指接
指形接头	指形接头是将两块木板端头用铣刀削（切）成能相互啮合的指形序列，涂胶加压接长成为层板

4.2 木结构使用环境与材料

4.2.1 木结构使用环境

木结构使用环境见表4-4。

表4-4 木结构使用环境

使用分类	使用条件	应用环境	常用构件
C1	户内，且不接触土壤	在室内干燥环境中使用，能避免气候和水分的影响	木梁、木柱等
C2	户内，且不接触土壤	在室内环境中使用，有时受潮湿和水分的影响，但能避免气候的影响	木梁、木柱等
C3	户外，但不接触土壤	在室外环境中使用，暴露在各种气候中，包括淋湿，但不长期浸泡在水中	木梁等
C4A	户外，且接触土壤或浸在淡水中	在室外环境中使用，暴露在各种气候中，且与地面接触或长期浸泡在淡水中	木柱等

4.2.2 木结构中的木材

建筑承重构件用材的要求：树干长、纹理直、扭纹少、木节少、耐虫蛀、耐腐蚀、少开裂、易干燥、有较好的力学性质、便于加工等。

结构用材可以分针叶材、阔叶材。结构中的承重构件，多采用针叶材。阔叶材主要用作键块、板销、受拉接头中的夹板等配件。

承重结构用材可以采用原木、方木、板材、规格材、层板胶合木、结构复合木材、木基结构板。其中，工厂目测分级并加工的方木构件的材质等级，需要符合表4-5的规定。

表4-5 工厂目测分级并加工的方木构件的材质等级

构件用途	材质等级		
用于梁的构件	I_e	II_e	III_e
用于柱的构件	I_f	II_f	III_f

方木、原木结构的构件应用时，应根据构件的主要用途选用相应的材质等级。采用目测分级木材时，不应低于表4-6的要求。采用工厂加工的方木用于梁柱构件时，不应低于表4-7的要求。

表4-6 方木、原木构件材质等级要求

主要用途	最低材质等级
受拉或拉弯构件	I_a
受弯或压弯构件	II_a
受压构件及次要受弯构件	III_a

表4-7 工厂加工的方木构件材质等级要求

主要用途	最低材质等级
用于梁	III_e
用于柱	III_f

4.2.3 木结构工程中使用进口木材的要求

木结构工程中使用进口木材的要求，包括应有经过认可的认证标识、应有中文标识等，如图 4-1 所示。

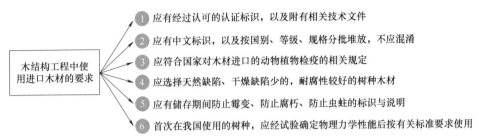

图 4-1 木结构工程中使用进口木材的要求

4.2.4 制作构件时木材含水率的要求

制作构件时木材含水率的要求，包括构件作为连接件，不应大于 15%；方木、原木受拉构件的连接板不应大于 18% 等，如图 4-2 所示。

现场制作的方木或原木构件的木材含水率不应大于 25%。

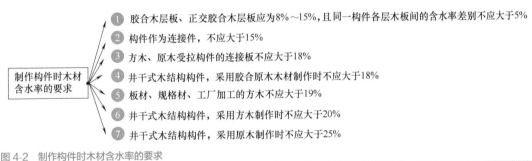

图 4-2 制作构件时木材含水率的要求

4.2.5 木结构工程中的钢材与金属连接件

承重木结构中使用的钢材宜采用 Q235 钢、Q345 钢、Q390 钢、Q420 钢，并且应分别符合现行国家标准《碳素结构钢》（ GB/T 700—2006 ）和《低合金高强度结构钢》（ GB/T 1591—2018 ）的有关规定。

对于承重木结构中的钢材，当采用国外进口金属连接件时，需要提供产品质量合格证书，并且符合设计要求，以及对其材料进行复验。

直接承受动力荷载或振动荷载的焊接构件或连接件、工作温度等于或低于 -30℃ 的构件或连接件等承重构件或连接材料，宜采用 D 级碳素结构钢或 D 级、E 级低合金高强度结构钢。

用于承重木结构中的钢材，需要具有抗拉强度、伸长率、屈服强度、硫磷含量的合格保证，对焊接构件或连接件尚应有含碳量的合格保证。

钢木桁架的圆钢下弦直径大于 20mm 的拉杆，以及焊接承重结构或是重要的非焊接承重结构采用的钢材，还需要具有冷弯试验的合格保证。

螺栓、高强度螺栓、螺母、垫圈、锚栓、钉、钢构件焊接的焊条、防腐剂、防火涂料等，均需要符合现行国家对应的相关标准的规定。

4.2.6   木结构设计使用年限与安全等级

木结构设计使用年限见表4-8。木结构设计安全等级见表4-9。当确定承重结构用材的强度设计值时，应计入荷载持续作用时间对木材强度的影响。

表4-8   木结构设计使用年限

设计使用年限	示例
5年	临时性建筑结构
25年	易于替换的结构构件
50年	普通房屋和构筑物
100年及以上	标志性建筑和特别重要的建筑结构

表4-9   木结构设计安全等级

安全等级	破坏后果	建筑物类型
一级	很严重	重要的建筑物
二级	严重	一般的建筑物
三级	不严重	次要的建筑物

知识贴士

风荷载、多遇地震作用时，木结构建筑的水平层间位移不宜超过结构层高的1/250。木结构应采取可靠措施，防止木构件腐朽或被虫蛀，以确保达到设计使用年限。

4.2.7   木结构木料锯要求

木结构木料锯的要求如图4-3所示。

方木、板材加工预留干缩量

构件用方木或板材制作时，应按设计文件规定的尺寸将原木进行锯割，锯割时截面尺寸应按表的规定预留干缩量

方木、板材厚度/mm	预留干缩量/mm
15～25	1
40～60	2
70～90	3
100～120	4
130～140	5
150～160	6
170～180	7
190～200	8

图4-3   木结构木料锯的要求

落叶松、木麻黄等收缩量较大的原木，预留干缩量还应大于表规定的30%

4.2.8   木结构规格材标准截面尺寸

木结构规格材标准截面尺寸见表4-10。

表 4-10　木结构规格材标准截面尺寸

截面尺寸 宽 × 高 /mm	40×40	40×65	40×90	40×115	40×140	40×185	40×235	40×285
截面尺寸 宽 × 高 /mm	—	65×65	65×90	65×115	65×140	65×185	65×235	65×285
截面尺寸 宽 × 高 /mm	—	—	90×90	90×115	90×140	90×185	90×235	90×285

注：1. 表中截面尺寸均为含水率不大于 20%、由工厂加工的干燥木材尺寸。

　　2. 不得将不同规格系列的规格材在同一建筑中混合使用。

　　3. 截面尺寸误差不应超过 ±1.5mm。

4.2.9　层板胶合木的特点与要求

层板胶合木的特点与要求如图 4-4 所示。

各层板的木纹方向与构件长度方向应一致
层板在长度方向应采用指接，宽度方向可为平接

受拉构件和受弯构件受拉区截面高度的1/10范围内的同一层板的指接头间距，不应小于1.5m
相邻上、下层板的指接头间距不应小于层板厚的10倍，同一截面上的指接头数量不应多于叠合层板总数的1/4，相邻层间的平接头应错开布置，错开距离不应小于40mm，层板宽度较大时可在层板底部开槽

平接头布置示意

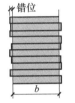

错位

b

外观C级层板错位示意

各层板髓心应在同一侧，但当构件处于可能导致木材含水率超过20%的气候条件下或室外不能遮雨的情况下，除底层板髓心应向下外，其余各层板髓心均应向上

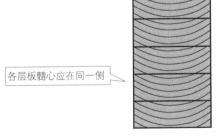

各层板髓心应在同一侧

一般条件下
叠合的层板髓心布置

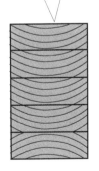

其他条件下
叠合的层板髓心布置

图 4-4　层板胶合木的特点与要求

4.2.10　针叶树种木材适用的强度等级

针叶树种木材适用的强度等级见表 4-11。

表4-11 针叶树种木材适用的强度等级

强度等级	组别	适用树种
TC11	A	西北云杉、西伯利亚云杉、西黄松、加拿大铁杉、杉木
	B	冷杉、速生杉木、速生马尾松、新西兰辐射松、日本柳杉
TC13	A	油松、西伯利亚落叶松、云南松、马尾松、扭叶松、北美落叶松、海岸松、日本扁柏、日本落叶松
	B	红皮云杉、丽江云杉、樟子松、红松、西加云杉、欧洲云杉、北美山地云杉、北美短叶松
TC15	A	铁杉、油杉、太平洋海岸黄柏、西部铁杉，南方松
	B	鱼鳞云杉、西南云杉、南亚松
TC17	A	柏木、长叶松、湿地松、粗皮落叶松
	B	东北落叶松、欧洲赤松、欧洲落叶松

4.2.11 阔叶树种木材适用的强度等级

阔叶树种木材适用的强度等级见表4-12。

表4-12 阔叶树种木材适用的强度等级

强度等级	适用树种
TB11	大叶椴、心形椴
TB13	深红娑罗双、浅红娑罗双、白娑罗双、海棠木
TB15	锥栗、桦木、黄娑罗双、异翅香、水曲柳、红尼克樟
TB17	栎木、腺瘤豆、筒状非洲楝、蟹木楝、深红默罗藤黄木
TB20	青冈、椆木、甘巴豆、冰片香、重黄娑罗双、重坡垒、龙脑香、绿心樟、紫心木、李叶苏木、双龙瓣豆

4.2.12 原木、方木等木材的强度设计值与弹性模量的规定

原木、方木等木材的强度设计值与弹性模量的规定见表4-13。

表4-13 原木、方木等木材的强度设计值与弹性模量的规定

强度等级	组别	强度设计值 /（N/mm²）				横纹承压			弹性模量/（N/mm²）
		抗弯	顺纹抗压及承压	顺纹抗拉	顺纹抗剪	全表面	局部表面和齿面	拉力螺栓垫板下	
TC17	A	17	16	10	1.7	2.3	3.5	4.6	10000
	B		15	9.5	1.6				
TC15	A	15	13	9.0	1.6	2.1	3.1	4.2	10000
	B		12	9.0	1.5				
TC13	A	13	12	8.5	1.5	1.9	2.9	3.8	10000
	B		10	8.0	1.4				9000
TC11	A	11	10	7.5	1.4	1.8	2.7	3.6	9000
	B		10	7.0	1.2				
TB20	—	20	18	12	2.8	4.2	6.3	8.4	12000
TB17	—	17	16	11	2.4	3.8	5.7	7.6	11000
TB15	—	15	14	10	2.0	3.1	4.7	6.2	10000
TB13	—	13	12	9.0	1.4	2.4	3.6	4.8	8000
TB11	—	11	10	8.0	1.3	2.1	3.2	4.1	7000

4.2.13　国产树种目测分级规格材的强度设计值与弹性模量

国产树种目测分级规格材的强度设计值与弹性模量见表 4-14。

表 4-14　国产树种目测分级规格材的强度设计值与弹性模量

树种	材质等级	截面最大尺寸 /mm	强度设计值 /（N/mm²）					弹性模量 /（N/mm²）
			抗弯	顺纹抗压	顺纹抗拉	顺纹抗剪	横纹承压	
兴安落叶松	I$_c$	285	11.0	15.5	5.1	1.6	5.3	13000
	II$_c$		6.0	13.3	3.9	1.6	5.3	12000
	III$_c$		6.0	11.4	2.1	1.6	5.3	12000
	IV$_c$		5.0	9.0	2.0	1.6	5.3	11000
杉木	I$_c$	285	9.5	11.0	6.5	1.2	4.0	10000
	II$_c$		8.0	10.5	6.0	1.2	4.0	9500
	III$_c$		8.0	10.0	5.0	1.2	4.0	9500

4.2.14　制作胶合木木材树种级别等要求

制作胶合木木材树种级别等要求见表 4-15。

表 4-15　制作胶合木木材树种级别等要求

树种级别	适用树种、树种组合
SZ1	南方松、花旗松—落叶松、欧洲落叶松、其他符合本强度等级的树种
SZ2	欧洲云杉、东北落叶松、其他符合本强度等级的树种
SZ3	阿拉斯加黄扁柏、铁—冷杉、西部铁杉、欧洲赤松、樟子松、其他符合本强度等级的树种
SZ4	鱼鳞云杉、云杉—松—冷杉、其他符合本强度等级的树种

注：花旗松—落叶松、铁—冷杉产地为北美地区。南方松产地为美国。

4.3　木结构的连接

4.3.1　齿连接的特点与要求

齿连接的承压面应与所连接的压杆轴线垂直。齿连接分为单齿连接、双齿连接，如图 4-5 所示。

木桁架支座节点的上弦轴线与支座反力的作用线，当采用方木或板材时，宜与下弦净截面的中心线交汇于一点；当采用原木时，可与下弦毛截面的中心线交汇于一点，此时刻齿处的截面可根据轴心受拉验算。

桁架支座节点齿深，不应大于 h/3，h 为沿齿深方向的构件截面高度。

桁架支座中间节点的齿深，不应大于 h/4，h 为沿齿深方向的构件截面高度。

受条件限制只能采用湿材制作时，木桁架支座节点齿连接的剪面长度应比计算值加长 50mm。

 知识贴士

齿连接的齿深，对于方木不应小于 20mm；对于原木不应小于 30mm。

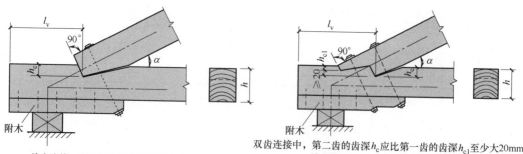

图 4-5 齿连接

h—沿齿深方向的构件截面高度；h_c—第二齿的齿深；h_{c1}—第二齿的齿深；l_v—剪面计算长度

4.3.2 销连接的特点与要求

销连接时，如果采用螺栓、销、六角头木螺钉作为紧固件，则其直径不应小于 6mm。销轴类紧固件的端距、边距、间距、行距最小尺寸，需要符合表 4-16 的要求。

表 4-16 销轴类紧固件的端距、边距、间距、行距最小尺寸的要求

距离	横纹荷载作用时		顺纹荷载作用时	
几何位置示意图				
最小端距 e_1	受力边	$4d$	受力端	$7d$
	非受力边	$1.5d$	非受力端	$4d$
最小边距 e_2	$4d$		当 $l/d \leqslant 6$	$1.5d$
			当 $l/d > 6$	取 $1.5d$ 与 $r/2$ 两者较大值
最小间距 s	$4d$		$4d$	
最小行距 r	当 $l/d \leqslant 2$	$2.5d$	$2d$	
	当 $2 < l/d < 6$	$(5l+10d)8$		
	当 $l/d \geqslant 6$	$5d$		

注：1. 受力端为销槽受力指向端部；非受力端为销槽受力背离端部；受力边为销槽受力指向边部；非受力边为销槽受力背离端部。

2. 表中 l 为紧固件长度，d 为紧固件的直径；并且 l/d 值需要取下列两者中的较小值。

（1）紧固件在主构件中的贯入深度 l_m 与直径 d 的比值 l_m/d。

（2）紧固件在侧面构件中的总贯入深度 l_s 与直径 d 的比值 l_s/d。

3. 钉连接不预钻孔时，其端距、边距、间距、行距应为表中数值的 2 倍。

销连接时，如果采用交错布置的销轴类紧固件，其端距、边距、间距、行距的布置需要符合的要求如图 4-6 所示。

对于顺纹荷载作用下交错布置的紧固件，当相邻行上的紧固件在顺纹方向的间距不大于4倍紧固件的直径(d)时，则可以将相邻行的紧固件确认是位于同一截面上

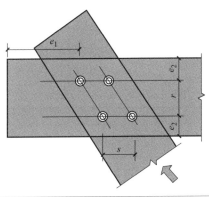

对于横纹荷载作用下交错布置的紧固件，当相邻行上的紧固件在横纹方向的间距小于$4d$时，则紧固件在顺纹方向的间距应符合销轴类紧固件的有关规定；当相邻行上的紧固件在横纹方向的间距不小于$4d$时，则紧固件在顺纹方向的间距不受限制

图 4-6　采用交错布置的销轴类紧固件连接的要求

销连接时，如果采用六角头木螺钉承受轴向上拔荷载，其端距、边距、间距、行距，需要满足的要求见表 4-17。

表 4-17　六角头木螺钉承受轴向上拔荷载时的要求

距离	最小值	距离	最小值
行距 r 和间距 s	$4d$	边距 e_2	$1.5d$
端距 e_1	$4d$		

注：d 为六角头木螺钉的直径。

销连接时，如果采用单剪或对称双剪的销轴类紧固件的连接，其要求如图 4-7 所示。

荷载作用方向应与销轴类紧固件轴线方向垂直
构件连接面应紧密接触

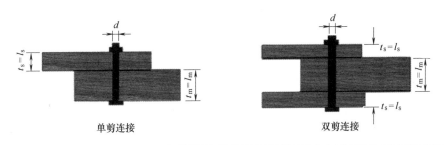

紧固件在构件上的边距、端距、间距应符合规定
六角头木螺钉在单剪连接中的主构件上或双剪连接中的侧构件上的最小贯入深度不应包括端尖部分的长度，并且最小贯入深度不应小于六角头木螺钉直径的4倍

图 4-7　单剪或双剪的销轴类紧固件连接的要求

4.3.3 齿板连接的特点与要求

齿板连接适用于轻型木结构建筑中规格材桁架的节点连接，以及受拉杆件的接长。齿板不应用于传递压力。

齿板应由镀锌薄钢板制作。镀锌应在齿板制造前进行，并且镀锌层质量不应低于 $275g/m^2$。钢板可以采用 Q235 碳素结构钢和 Q345 低合金高强度结构钢。齿板采用的钢材性能需要满足相关要求，见表 4-18。

表 4-18　齿板钢材的性能要求

钢材品种	屈服强度 / （N/mm²）	抗拉强度 / （N/mm²）	伸长率 /%
Q235	≥ 235	≥ 370	26
Q345	≥ 345	≥ 470	21

 **知识贴士**

不宜采用齿板连接的情况

① 处于腐蚀环境。

② 在潮湿的使用环境或易产生冷凝水的部位，使用经阻燃剂处理过的规格材。

齿板连接的构造要求如下。

① 齿板应成对地对称设置于构件连接节点的两侧。

② 采用齿板连接的构件厚度，不应小于齿嵌入构件深度的两倍。

③ 弦杆对接所用齿板宽度，不应小于弦杆相应宽度的 65%。

④ 在与桁架弦杆平行及垂直方向，齿板与弦杆的最小连接尺寸，在腹杆轴线方向齿板与腹杆的最小连接尺寸，均需要符合规定，具体见表 4-19。

齿板连接节点净截面高度的要求如图 4-8 所示。受压弦杆对接时的要求如图 4-9 所示。

> 节点处，应根据轴心受压或轴心受拉构件进行构件净截面强度验算

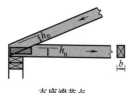

> 支座端节点处，下弦杆件的净截面高度 h_n 应为杆件截面底边到齿板上边缘的尺寸，上弦杆件的 h_n 应为齿板在杆件截面高度方向的垂直距离

支座端节点

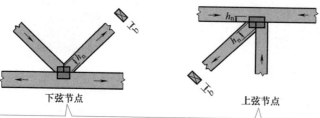

下弦节点　　　　**上弦节点**

> 腹杆节点、屋脊节点处，杆件的净截面高度 h_n 应为齿板在杆件截面高度方向的垂直距离

图 4-8　齿板连接节点净截面高度的要求

b—构件的截面宽度

表 4-19　齿板与桁架弦杆、腹杆的最小连接尺寸

规格材截面尺寸 /mm	齿板与桁架弦杆、腹杆最小连接尺寸 /mm		
	桁架跨度 $L \leqslant 12\mathrm{m}$	$12\mathrm{m} <$ 桁架跨度 $L \leqslant 18\mathrm{m}$	$18\mathrm{m} <$ 桁架跨度 $L \leqslant 24\mathrm{m}$
40×65	40	45	—
40×90	40	45	50
40×115	40	45	50
40×140	40	50	60
40×185	50	60	65
40×235	65	70	75
40×285	75	75	85

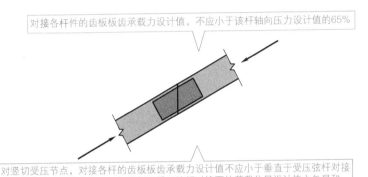

对接各杆件的齿板板齿承载力设计值，不应小于该杆轴向压力设计值的65%

对竖切受压节点，对接各杆的齿板板齿承载力设计值不应小于垂直于受压弦杆对接面的荷载分量设计值的65%与平行于受压弦杆对接面的荷载分量设计值之矢量和

图 4-9　受压弦杆对接时的要求

知识贴士

齿板连接时应进行验算，例如：

① 根据承载能力极限状态荷载效应的基本组合，验算齿板连接的板齿承载力、齿板受拉承载力、齿板受剪承载力、剪 - 拉复合承载力等；

② 根据正常使用极限状态标准组合，验算板齿的抗滑移承载力等。

4.3.4　钉连接的特点与要求

钉连接的特点与要求如图 4-10 所示。

4.3.5　金属节点连接的特点与要求

金属节点直角焊连接要求如图 4-11 所示。圆钢与钢板间的焊缝截面要求如图 4-12 所示。

4.3.6　剪板的种类与规格

剪板的种类与规格如图 4-13 所示。

除特殊要求外，钉应垂直构件表面钉入，并应打入至钉帽与被连接构件表面齐平
当构件木材为易开裂的落叶松、云南松等树种时，均应预钻孔，孔径可取钉直径
的0.8～0.9倍，孔深不应小于钉入深度的0.6倍

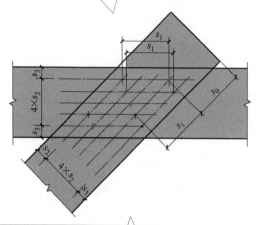

钉排列的最小边距、端距和中距的规定

a	顺纹		横纹		
	中距 s_1	端距 s_0	中距 s_2		边距 s_3
			齐列	错列或斜列	
$a \geqslant 10d$	15d	15d	4d	3d	4d
$10d > a > 4d$	取插入值	15d	4d	3d	4d
$a = 4d$	25d	15d	4d	3d	4d

注：1. d为钉直径；a为构件被钉穿的厚度。
　　2. 当使用的木材为软质阔叶材时，其顺纹中距和端距尚应增大25%。

钉连接所用圆钉的规格、数量和在连接处的排列应符合设计文件的规定

当圆钉需从被连接构件的两面钉入，且钉入中间构件的深度不大于该构件厚度的2/3时，可两面正对钉入；
无法正对钉入时，两面钉子应错位钉入，且在中间构件上钉尖错开的距离不应小于钉直径的1.5倍
钉连接进钉处的位置偏差不应大于钉直径，钉紧后各构件间应紧密，局部缝隙不应大于1mm

钉子斜钉时，钉轴线应与杆件约呈30°角，
钉入点高度宜为钉长/的1/3

图 4-10　钉连接的特点与要求

钢板间直角焊缝的焊脚尺寸不应小于1.5$\sqrt{t}$(较厚板厚度)，并不应大于较薄板
厚度的1.2倍；板边缘角焊缝的焊脚尺寸不应大于板厚减1～2mm；板厚为6mm
以下时，不应大于6mm直角焊缝的施焊长度不应小于8h_f+10mm，也不应小
于50mm

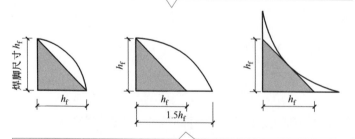

角焊缝的焊脚尺寸h_f应按图的最小尺寸检查
金属节点连接件上的各种焊缝长度和焊脚尺寸及焊缝等级应符合设计文件的规定

图 4-11　金属节点直角焊连接要求

t—较厚焊件的厚度

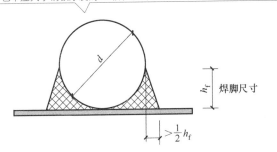

圆钢与钢板间焊缝的焊脚尺寸 h_f 不应小于钢筋直径的0.29倍或3mm，也不应大于钢板厚度的1.2倍；施焊长度不应小于30mm

h_f 焊脚尺寸

$> \frac{1}{2} h_f$

图 4-12 圆钢与钢板间的焊缝截面要求

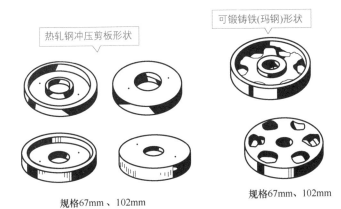

热轧钢冲压剪板形状

可锻铸铁(玛钢)形状

规格67mm、102mm

规格67mm、102mm

图 4-13 剪板的种类与规格

4.3.7 木结构拼装偏差要求

木结构拼装偏差要求见表4-20。

表 4-20 木结构拼装偏差要求

构件	项目		允许偏差 /mm	检查法
组合截面柱	截面高度		−3	量具测量
	截面宽度		−2	
	长度	≤ 15m	± 10	
		> 15m	± 15	
桁架	矢高	跨度≤ 15m	± 10	量具测量
		跨度> 15m	± 15	
	节间距离	—	± 5	
	起拱	正误差	+20	
		负误差	−10	
	跨度	≤ 15m	± 10	
		> 15m	± 15	

4.3.8　方木和原木结构的质量要求

方木和原木结构，包括齿连接的方木、板材或原木屋架，屋面木骨架、上弦横向支撑组成的木屋盖，支承在砖墙、砖柱或木柱上。

承重木结构方木材质标准见表4-21。承重木结构板材材质标准见表4-22。承重木结构原木材质标准见表4-23。

表 4-21　承重木结构方木材质标准

缺陷	木材等级		
	I_a	II_a	III_a
	受拉构件或拉弯构件	受拉构件或压弯构件	受压构件
腐朽	不允许	不允许	不允许
裂缝——在连接的受剪面上	不允许	不允许	不允许
裂缝——在连接部位的受剪面附近，其裂缝深度（有对面裂缝时用两者之和）不得大于材宽的情况	1/4	1/3	不限
木节 1）在构件任一面任何 2）150mm 长度上所有木节尺寸的总和，不得大于所在面宽的情况	1/3 （连接部位为 1/4）	2/5	1/2
髓心	应避开受剪面	不限	不限
斜纹——斜率不大于/%	5	8	12

注：1. I_a 等材不允许有虫眼。II_a、III_a 等材允许有表层的虫眼。

2. I_a 等材不允许有死节。II_a、III_a 等材允许有死节（不包括发展中的腐朽节）。对于 II_a 等材直径不应大于20mm，并且每延米中不得多于1个。对于 III_a 等材直径不应大于50mm，并且每延米中不得多于2个。

3. 木节尺寸根据垂直于构件长度方向测量。

表 4-22　承重木结构板材材质标准

缺陷	木材等级		
	I_a	II_a	III_a
	受拉构件或拉弯构件	受弯构件或压弯构件	受压构件
腐朽	不允许	不允许	不允许
裂缝——连接部位的受剪面及其附近	不允许	不允许	不允许
木节——在构件任一面、任何 150mm 长度上所有木节尺寸的总和，不得大于所在面宽的情况	1/4 （连接部位为 1/5）	1/3	2/5
髓心	不允许	不限	不限
斜纹——斜率不大于/%	5	8	12

表 4-23　承重木结构原木材质标准

缺陷	木材等级		
	I_a	II_a	III_a
	受拉构件或拉弯构件	受弯构件或压弯构件	受压构件
腐朽	不允许	不允许	不允许
裂缝——在连接的受剪面上	不允许	不允许	不允许

续表

缺陷	木材等级		
	Ⅰₐ	Ⅱₐ	Ⅲₐ
	受拉构件或拉弯构件	受弯构件或压弯构件	受压构件
裂缝——在连接部位的受剪面附近，其裂缝深度（有对面裂缝时用两者之和）不得大于原木直径的情况	1/4	1/3	不限
木节——在构件任一面任何 150mm 长度上沿圆周围所有木节尺寸的总和，不得大于所测部位原来周长的情况	1/4	1/3	不限
木节——每个木节的最大尺寸，不得大于所测部位原木周长的情况	1/10（连接部位为 1/2）	1/6	1/6
扭纹——斜率不大于 /%	8	12	15
髓心	应避开受剪面	不限	不限

注：1. Ⅰₐ、Ⅱₐ 等材不允许有死节。Ⅲₐ 等材允许有死节（不包括发展中的腐朽节），直径不应大于原木直径的 1/5，并且每 2m 长度内不得多于 1 个。

2. 木节尺寸根据垂直于构件长度方向测量。直径小于 10mm 的木节不量。

知识贴士

木构件的含水率要求

① 板材结构及受拉构件的连接板应不大于 18%。

② 通风条件较差的木构件应不大于 20%。

③ 原木或方木结构应不大于 250%。

4.4　木结构允许偏差

4.4.1　木桁架、梁、柱制作的允许偏差

木桁架、梁、柱制作的允许偏差见表 4-24。

表 4-24　木桁架、梁、柱制作的允许偏差

项目	允许偏差 /mm	检验法
齿连接刻槽深度	±2	钢尺量
钉进孔处的中心间距	±1d	尺量
构件截面尺寸——板材厚度、宽度	-2	钢尺量
构件截面尺寸——方木构件高度、宽度	-3	钢尺量
构件截面尺寸——原木构件梢径	-5	钢尺量
桁架高度——跨度不大于 15m	±8	钢尺量脊节点中心与下弦中心距离
桁架高度——跨度大于 15m	±12	钢尺量脊节点中心与下弦中心距离
桁架起拱	+20 -10	以两支座节点下弦中心线为准，拉一条水平线，用钢尺量跨中下弦中心线与拉线间距离

续表

项目	允许偏差 /mm	检验法
结构长度——长度不大于15m	±8	钢尺量桁架支座节点中心间距梁、柱全长（高）
结构长度——长度大于15m	±12	钢尺量桁架支座节点中心间距梁、柱全长（高）
螺栓中心间距——出孔处，垂直木纹方向	$±0.5d$ 且不大于 $4B/100$	钢尺量
螺栓中心间距——出孔处，顺木纹方向	$±1d$	钢尺量
螺栓中心间距——进孔处	$±0.2d$	钢尺量
受压或压弯构件纵向弯曲——方木构件	$L/500$	拉线钢尺量
受压或压弯构件纵向弯曲——原木构件	$L/200$	拉线钢尺量
弦杆节点间距	±5	钢尺量
支座节点受剪面——长度	-10	钢尺量
支座节点受剪面——宽度，方木	-3	钢尺量
支座节点受剪面——宽度，原木	-4	钢尺量

注：d 表示螺栓或钉的直径；L 表示构件长度；B 表示板束总厚度。

4.4.2 木桁架、梁、柱安装的允许偏差

木桁架、梁、柱安装的允许偏差见表 4-25。

表 4-25 木桁架、梁、柱安装的允许偏差

项目	允许偏差 /mm	检验法
垂直度	$H/200$ 并且不大于 15	吊线钢尺量
结构中心线的间距	±20	钢尺量
受压或压弯构件纵向弯曲	$L/300$	吊（拉）线钢尺量
支座标高	±5	用水准仪
支座轴线对支承面中心位移	10	钢尺量

注：H 表示桁架、柱的高度；L 表示构件长度。

4.4.3 屋面木骨架的安装允许偏差

屋面木骨架的安装允许偏差见表 4-26。

表 4-26 屋面木骨架的安装允许偏差

项目	允许偏差 /mm	检验法
封山、封檐板平直——表面	8	拉10m线，不足10m拉通线，钢尺量
封山、封檐板平直——下边缘	5	拉10m线，不足10m拉通线，钢尺量
挂瓦条间距	±5	钢尺量
檩条、椽条——方木截面	-2	钢尺量
檩条、椽条——方木上表面平直	4	沿坡拉线钢尺量
檩条、椽条——间距	-10	钢尺量
檩条、椽条——原木上表面平直	7	沿坡拉线钢尺量
檩条、椽条——原木梢径	-5	钢尺量，椭圆时取大小径的平均值
油毡搭接宽度	-10	钢尺量

4.5 胶合木结构

4.5.1 胶合木结构层板材质标准

胶合木结构层板材质标准见表 4-27。

表 4-27 胶合木结构层板材质标准

缺陷	材质等级		
	I_b 与 I_{bt}	II_b	III_b
腐朽、压损、大量含树脂的木板	不允许	不允许	不允许
裂缝——含树脂的振裂	不允许	不允许	不允许
裂缝——宽面上的裂缝（含劈裂、振裂）深 $b/8$，如果贯穿板厚而平行于板边长 $l/2$	允许	允许	允许
裂缝——窄面的裂缝（有对面裂缝时，用两者之和）不得大于构件面宽的	1/4	1/3	不限
木节——凸出于板面的木节	不允许	不允许	不允许
木节——在层板较差的宽面任何 200mm 长度上所有木节尺寸的总和不得大于构件面宽的	1/3	2/5	1/2
髓心	不允许	不限	不限
斜纹——斜率不大于 /%	5	8	15

注：1. 木节是指活节、松节、健康节、紧节、节孔。

2. b 表示木板（或拼合木板）的宽度；l 表示木板的长度。

4.5.2 层板胶合木的制作

将木纹平行于长度方向的木板层叠胶合称为层板胶合木。软质树种的层板厚度不应大于 45mn，硬质树种的层板厚度不应大于 40mn。

层板刨光后的厚度 t 与截面面积 A 不应超过表 4-28 中的规定。

表 4-28 在不同使用条件下层板刨光后的厚度与截面面积限值

使用条件等级	1		2		3	
厚度和截面积 树种	t/mm	A/mm²	t/mm	A/mm²	t/mm	A/mm²
软质树种	45	10000	45	9000	35	7000
硬质树种	40	7500	40	7500	35	6000

4.5.3 胶合木构件对层板边翘材横向翘曲的限值

胶合木构件对层板边翘材横向翘曲的限值见表 4-29。

表 4-29 胶合木构件对层板边翘材横向翘曲的限值

木板厚度 /mm	胶合木构件对层板边翘材横向翘曲的限值 /mm		
	木板宽度≤100mm	木板宽度150mm	木板宽度≥200mm
20	1.0	2.0	3.0
30	0.5	1.5	2.5
40	0	1.0	2.0
45	0	0	1.0

4.6 轻型木结构

4.6.1 轻型木结构规格的允许扭曲值

轻型木结构规格的允许扭曲值见表 4-30。

表 4-30 轻型木结构规格的允许扭曲值

长度 /m	扭曲程度	轻型木结构规格的允许扭曲值 /mm					
		高度 40mm	高度 65mm 和 90mm	高度 115mm 和 140mm	高度 185mm	高度 235mm	高度 285mm
1.2	极轻	1.6	3.2	5	6	8	10
	轻度	3	6	10	13	16	19
	中度	5	10	13	19	22	29
	重度	6	13	19	25	32	38
1.8	极轻	2.4	5	8	10	11	14
	轻度	5	10	13	19	22	29
	中度	7	13	19	29	35	41
	重度	10	19	29	38	48	57
2.4	极轻	3.2	6	10	13	16	19
	轻度	6	5	19	25	32	38
	中度	10	19	29	38	48	57
	重度	13	25	38	51	64	76
3	极轻	4	8	11	16	19	24
	轻度	8	16	22	32	38	48
	中度	13	22	35	48	60	70
	重度	16	32	48	64	79	95
3.7	极轻	5	10	14	19	24	29
	轻度	10	19	29	38	48	57
	中度	14	29	41	57	70	86
	重度	19	38	57	76	95	114
4.3	极轻	6	11	16	22	27	33
	轻度	11	22	32	44	54	67
	中度	16	32	48	67	83	98
	重度	22	44	67	89	111	133
4.9	极轻	6	13	19	25	32	38
	轻度	13	25	38	51	64	76
	中度	19	38	57	76	95	114
	重度	25	51	76	102	127	152
5.5	极轻	8	14	21	29	37	43
	轻度	14	29	41	57	70	86
	中度	22	41	64	86	108	127
	重度	29	57	86	108	143	171
≥ 6.1	极轻	8	16	24	32	40	48
	轻度	16	32	48	64	79	95
	中度	25	48	70	95	117	143
	重度	32	64	95	127	159	191

4.6.2　轻型木结构规格材的允许横弯值

轻型木结构规格材的允许横弯值见表4-31。

表 4-31　轻型木结构规格材的允许横弯值

长度 /m	横弯程度	轻型木结构规格材的允许横弯值 /mm						
		高度 40mm	高度 65mm	高度 90mm	高度 115mm 和 140mm	高度 185mm	高度 235mm	高度 285mm
1.2 和 1.8	极轻	3.2	3.2	3.2	3.2	1.6	1.6	1.6
	轻度	6	6	6	5	3.2	1.6	1.6
	中度	10	10	10	6	5	3.2	3.2
	重度	13	13	13	10	3	5	5
2.4	极轻	6	6	6	3.2	3.2	1.6	1.6
	轻度	10	10	10	8	6	5	3.2
	中度	13	13	13	10	10	6	5
	重度	19	19	19	16	13	10	6
3.0	极轻	10	8	6	5	5	3.2	3.2
	轻度	19	16	13	11	10	6	5
	中度	35	25	19	16	13	11	10
	重度	44	32	29	25	22	19	16
3.7	极轻	13	10	10	8	6	5	5
	轻度	25	19	17	16	13	11	10
	中度	38	29	25	25	21	19	14
	重度	51	38	35	32	29	25	21
4.3	极轻	16	13	11	10	8	6	5
	轻度	32	25	22	19	16	13	10
	中度	51	38	32	29	25	22	19
	重度	70	51	44	38	32	29	25
4.9	极轻	19	16	13	11	10	8	6
	轻度	41	32	25	22	19	16	13
	中度	64	48	38	35	29	25	22
	重度	83	64	51	44	38	32	29
5.5	极轻	25	19	16	13	11	10	8
	轻度	51	35	29	25	22	19	16
	中度	76	52	41	38	32	29	25
	重度	102	70	57	51	44	38	32
6.1	极轻	29	22	19	16	13	11	10
	轻度	57	38	35	32	25	22	19
	中度	86	57	52	48	38	32	29
	重度	114	76	70	64	51	44	38
6.7	极轻	32	25	22	19	16	13	11
	轻度	64	44	41	38	32	25	22
	中度	95	67	62	57	48	38	32
	重度	127	89	83	76	64	51	44
7.3	极轻	38	29	25	22	19	16	13
	轻度	76	51	30	44	38	32	25
	中度	114	76	48	67	57	48	41
	重度	152	102	95	89	76	64	57

4.7 木结构的防护

4.7.1 木结构的使用环境

木结构的使用环境分为 HJ Ⅰ、HJ Ⅱ、HJ Ⅲ，见表 4-32。

表 4-32 木结构的使用环境

使用环境	解释
HJ Ⅰ	木材、复合木材在地面以上用于： （1）室内结构； （2）室外有遮盖的木结构； （3）室外暴露在大气中或长期处于潮湿状态的木结构
HJ Ⅱ	木材、复合木材用于与地面（或者土壤）、淡水接触或者处于其他易遭腐朽的环境，以及虫害地区
HJ Ⅲ	木材、复合木材用于地面（或土壤）接触地方：园艺场或虫害严重地区、亚热带或热带等（不包括海事用途的木结构）

4.7.2 防护剂限制使用范围

木结构防护剂应具有毒杀木腐菌、害虫的功能，而不致危及人畜、污染环境。防护剂限制使用范围如图 4-14 所示。

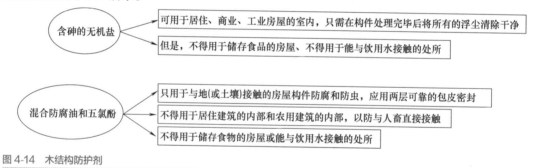

图 4-14 木结构防护剂

4.7.3 用防护剂处理木材的方法

用防护剂处理木材的方法，分为浸渍法、喷洒法、涂刷法。浸渍法包括常温浸渍法、冷热槽法、加压处理法。

各防护剂处理木材的方法的应用如图 4-15 所示。

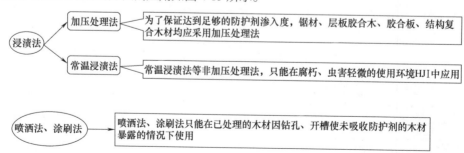

图 4-15 各防护剂处理木材的方法的应用

　　用水溶性防护剂处理后的木材，包括层板胶合木、胶合板、结构复合木材均应重新干燥到使用环境所要求的含水率。木构件在处理前应加工到最后的截面尺寸，以避免已处理木材再度切割、钻孔。如果有切口、孔眼，则应用原来处理用的防护剂进行涂刷。

4.7.4　锯材防护剂的最低保持量

　　锯材防护剂的最低保持量见表 4-33。锯材防护剂透入度应符合的规定见表 4-34。

表 4-33　锯材防护剂的最低保持量

防护剂			计量依据	保持量 /（kg/m³）			检测区段 /mm	
类型	名称			使用环境			木材厚度	
				HJ Ⅰ	HJ Ⅱ	HJ Ⅲ	＜127mm	≥127mm
油类	混合防腐油	Creosote 101	溶液	128	160	192	0 ～ 15	0 ～ 25
		Creosote 102						
		Creosote 103						
水溶性	铜铬砷合剂	CCA-A 201	主要成分	4.0	6.4	9.6	0 ～ 15	0 ～ 25
		CCA-B 201						
		CCA-C 201						
	酸性铬酸铜	ACC 202		4.0	8.0	不推荐	0 ～ 15	0 ～ 25
	氨溶砷酸铜	ACA 203		4.0	6.4	9.6	0 ～ 15	0 ～ 25
	氨溶砷酸铜锌	ACZA 302		4.0	6.4	9.6	0 ～ 15	0 ～ 25
	氨溶季铵铜	ACQ-B 304		4.0	6.4	9.6	0 ～ 15	0 ～ 25
	柠檬酸铜	CC 306		4.0	6.4	不推荐	0 ～ 15	0 ～ 25
	氨溶季铵铜	ACQ-D 401		4.0	6.4	不推荐	0 ～ 15	0 ～ 25
	铜唑	CBA-A 403		3.2	不推荐	不推荐	0 ～ 15	0 ～ 25
	硼酸 / 硼砂	SBX 501		2.7	不推荐	不推荐	0 ～ 15	0 ～ 25

表 4-34　锯材防护剂透入度应符合的规定

木材特征	透入深度或边材吸收率		钻孔采样数量		试样合格率 /%
	木材厚度		油类	其他防护剂	
	＜127mm	≥127mm			
不刻痕	64mm 或 85%	64mm 或 85%	20	48	80
刻痕	10mm 或 90%	13mm 或 90%	20	48	80

4.7.5　层板胶合木的防护剂要求

　　层板胶合木的防护剂最低保持量（胶合前处理），见表 4-35。层板胶合木的防护剂最低保持量（胶合后处理），见表 4-36。

　　层板胶合木防护剂透入度检测规定与要求见表 4-37。胶合板的防护剂最低保持量要求见表 4-38。

表 4-35　层板胶合木的防护剂最低保持量（胶合前处理）　　　　单位：kg/m³

防护剂			胶合前处理			
类型	名称	计量依据	使用环境			检测区段 /mm
			HJ Ⅰ	HJ Ⅱ	HJ Ⅲ	
油类	混合防腐油	溶液	128	160	不推荐	13 ～ 26
油溶性	五氯酚	主要成分	4.8	9.6	不推荐	13 ～ 26
	8- 羟基喹啉铜		0.32	不推荐		13 ～ 26
	环烷酸铜	金属铜	0.64	0.96		13 ～ 26
水溶性	铜铬砷合剂	主要成分	4.0	6.4		13 ～ 26
	酸性铬酸铜		4.0	8.0		13 ～ 26
	氨溶砷酸铜		4.0	6.4		13 ～ 26
	氨溶砷酸铜锌		4.0	6.4		13 ～ 26

表 4-36　层板胶合木的防护剂最低保持量（胶合前处理）　　　单位：kg/m³

防护剂			胶合后处理			检测区段/mm
类型	名称	计量依据	使用环境			
			HJ Ⅰ	HJ Ⅱ	HJ Ⅲ	
油类	混合防腐油	溶液	128	160	不推荐	0～15
油溶性	五氯酚	主要成分	4.8	9.6		0～15
	8-羟基喹啉铜		0.32	不推荐		0～15
	环烷酸铜	金属铜	0.64	0.96		0～15

表 4-37　层板胶合木防护剂透入度检测规定与要求

木材特征		胶合前处理		胶合后处理	
不刻痕		透入深度或边材吸收率			
		76mm 或 90%		64mm 或 85%	
刻痕		地面以上	与地面接触	木材厚度 $t < 127mm$	木材厚度 $t \geqslant 127mm$
		25mm	32mm	10mm 与 90%	13mm 与 90%

表 4-38　胶合板的防护剂最低保持量要求

防护剂			保持量 /（kg/m³）			检测区段/mm
类型	名称	计量依据	使用环境			
			HJ Ⅰ	HJ Ⅱ	HJ Ⅲ	
油类	混合防腐油	溶液	128	160	192	0～16
油溶性	五氯酚	主要成分	6.4	8.0	9.6	0～16
	8-羟基喹啉铜		0.32	不推荐	不推荐	0～16
	环烷酸铜	金属铜	0.64	不推荐	不推荐	0～16
水溶性	铜铬砷合剂	主要成分	4.0	6.4	9.6	0～16
	酸性铬酸铜		4.0	8.0	不推荐	0～16
	氨溶砷酸铜		4.0	6.4	9.6	0～16
	氨溶砷酸铜锌		4.0	6.4	9.6	0～16
	氨溶季铵铜		4.0	6.4	不推荐	0～16
	柠檬酸铜		4.0	不推荐	不推荐	0～16
	氨溶季铵铜		4.0	6.4	不推荐	0～16
	铜唑		3.3	不推荐	不推荐	0～16
	硼酸/硼砂		2.7	不允许	不允许	0～16

4.7.6　结构复合木材的防护剂保持量要求

结构复合木材的防护剂量低保持量见表 4-39。

表 4-39　结构复合木材的防护剂量低保持量

防护剂			保持量 /（kg/m³）			检测区段 /mm	
类型	名称	计量依据	使用环境			木材厚度	
			HJ Ⅰ	HJ Ⅱ	HJ Ⅲ	<127mm	≥127mm
油类	混合防腐油	溶液	128	160	192	0～15	0～25
油溶性	五氯酚	主要成分	6.4	8.0	9.6	0～15	0～25
	环烷酸铜	金属铜	0.64	0.96	1.20	0～15	0～25
水溶性	铜铬砷合剂	主要成分	4.0	6.4	9.6	0～15	0～25
	氨溶砷酸铜		4.0	6.4	9.6	0～15	0～25
	氨溶砷酸铜锌		4.0	6.4	9.6	0～15	0～25

第 **2** 篇

提高篇——上岗无忧

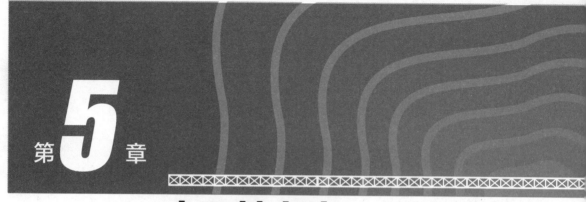

第**5**章

木工基本功

5.1 连接方式与榫卯结构

5.1.1 木材连接方式的类型与图例

木材的连接方式如图 5-1 所示。

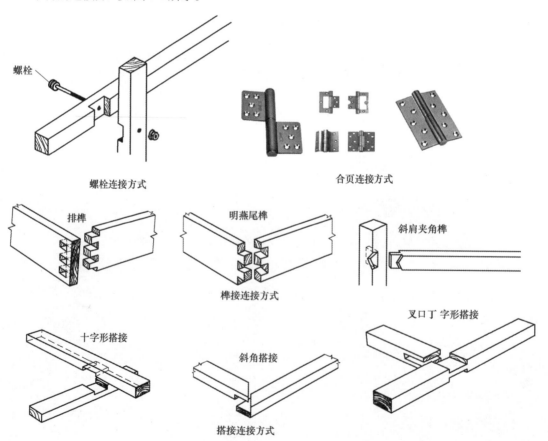

螺栓

螺栓连接方式　　　　　　　　合页连接方式

排榫　　　明燕尾榫　　　斜肩夹角榫

榫接连接方式

十字形搭接　　　斜角搭接　　　叉口丁字形搭接

搭接连接方式

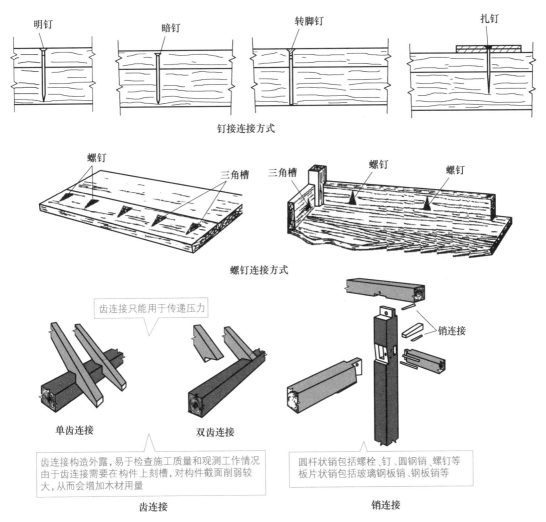

图 5-1　木材的连接方式

◢ **知识贴士**

　　齿连接是将受压构件的端头做成齿榫，在另一个构件上锯成齿槽，使齿榫直接抵承在齿槽内，通过抵承面的承压工作传力。销是用钢或者木材做成圆杆状或者片状，用以阻止被连接构件相对移动的连接物。

5.1.2　榫卯结构的特点、分类与图例

　　榫卯泛指传统建筑木构件间的联结形式。榫（即榫头），也就是构件的凸起部分；卯（即榫眼、榫槽），也就是构件的凹进部位。

　　榫卯搭接（木工接榫）是指在木料上分别开桦头、卯眼，然后通过它们间的咬合，把木材连接起来的搭接方式。

　　榫卯的特点与类型如图 5-2 所示。木工接榫，有中活屉榫、中含屉榫、双透直榫、双圆牙榫（厚板加圆木条榫）、岔嘴合角三角榫、翘皮岔嘴硬斜榫、燕嘴榫、翘皮岔嘴平地硬斜榫、平头榫、四面平头榫、三角填榫等。

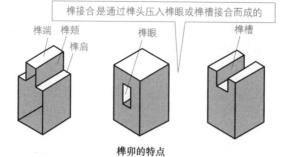

榫卯的特点

面与面：主要是面与面的接合，也可以是两条边的拼合，还可以是面与边的交接构合。例如槽口榫、燕尾榫、穿带榫、企口榫、扎榫等

榫卯结构,根据构合作用的分类

点结构：作为"点"的结构方法，主要用于横竖材丁字结合、成角结合、交叉结合，以及直材和弧形材的伸延接合。例如格肩榫、双夹榫、半榫、勾挂榫、双榫、锲钉榫、通榫等

构件组合：将三个构件组合一起并相互连接的构造方法，往往是一些复杂和特殊的做法。例如托角榫、抱肩榫、长短榫、粽角榫等

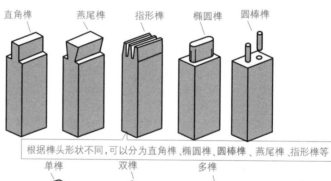

根据榫头形状不同，可以分为直角榫、椭圆榫、圆棒榫、燕尾榫、指形榫等

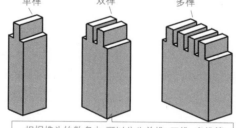

根据榫头的数多少，可以分为单榫、双榫、多榫等

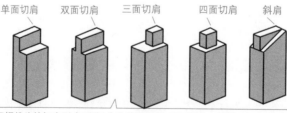

根据榫头的切肩形式，可以分为单面切肩、双面切肩、三面切肩、四面切肩、斜肩等

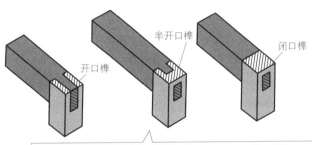

根据接合后能否看到榫头的侧边，可以分为有开口榫、半开口榫、闭口榫等

根据榫头与方材间的关系，可以分为整体榫、插入榫
整体榫是指榫头直接在方材上加工而成，与方材为一体，例如直角榫、燕尾榫等

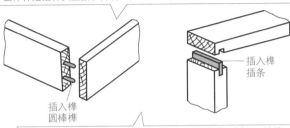

插入榫是指与零件为分离的，而不是统一的整体，例如圆棒榫
插入榫的零件是单独加工后，再装入榫孔中，主要用于零件的定位与接合

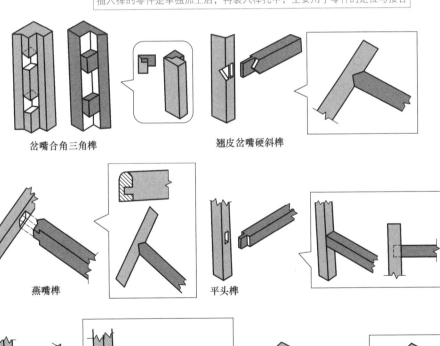

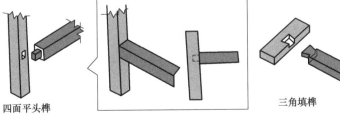

图 5-2　榫卯的特点与类型

木结构建筑榫卯侧重于结构稳定、完美的整体性。家具中的榫卯结构，利用榫卯的韧性，不致发生断裂。

5.2 具体榫

5.2.1 燕尾榫的特点与应用

燕尾榫是指两块平板直角相接时，为了防止受拉力时脱开，将榫头做成梯台形，形似燕尾，如图 5-3 所示。

5.2.2 明榫的特点与应用

制作好家具后，在家具的表面能看到榫头的称为明榫。明榫也就是平板角接合用燕尾榫而外露榫，如图 5-4 所示。

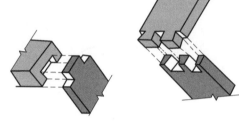

图 5-3 燕尾榫

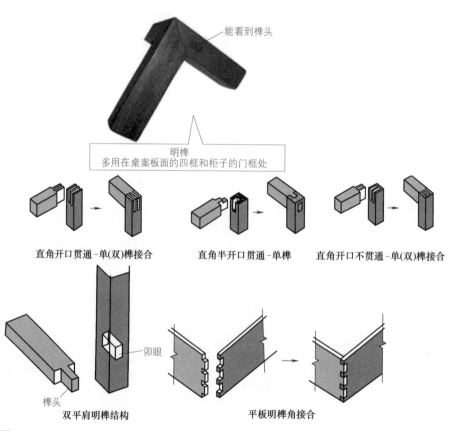

能看到榫头

明榫
多用在桌案板面的四框和柜子的门框处

直角开口贯通-单(双)榫接合　　　直角半开口贯通-单榫　　　直角开口不贯通-单(双)榫接合

卯眼

榫头

双平肩明榫结构　　　　　　　平板明榫角接合

图 5-4 明榫

5.2.3　暗榫的特点与应用

制作好家具后，在家具的表面不能看到榫头的称为暗榫，也称"闷榫"，如图 5-5 所示。

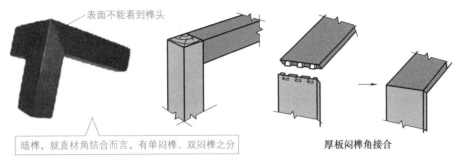

厚板闷榫角接合

表面不能看到榫头

暗榫，就直材角结合而言，有单闷榫、双闷榫之分

图 5-5　暗榫

5.2.4　抱肩榫的特点与应用

抱肩榫是指有束腰家具的腿足与束腰、牙条相结合时所用的榫卯。抱肩榫常采用 45° 斜肩，并且凿三角形榫眼，嵌入的牙条与腿足构成同一层面，如图 5-6 所示。

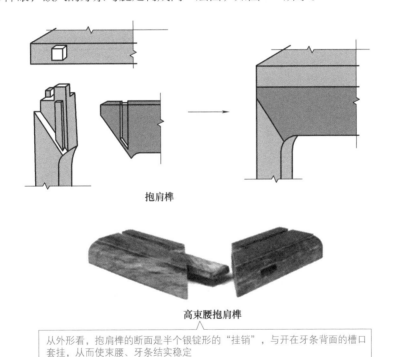

抱肩榫

高束腰抱肩榫

从外形看，抱肩榫的断面是半个银锭形的"挂销"，与开在牙条背面的槽口套挂，从而使束腰、牙条结实稳定

图 5-6　抱肩榫

5.2.5　插肩榫的特点与应用

插肩榫是制作案类家具的榫卯结构。插肩榫应用中，面板承重时，牙板也受到压力，但是可将压力通过腿足上斜肩传给四条腿足，如图 5-7 所示。

插肩榫有扇形、云形（牙条、牙头分造）等类型。

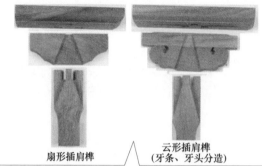

扇形插肩榫　　　　　**云形插肩榫**
（牙条、牙头分造）

> 插肩榫的腿足顶端有半头直榫，与案面大边上的卯眼连接，腿足上端的前脸也做出角形的斜肩。牙板的正装面上，也剔刻出与斜肩等大等深的槽口

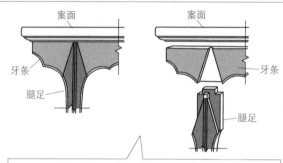

> 装配插肩榫时，牙条与腿足间是斜肩嵌入，形成平齐的表面；面板承重时，牙板也受到压力，但是可将压力通过腿足上斜肩传给四条腿足

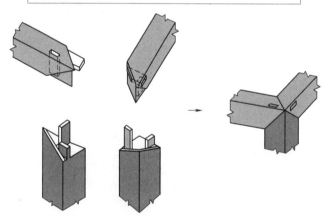

图 5-7　插肩榫

5.2.6　其他肩榫的特点与应用

其他肩榫的特点与应用如图 5-8 所示。

5.2.7　勾挂榫的特点与应用

勾挂榫常用在霸王枨与腿的结合部位，如图 5-9 所示。

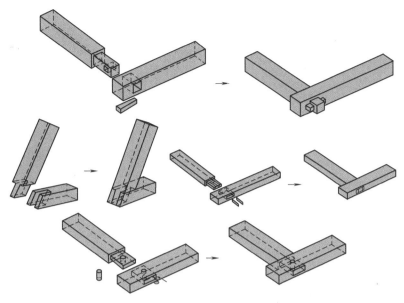

图 5-8　其他肩榫的特点与应用

5.2.8　霸王枨的特点与应用

　　霸王枨是用于方桌、方凳的一种榫卯，是一种不用横枨加固腿足的榫卯结构，如图 5-10 所示。

　　霸王枨的一端托着桌面的穿带，并且用木销钉固定。霸王枨的下端交带在腿足中部靠上的位置，榫下的榫头向上勾，腿足上的枨眼下大上小，并且向下扣，榫头从榫眼下部口大处插入，向上一推便勾住下面的空隙，产生倒勾作用，再用楔形料填入榫眼的空隙位置。

　　装配时，将霸王枨的榫头从腿足上榫眼插入，向上一拉，便勾挂住，再用木楔将霸王枨固定。

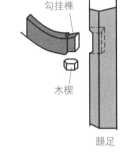

图 5-9　勾挂榫

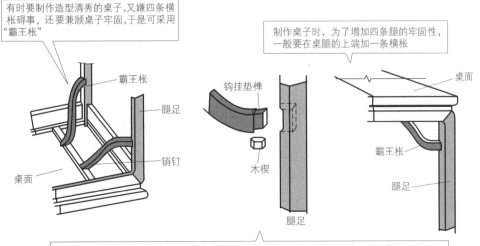

图 5-10　霸王枨

5.2.9 夹头榫的特点与应用

夹头榫是制作案类家具常用的榫卯结构，如图 5-11 所示。

夹头榫
(腿足上端嵌夹牙条与牙头)

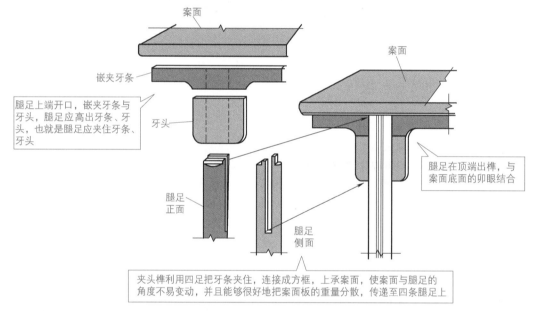

案面

嵌夹牙条

案面

> 腿足上端开口，嵌夹牙条与牙头，腿足应高出牙条、牙头，也就是腿足应夹住牙条、牙头

牙头

> 腿足在顶端出榫，与案面底面的卯眼结合

腿足正面

腿足侧面

> 夹头榫利用四足把牙条夹住，连接成方框，上承案面，使案面与腿足的角度不易变动，并且能够很好地把案面板的重量分散，传递至四条腿足上

图 5-11 夹头榫

5.2.10 走马销的特点与应用

走马销又称栽榫、桩头等。走马销是一种用于可拆卸家具部件间的榫卯结构，如图 5-12 所示。

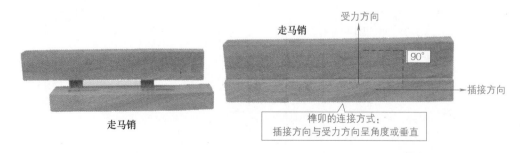

受力方向

走马销

90°

插接方向

走马销

> 榫卯的连接方式：
> 插接方向与受力方向呈角度或垂直

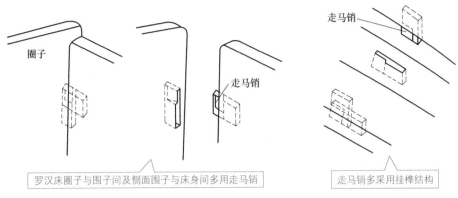

图 5-12　走马销

5.2.11　三根直材交叉的特点与应用

三根直材交叉的特点与应用如图 5-13 所示。

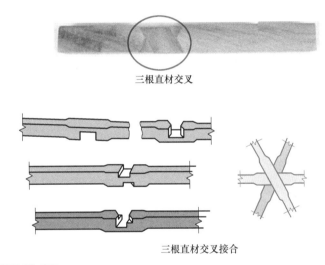

三根直材交叉

三根直材交叉接合

图 5-13　三根直材交叉的特点与应用

5.2.12　楔钉榫的特点与应用

楔钉榫（图 5-14）是用于连接弧形弯材的常用榫卯结构。圈椅的扶手一般都使用楔钉榫。

5.2.13　套榫的特点与应用

套榫（图 5-15）是指将腿料做成方形出榫，搭脑也相应地挖成方形榫眼，再将两者套接。

5.2.14　龙凤榫加穿带的特点与应用

将不够宽的薄板加宽时，可以用到"龙凤榫加穿带"，如图 5-16 所示。

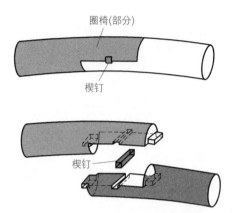

圈椅(部分)

楔钉

楔钉

楔钉榫把弧形材截割成上下两片,将这两片的榫头交搭,同时让榫头上的小舌入槽,使其不能上下移动。再在搭扣中部剔凿方孔,将一个断面为方形,一边稍粗,一边稍细的楔钉插贯穿过去,使其不能左右移动

图 5-14 楔钉榫

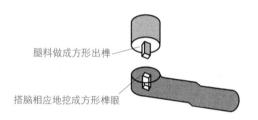

腿料做成方形出榫

搭脑相应地挖成方形榫眼

图 5-15 套榫

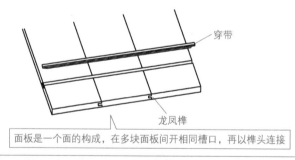

穿带

龙凤榫

面板是一个面的构成,在多块面板间开相同槽口,再以榫头连接

将薄板的一段刨出断面为半个银锭形的长榫,再将其相邻的薄板开出下大上小的槽口,用推插的方法将两板拼合,可以不使其从横的方向拉开

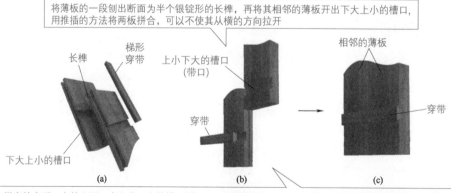

长榫　　梯形穿带　　上小下大的槽口(带口)　　相邻的薄板

穿带

下大上小的槽口　　穿带

(a)　　　　　(b)　　　　　(c)

拼合粘牢后,在其上开一个上小下大的槽口(带口),里面穿嵌的是一个一面为梯形长榫的木条(穿带),穿带的梯形长榫一面稍宽,一面稍窄。为了使其穿紧,长榫都是从宽的一面推向窄的一面。穿带两边出头,留做榫子

图 5-16 龙凤榫加穿带

5.2.15　板连接的特点与应用

板连接的特点与应用如图 5-17 所示。

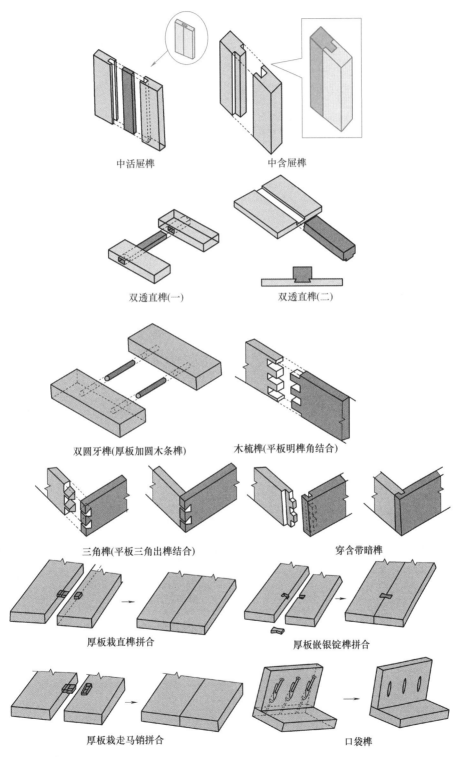

中活屉榫　　　　　　中含屉榫

双透直榫(一)　　　　双透直榫(二)

双圆牙榫(厚板加圆木条榫)　　木梳榫(平板明榫角结合)

三角榫(平板三角出榫结合)　　　　穿含带暗榫

厚板栽直榫拼合　　　　　厚板嵌银锭榫拼合

厚板栽走马销拼合　　　　　口袋榫

图 5-17　板连接的特点与应用

5.2.16 其他榫的特点与应用

其他榫的特点与应用见表 5-1。

表 5-1 其他榫的特点与应用

名称	图示
指接榫的特点与应用	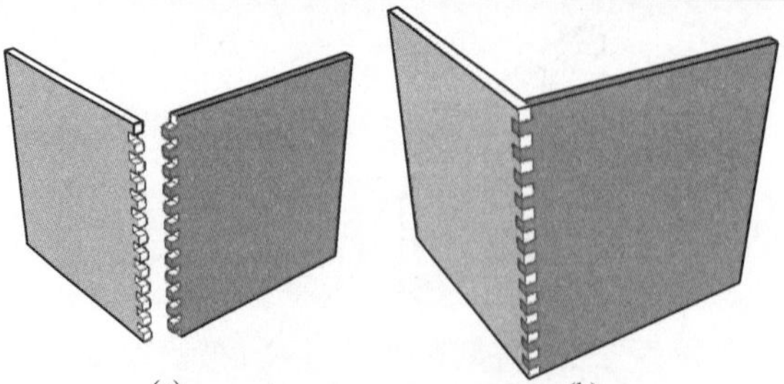 (a)　　　　　　(b)
厚板出透榫与榫舌拍抹头的特点与应用	 **厚板出透榫与榫舌拍抹头**
厚板闷榫角结合的特点与应用	 **厚板闷榫角结合**
平板明榫角结合的特点与应用	 **平板明榫角结合**
攒边打槽装板的特点与应用	 **攒边打槽装板**
圆香几攒边打槽的特点与应用	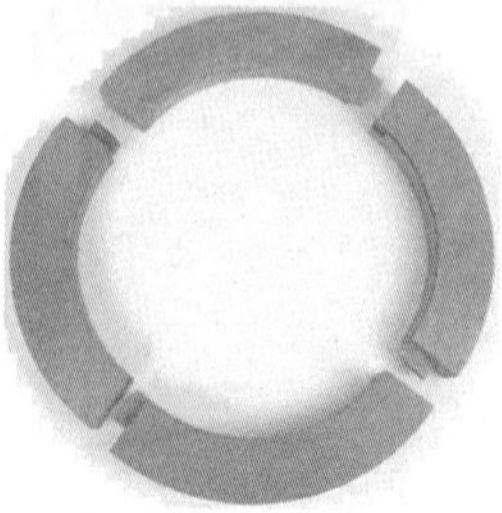 **圆香几攒边打槽**

续表

名称	图示
弧形直材十字交叉的特点与应用	 弧形直材十字交叉
圆柱二维直角交叉榫的特点与应用	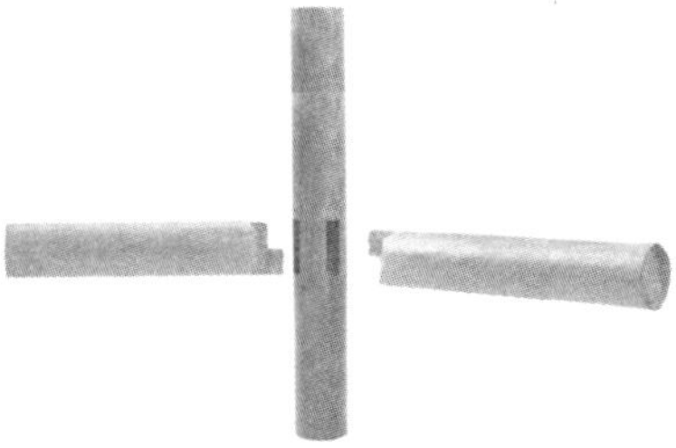 圆柱二维直角交叉榫
圆柱丁字结合榫的特点与应用	 圆柱丁字结合榫 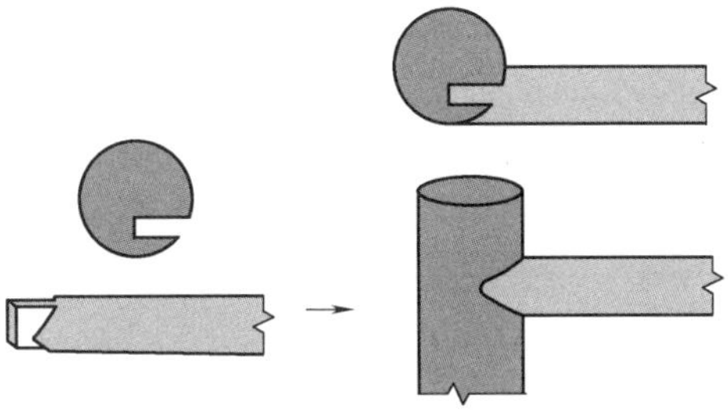　　　　圆材丁字形接合
圆材闷榫角结合的特点与应用	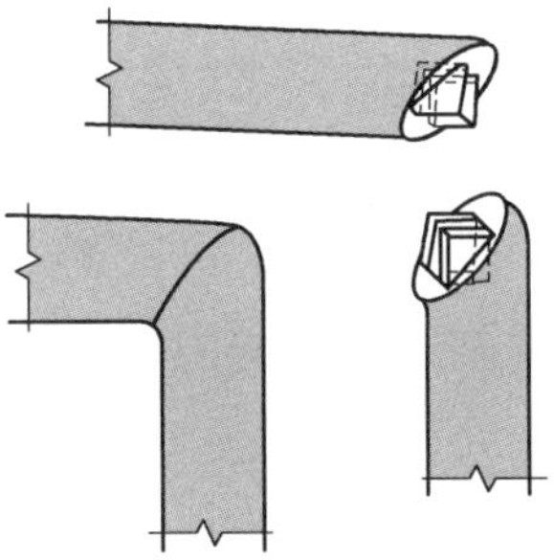 圆材闷榫角接合
挖烟袋锅榫的特点与应用	 挖烟袋锅榫

名称	图示
加云子无束腰裹腿的特点与应用	 加云子无束腰裹腿
圆方结合裹腿的特点与应用	 圆方结合裹腿
斜角榫的特点与应用	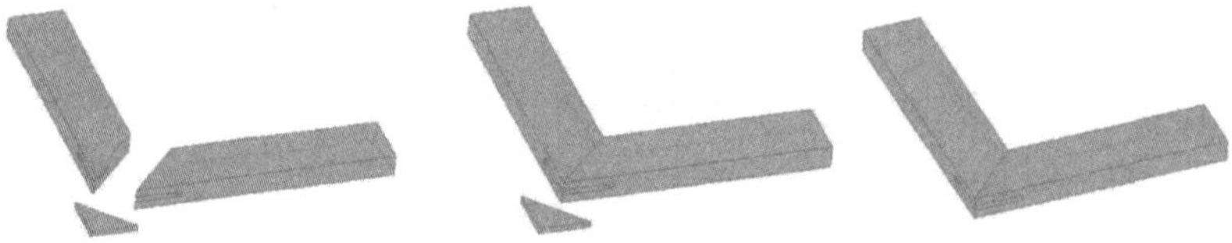 (a)　　　　　　　(b)　　　　　　　(c)
方材丁字形结合榫卯用大格肩的特点与应用	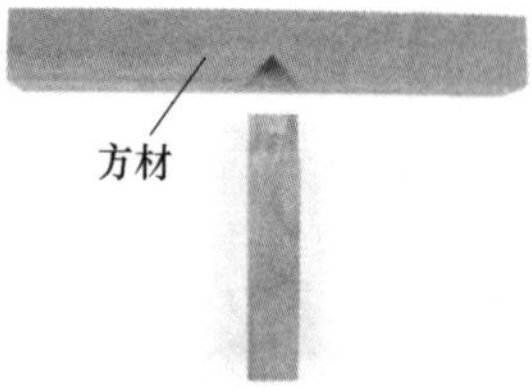 方材 方材丁字形结合榫卯用大格肩
弧形面直材角结合的特点与应用	 弧形面直材角结合

续表

名称	图示
直材交叉结合的特点与应用	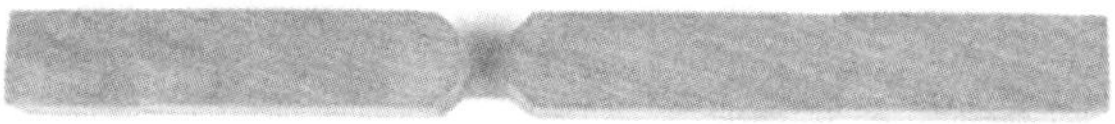 直材交叉结合
椅盘边抹与椅子腿足的结构的特点与应用	 椅盘边抹与椅子腿足的结构
挂肩四面平榫的特点与应用	挂肩四面平榫 
带板粽角榫的特点与应用	带板粽角榫 
双榫粽角榫的特点与应用	双榫粽角榫 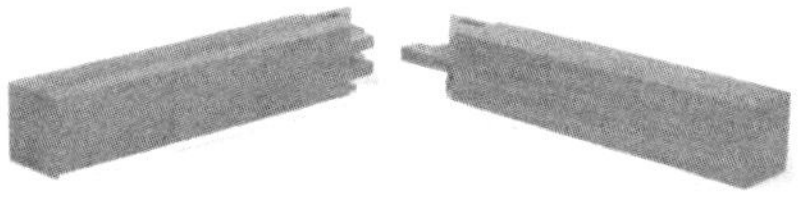
传统粽角榫的特点与应用	传统粽角榫 
方材丁字结合（榫卯大进小出）的特点与应用	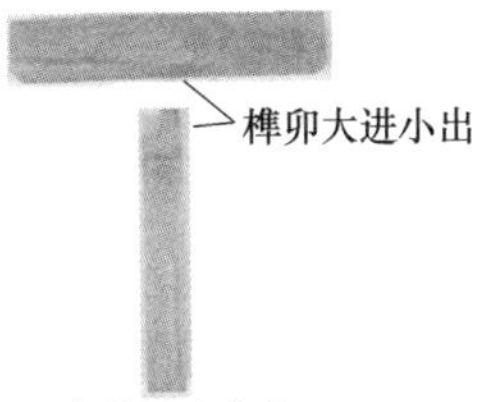 榫卯大进小出 方材丁字结合 (榫卯大进小出)

名称	图示
柜子底枨的特点与应用	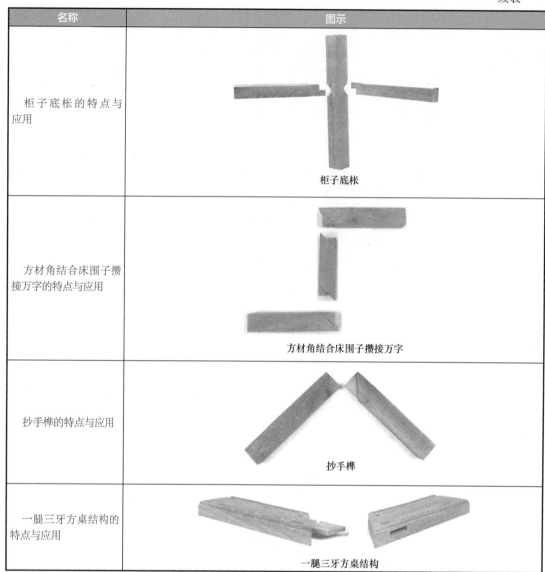 柜子底枨
方材角结合床围子攒接万字的特点与应用	方材角结合床围子攒接万字
抄手榫的特点与应用	抄手榫
一腿三牙方桌结构的特点与应用	一腿三牙方桌结构

5.3 其他基本功

5.3.1 一料二线三打眼

一料二线三打眼是衡量木工基本功的准则，其要求如图 5-18 所示。

5.3.2 木工画线的特点、符号、方法与要求

木工画线时，不但需要满足设计图纸的要求，而

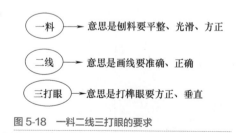

一料 →	意思是刨料要平整、光滑、方正
二线 →	意思是画线要准确、正确
三打眼 →	意思是打榫眼要方正、垂直

图 5-18 一料二线三打眼的要求

且需要考虑到制作、加工、装配、安装、安全等的要求。

　　木工画线的内容包括画榫眼线、画榫头线、弹下料墨线、画刨料线、画长度截断线、画大小割角线等。

　　木工画线的工具包括曲尺、钉子线勒子、墨斗、直角尺、两脚规、木折尺、铅笔、45°角尺、活动角度尺、单双线勒子、勒刀、竹笔等。

　　木工画线的一些符号如图 5-19 所示。

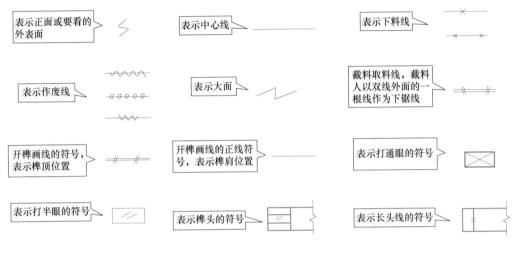

图 5-19　木工画线的一些符号

　　木工画线时，先挑选木料，并且将没有疵病的用为正面，把有缺陷的部分放到背面或看不见的地方。

　　木工弹墨线时，墨线一定要绷紧，并且线上的墨汁要蘸得均匀。用手指提线时，一定要与弹线面垂直，以免弹出的墨线为弧度线。

　　木工画线工具宜细不宜粗，以求精度较高、减少误差。木工画线的宽度，一般不超过 0.3mm。

　　木工画线要均匀、要清晰、要量准确。木工画线不仅要考虑单件画线，还需要考虑拼装后符合的要求。

　　木工画线时，一般需要留一定的加工余量与考虑精度等要求，如图 5-20 所示。

5.3.3　手工锯锯齿的整修

　　锯的核心是锯齿，锯割目的不同，锯的锯齿就不同，其齿形、锯路各不同。一般情况下，横断锯锯齿形大约为 90°，纵剖锯锯齿形大约为 80°。

　　① 根据锯齿的粗细选择相应大小的三角锉，从下往上掌握三角锉，根据原来锯齿的斜度，将其锉利。

　　② 修整锯路：也就是修整锯口，锯路不均匀时，如果左边的锯齿长一点，拉锯时就会往左边走斜；如果右边的锯齿长一点，拉锯时就会往右边走斜，以致使锯料不准。

　　可以用正齿器来修整锯路：第一个齿为正中，第二个齿为左偏 0.5mm，第三个齿为正中，第四个齿往右偏 0.5mm，第五个齿为正中，第六个齿又往左偏 0.5mm，以此类推，排列有序。

① 画下料线时，要留出加工和干缩余量，锯口加工余量为2～4mm，单面刨光余量为3mm，两面刨光余量为5mm
含水率大于18%时须预先干燥，毛料尺寸再增加4%
下料时要注意尺寸的精确，画线后应当经过校核，再进行加工操作

② 门窗框上、下槛：先立口的每端增加115mm，后塞口的每端增加25mm
门窗框中槛、窗桩：要比实际长度增加5～10mm
门窗扇的边梃：要比设计净高增加40mm
门窗扇的上、下冒头及梁子：要比实际长度增加5～10mm
门桩：一般要比实际长度增加50mm

③ 画对向料时，必须把木料合起来，相对对称画线

④ 榫头和榫眼的纵向线，要用双线勒子，紧靠正面画出

图 5-20　木工画线要求

③修整完后，检查左中右是否成一条直线。如果有出格的锯齿，则必须将其修整。
修整锯路多用特制的"拨料器"辅助完成，如图 5-21 所示。

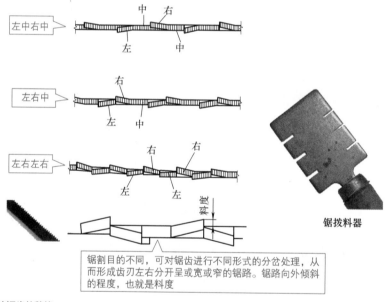

图 5-21　手工锯的锯齿的整修

5.3.4　木工割锯操作前的准备

木工割锯操作前的准备包括检查锯条张紧情况、检查锯条角度情况、检查锯齿高低情况，如图 5-22 所示。

5.3.5　手工木工割锯的起锯

开始手工木工锯削时，锯条易跳动。为此，应用左手食指或拇指刻准墨线作为锯条靠具，如图 5-23 所示。

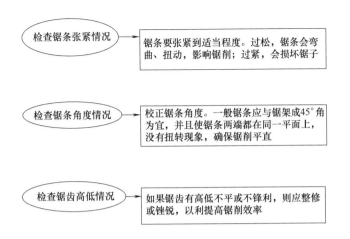

检查锯条张紧情况 ▷ 锯条要张紧到适当程度。过松，锯条会弯曲、扭动，影响锯削；过紧，会损坏锯子

检查锯条角度情况 ▷ 校正锯条角度。一般锯条应与锯架成45°角为宜，并且使锯条两端都在同一平面上，没有扭转现象，确保锯削平直

检查锯齿高低情况 ▷ 如果锯齿有高低不平或不锋利，则应整修或锉锐，以利提高锯削效率

图 5-22　木工割锯操作前的准备

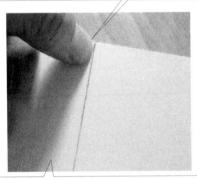

右手握锯先轻轻推拉几下，等锯出一定深度(大约5mm)后，再用正常速度锯削

正常使用手工锯削时，要求做到：上拉时，因锯齿不进行切削，要轻。下推时，锯齿进行切削，要用力

图 5-23　手工木工割锯的起锯

5.3.6　木工纵割操作

木工纵割操作（图 5-24）要点如下。

① 一般纵割锯的锯削角度，锯条与工件为保持 70°～ 75° 倾斜角。

② 如果割锯厚板，锯条与工件可增到 90° 角垂直锯削。

③ 如果割锯薄板，锯条与工件应倾斜到 40° 角锯削。

知识贴士

手工锯的操作

① 先在需要锯割的地方画上墨线。

② 然后看准画线，根据画线的边缘下锯，锯好后边缘需要有半边画线。

如果锯下的板材没锯直或有弯曲的情况，则用手工刨修直、修正。

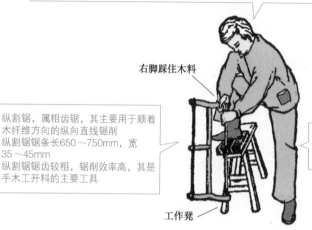

锯削时，人站在工作凳的左边，右手握锯，并且右脚踩住木料，使其固定
站姿：应使右脚踝骨与膝盖、右肘三点在上下推拉时始终保持与锯条(或墨线)成为一条直线，也就是三点成一线

右脚踩住木料

纵割锯，属粗齿锯，其主要用于顺着木纤维方向的纵向直线锯削
纵割锯锯条长650～750mm，宽35～45mm
纵割锯锯齿较粗，锯削效率高，其是手木工开料的主要工具

锯至最后，木料将要分开时，锯削应放松放慢，以防木料突然开裂，影响加工质量或割伤右脚可用右脚踩在锯条里侧，左手接住将被锯落的木料

工作凳

图 5-24 木工纵割操作

5.3.7 木工绕割操作

绕割锯操作要领基本上与纵割锯相同，只是绕割时锯条应尽量与工件保持垂直状态，以使绕割的弧度上下一致，如图 5-25 所示。

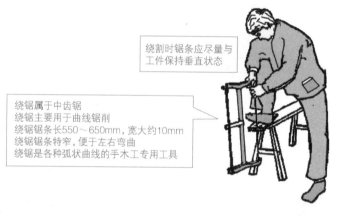

绕割时锯条应尽量与工件保持垂直状态

绕锯属于中齿锯
绕锯主要用于曲线锯削
绕锯锯条长550～650mm，宽大约10mm
绕锯锯条特窄，便于左右弯曲
绕锯是各种弧状曲线的手木工专用工具

图 5-25 木工绕割操作

5.3.8 木工横割操作

木工横割操作，如图 5-26 所示。

5.3.9 刨料的特点与操作

刨料操作前，应把刨子刨刀磨利，把板材平放于工作台上，以便把板边修直。

刨料操作前，有的刨子刨刀需要调整。

刨料操作时，右手握紧刨子，并且先用眼睛观察木板的侧边是否成直线（可用墨斗弹一根线），根据墨线进行修直。另外，也可以采用 2m 长的铝合金方尺比靠。如果不平，则对用方尺不能靠拢的地方进行修改，直到修平、修直。

　　刨子的使用如图 5-27 所示。

左脚踩住工件

横割锯属于粗齿锯
横割锯主要用于垂直木纤维方向的横向直线锯削
横割锯锯条规格与纵割锯相同，但是锯齿锉成斜口，锋利似刀，易于截断木纤维
横割锯是手木工断料的专用工具

工作凳

人应站在工作凳和工件右边，左脚踩住工件。其他操作方法与纵割锯相似

图 5-26　木工横割操作

盖铁必须严密紧贴刨刀，盖铁一般缩进约1mm
盖铁缩进过多，会失去卷曲刨屑的作用
盖铁缩进过少，则卷曲得太急剧，容易阻塞，刨削费力

刨楔用于夹紧刨刀，不使其移动
刨楔与刨刀、刨削槽间要紧密贴合
刨楔下口须有一个斜刃，以利刨屑顺利通过

检查刨刀刃口伸出量的多少以及是否平行，常将刨底朝天，进行目测，也可用手指摸测伸出量一般为0.1～0.5mm，粗刨多些，细刨少些，光刨更少些

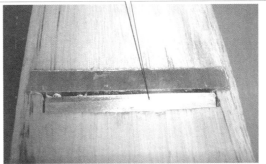

平刨刨刀的刃口要平直，粗刨可略呈凸弧形，但拱形(凸出)不超过0.5mm
刨刀进刨削槽，塞上刨楔后，注意刃口一定要与刨底保持平行，不能左右高低不平

图 5-27

如果刨刀刃口伸出量太少,可轻敲刨刀口上端,使其多伸出些;如果刨刀刃口伸出太多,则轻敲刨身尾端背部,使刨刀缩进些。伸出量和平行度都校准后,即将刨楔塞紧,以免刨削时移动

平刨操作
正确的刨削姿势

刨子的使用技巧——长刨刨得叫,短刨刨得跳

正确的持刨子的手势

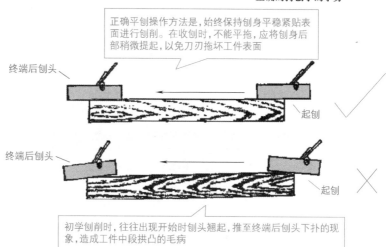

正确平刨操作方法是,始终保持刨身平稳紧贴表面进行刨削。在收刨时,不能平拖,应将刨身后部稍微提起,以免刀刃拖坏工件表面

终端后刨头

起刨

终端后刨头

起刨

初学刨削时,往往出现开始时刨头翘起,推至终端后刨头下扑的现象,造成工件中段拱凸的毛病

图 5-27　刨子的使用

◆ 知识贴士

　　随着木工工具的更新换代,工作量大的刨料都是由电刨来完成的。手工刨,可以在修直、修正、拼角等少量工作中应用。

5.3.10　磨刀的特点与操作

　　任何锋利的刀具使用一段时间后都会变钝,刀口就不锋利了。为此,需要掌握磨刀技能。

　　刨子的磨刀,可以采用在磨刀石(刀石)上进行。刀石,可以分为细刀石、粗刀石,如图 5-28 所示。

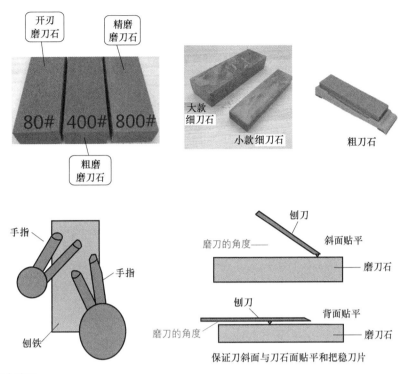

图 5-28　磨刀石与磨刀

磨刀的方法

① 首先把刨刀从刨子中取出。

② 两手掌握，并保持刨刀原来的斜度。

③ 磨刀时，把刨刀按压在双面磨刀石上，并且前后推磨时保持刨刀的斜度不变。往前推磨时，应冲出双面磨刀石的前缘，不能只在中间来回磨。

④ 磨刀过程中，要边看边磨，并且保持平整。

⑤ 磨完后，用眼睛来观察，并且通过大拇指在刀口上的感觉来辨别其锋利程度。认为较锋利时，再拿到天然釉石上过釉，使其磨得更锋利。

5.3.11　凿眼的特点与操作

家装中木工凿眼，主要是装锁、装房门的合页等操作。凿眼工具有榫凿、银头等。

木工凿眼的操作方法如下。

① 先用木工笔画出应凿的位置，并且把凿刀磨好。

② 进行凿眼操作时，左手握凿，右手握锤。凿刀的平面紧贴凿眼的内线，然后用木工锤敲打。凿眼时，注意四周、深度，手法要准，凿刀口不能乱动，装锁时不能损坏周围面板等。

手工凿眼如图 5-29 所示。一般操作：左手握凿，右手握斧敲击，从榫孔的近端逐渐向远端凿削。第一凿在离孔线 2 ~ 3mm 处开始，凿子保持垂直，刃口向外，凿下 5mm 左右即可。每击一下凿子都要摇动一下，以免凿子被夹住。

拔凿前移时，应利用凿子两刃角抵住工件，左右摇摆渐渐前移，以便定位准确。接着将凿子翻过来朝第一凿处斜凿，将木纤维切断和挖出凿屑。

第三、四凿与第一、二凿相同，继续增加深度。

第四至六凿依次凿削，直至接近远端榫孔线 2 ～ 3mm 处为止。

然后将凿子翻过来垂直凿削。

榫眼深度基本凿好后，再在近远两端沿墨线内侧垂直凿削，凿出孔壁。榫孔较深，可分两次凿削。凿削明榫，应双面画线。

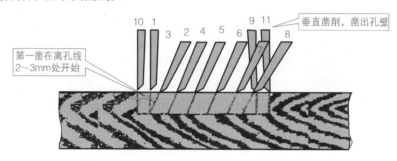

图 5-29　手工凿眼

1 ～ 11—凿眼时凿子的位置与操作顺序

5.3.12　斧子的使用

木工斧子的作用主要是砍、砸或钉等，如图 5-30 所示。

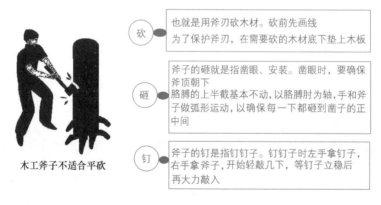

图 5-30　斧子的使用

5.3.13　直角榫接合的要求

直角榫接合的要求，应考虑榫头的厚度、榫头的宽度、榫头的长度等，如图 5-31 所示。为了使榫头易于插入榫眼，常将榫端倒棱，两边或四边削成 30° 的斜棱。

5.3.14　手工制榫

手工制榫时，需要首先划线，然后锯料，如图 5-32 所示。

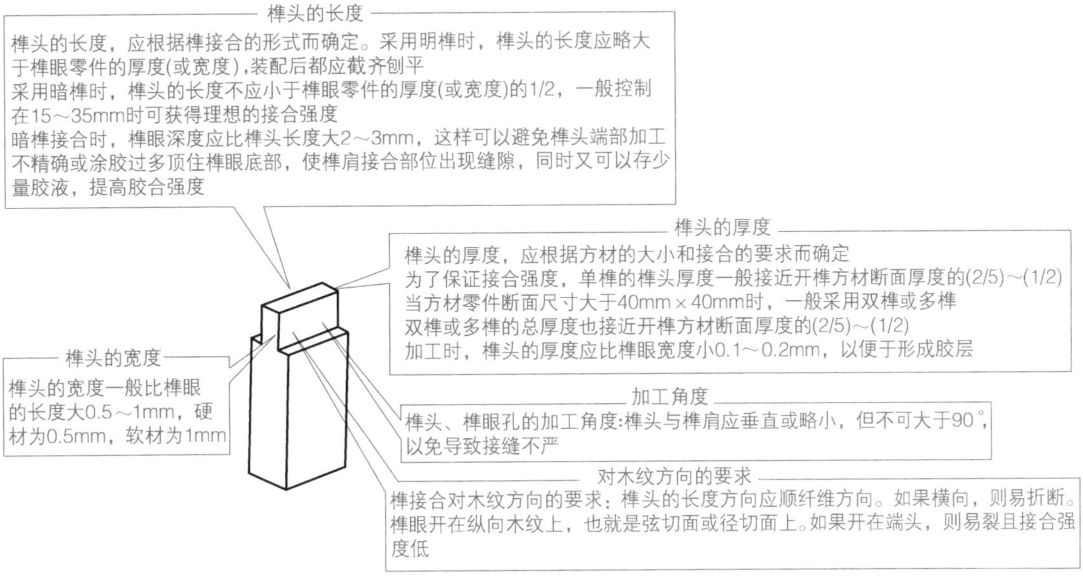

榫头的长度

榫头的长度，应根据榫接合的形式而确定。采用明榫时，榫头的长度应略大于榫眼零件的厚度(或宽度)，装配后都应截齐刨平

采用暗榫时，榫头的长度不应小于榫眼零件的厚度(或宽度)的1/2，一般控制在15～35mm时可获得理想的接合强度

暗榫接合时，榫眼深度应比榫头长度大2～3mm，这样可以避免榫头端部加工不精确或涂胶过多顶住榫眼底部，使榫肩接合部位出现缝隙，同时又可以存少量胶液，提高胶合强度

榫头的宽度

榫头的宽度一般比榫眼的长度大0.5～1mm，硬材为0.5mm，软材为1mm

榫头的厚度

榫头的厚度，应根据方材的大小和接合的要求而确定

为了保证接合强度，单榫的榫头厚度一般接近开榫方材断面厚度的(2/5)～(1/2)

当方材零件断面尺寸大于40mm×40mm时，一般采用双榫或多榫

双榫或多榫的总厚度也接近开榫方材断面厚度的(2/5)～(1/2)

加工时，榫头的厚度应比榫眼宽度小0.1～0.2mm，以便于形成胶层

加工角度

榫头、榫眼孔的加工角度：榫头与榫肩应垂直或略小，但不可大于90°，以免导致接缝不严

对木纹方向的要求

榫接合对木纹方向的要求：榫头的长度方向应顺纤维方向。如果横向，则易折断。榫眼开在纵向木纹上，也就是弦切面或径切面上。如果开在端头，则易裂且接合度低

图 5-31　直角榫接合的要求

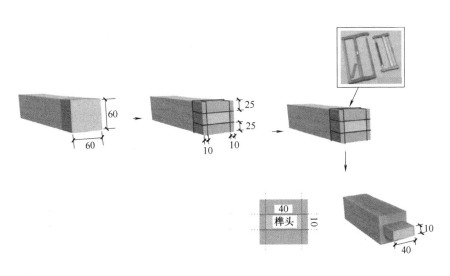

图 5-32　手工制榫

5.3.15　榫头的机加工

榫头加工设备包括框榫开榫机、箱榫开榫机等。榫头的机加工如图 5-33 所示。

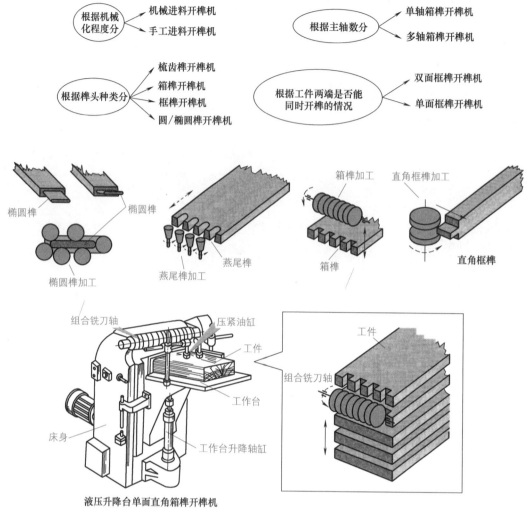

图 5-33 榫头的机加工

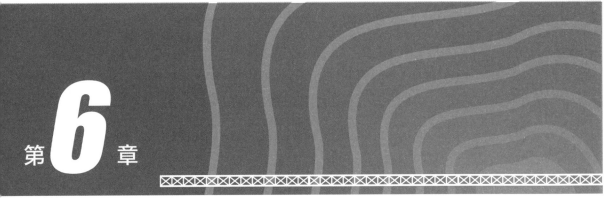

第**6**章

木工识图

6.1 识图基础知识

6.1.1 家具制图的图纸幅面

家具装饰施工图的图纸幅面、图框、标题栏、材料说明、线条线型要求等需要符合标准的规定。家具制图的图纸幅面如图 6-1 所示。

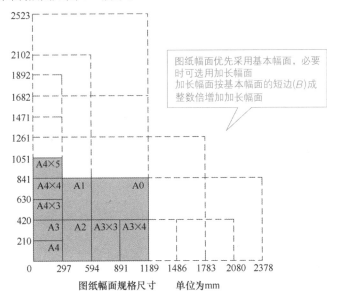

图纸幅面优先采用基本幅面，必要时可选用加长幅面
加长幅面按基本幅面的短边(B)成整数倍增加加长幅面

图纸幅面规格尺寸 单位为mm

图 6-1 家具制图的图纸幅面

知识贴士

识图家具图时，除了看单个家具图左视图、俯视图、柜体外立面图、柜体内立面图等图外，还应看家具所在房间的平面布置图。对于复杂的柜子，一般还有透视图。

6.1.2　家具的三视图

正立面图（主视图）：能够反映物体的正立面形状及物体的高度、长度，及其上下、左右的位置关系。

侧立面图（侧视图）：能够反映物体的侧立面形状及物体的高度、宽度，及其上下、前后的位置关系。

平面图（俯视图）：能够反映物体的水平面形状以及物体的长度、宽度，及其前后、左右的位置关系。

家具的三视图如图 6-2 所示。

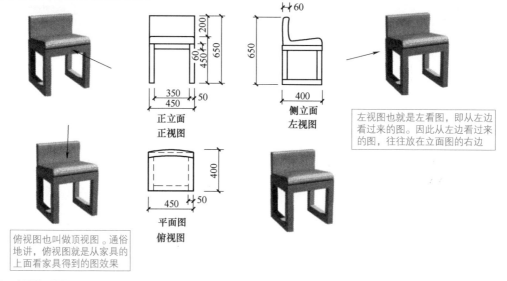

正视图是指从物体的正面观察，物体的影像投影在背后的投影面上，这个投影影像称为正视图

正立面
正视图

侧立面
左视图

左视图也就是左看图，即从左边看过来的图。因此从左边看过来的图，往往放在立面图的右边

平面图
俯视图

俯视图也叫做顶视图。通俗地讲，俯视图就是从家具的上面看家具得到的图效果

图 6-2　家具的三视图

6.1.3　透视图的特点与比较

将三维空间的景物或者物体描绘到二维空间的平面上，该过程就是透视过程。用该种方法可以在平面上得到相对稳定的立体特征的画面空间，这就是透视图。

透视图与视图的比较如图 6-3 所示。

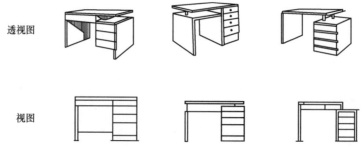

透视图

视图

图 6-3　透视图与视图的比较

家具图样主要有设计图、制造图。

设计图中有设计草图、正式设计图、效果图等。

制造图中有结构装配图、部件图、零件图等。

6.1.4　家具的斜视图

斜视图是将物体向不平行于基本投影面投射所得的视图。斜视图中表示视图名称的大写拉丁字母必须水平书写，指明投射方向的箭头应与要表达倾斜结构的实形的表面垂直。家具斜视图如图 6-4 所示。

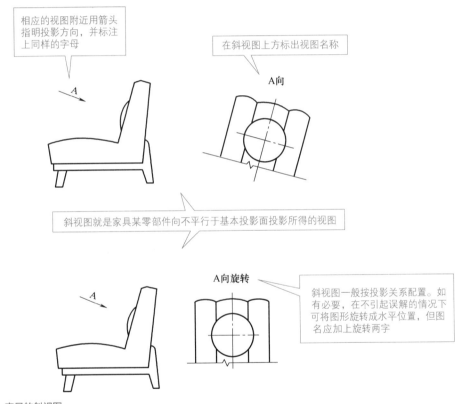

图 6-4　家具的斜视图

6.1.5　绕中心均匀分布的家具零部件视图

绕中心均匀分布的家具零部件视图如图 6-5 所示。

识读绕中心均匀分布的家具零部件视图，首先要找到中心，然后以中心为点联想环绕的分布情况。

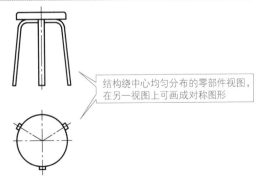

图 6-5　绕中心均匀分布的家具零部件视图

6.1.6　家具的局部视图

局部视图也就是某一部分的视图。家具的局部视图如图 6-6 所示。

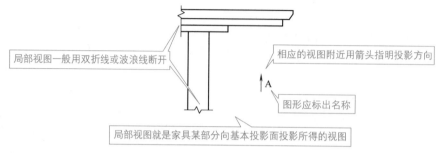

局部视图一般用双折线或波浪线断开

相应的视图附近用箭头指明投影方向

↑A

图形应标出名称

局部视图就是家具某部分向基本投影面投影所得的视图

图 6-6　家具的局部视图

知识贴士

家具局部视图，其断裂边界可以用波浪线或双折线来绘制。当所表达的局部结构形状完整且外轮廓线封闭时，波浪线可以省略不画。

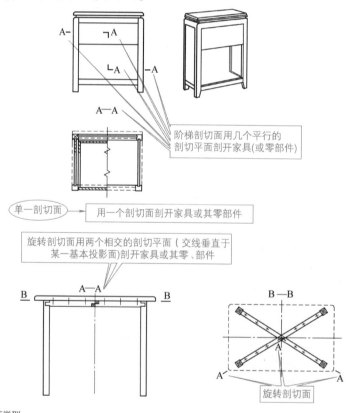

阶梯剖切面用几个平行的剖切平面剖开家具(或零部件)

单一剖切面 → 用一个剖切面剖开家具或其零部件

旋转剖切面用两个相交的剖切平面（交线垂直于某一基本投影面)剖开家具或其零、部件

旋转剖切面

图 6-7　不同的剖切面类型

6.1.7　不同的剖切面类型

家具或者或其零部件可以采用平面来剖切。一些情况下，也可以采用柱面来剖切。如果采

用柱面来剖切，则剖视图、剖面图根据展开画法绘制。

不同的剖切面类型如图 6-7 所示。

6.1.8　家具图的剖面

剖面就是物体切断后呈现出的表面。剖面也叫做截面、切面、断面。家具图的剖面如图 6-8 所示。

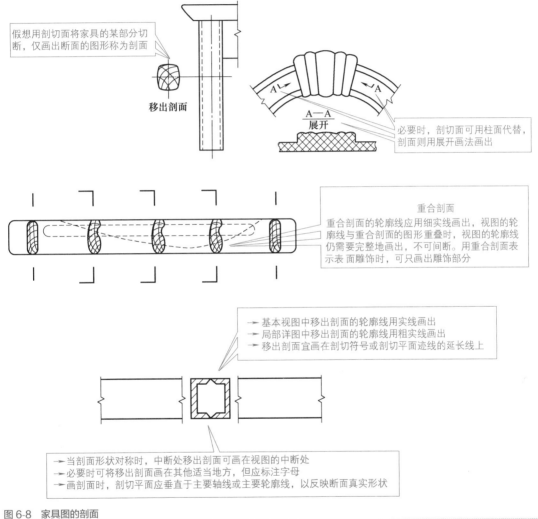

图 6-8　家具图的剖面

6.1.9　家具的剖视图

家具的剖视图就是假想把家具或其零部件切去一部分，即处在观察者与剖切面间的部分移去，而绘出其余下部分的一种视图。

根据剖切范围的大小，剖视图可以分为全剖视图、半剖视图、局部剖视图三种。家居的剖视图如图 6-9 所示。

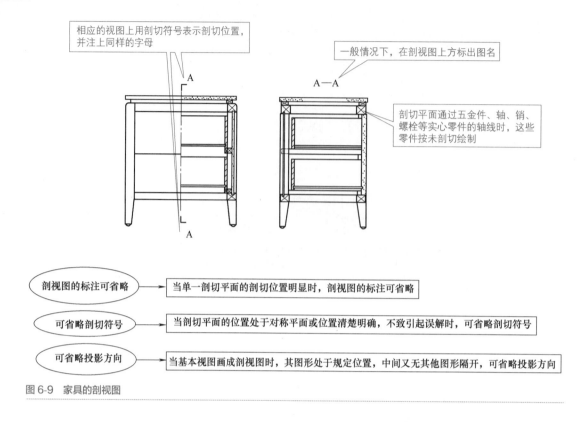

图6-9　家具的剖视图

6.1.10　剖面符号

剖面符号如图6-10所示。

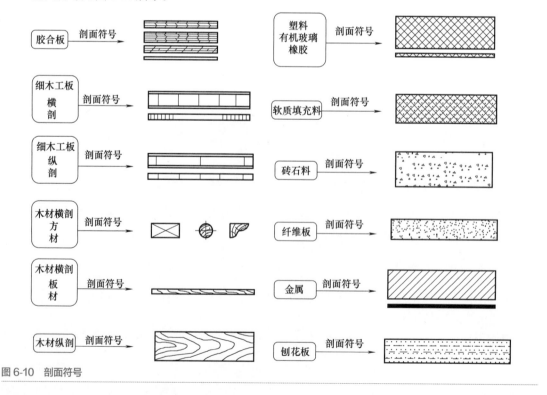

图6-10　剖面符号

6.1.11　视图中材料的图例

视图中材料的图例如图 6-11 所示。

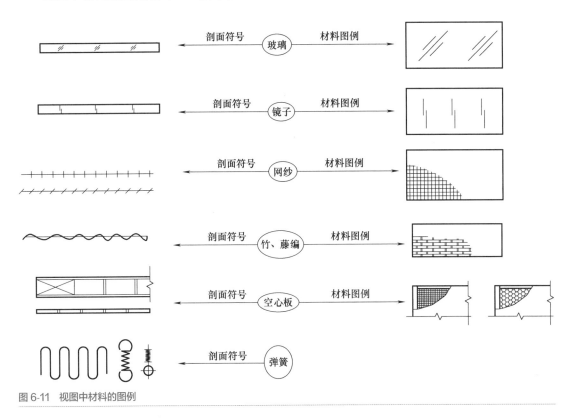

图 6-11　视图中材料的图例

6.1.12　家具或其零部件材料剖面符号的要求

家具或其零部件材料剖面符号的要求如图 6-12 所示。

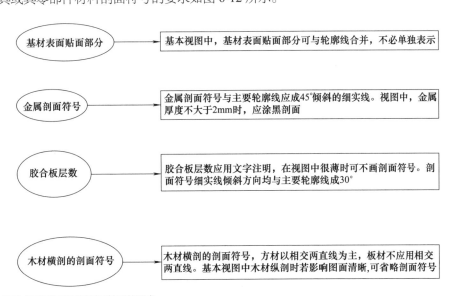

图 6-12　家具或其零部件材料剖面符号的要求

6.1.13 家具局部放大图的比例

家具局部放大图的比例，往往在图名下会标注。家具图常见比例见表6-1。

表6-1 家具图常见比例

种类	常用比例	可选比例
原值比例	1：1	—
放大比例	2：1、4：1、5：1	1.5：1、2.5：1
缩小比例	1：2、1：5、1：10	1：3、1：4、1：6、1：8、1：15、1：20

6.1.14 家具局部详图的特点

家具局部详图的特点如图6-13所示。

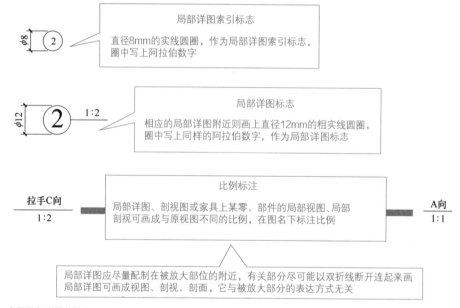

图6-13 家具局部详图的特点

6.1.15 家具尺寸标注特点

家具的真实大小，应以图样所标注的尺寸数字为依据。家具尺寸标注特点如图6-14所示。

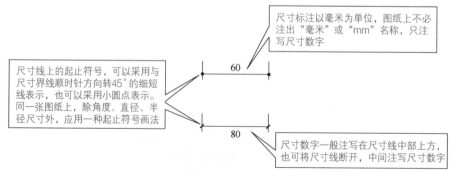

图6-14 家具尺寸标注特点

6.1.16　孔、圆的标注

表示直径的尺寸线，一般需要通过其圆心。圆孔，有的以圆心为基点，标注到两个边距的尺寸。孔、圆的标注如图 6-15 所示。

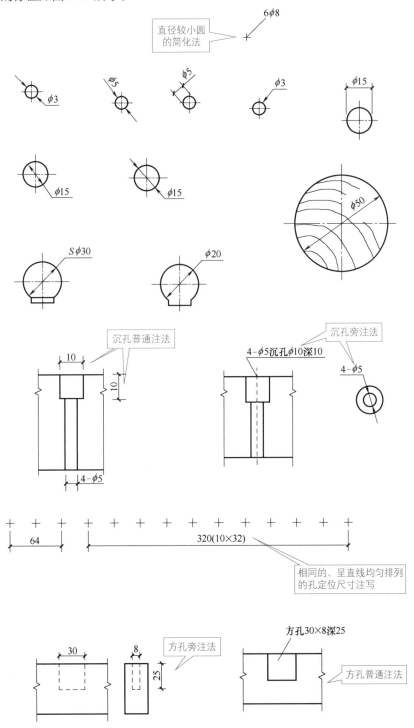

图 6-15　孔、圆的标注

　　圆、大于半圆的圆弧，可以标注直径，并且直径以符号"ϕ"表示同一视图上，数量较多、直径很小且不同的圆，可画一条细实线配合"+""×""※"符号，表示其位置。基本视图上，直径很小的圆可画一条细实线"+"字，表示其位置，再用不带箭头的引出线注出圆孔数量和直径。对于方孔，有的标注方孔的长宽尺寸，并且标注在所在板上的边距尺寸。

6.1.17　家具小尺寸的标注

　　家具小尺寸的标注如图 6-16 所示。

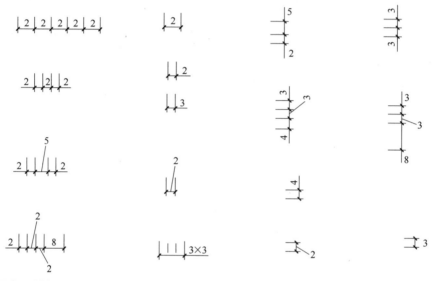

图 6-16　家具小尺寸的标注

6.1.18　半径圆弧的标注

　　半径圆弧的标注如图 6-17 所示。

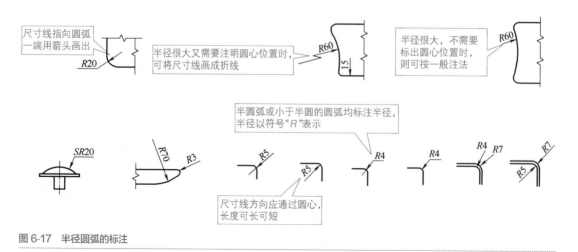

图 6-17　半径圆弧的标注

6.1.19　榫接合的简化表达

榫接合的简化表达如图 6-18 所示。

榫接合，是指榫头嵌入榫眼或榫槽的接合

▶ 表示榫头横断面的图形上，榫头横断面应涂成淡墨色，以显示榫头端面形状、类型和大小

▶ 同一榫头有长有短时，只涂长的端部

▶ 榫头端面除了涂色表示外，也可以用一组不少于3条的细实线表示，榫端面细实线画成平行于长边的长线

图 6-18　榫接合的简化表达

6.1.20　铆接连接的示意图

铆钉连接，可以采用示意图来表示，如图 6-19 所示。

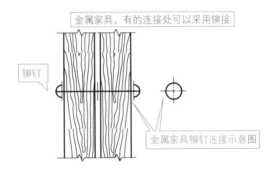

金属家具，有的连接处可以采用铆接

铆钉

金属家具铆钉连接示意图

图 6-19　铆接连接的示意图

6.1.21　焊接连接的示意图

家具图纸上的焊接要求与表示，一般采用代号标注，如图 6-20 所示。

◤ **知识贴士**

金属家具是指主要部件由金属所制成的一类家具。如果金属家具的两个金属件不需要活动与拆卸，则可以采用焊接方式。

6.1.22　金属家具焊接的特点

金属家具焊接的特点如图 6-21 所示。

6.1.23　木螺钉、圆钉、螺栓连接件的表示方法

木螺钉、圆钉、螺栓连接件的表示方法如图 6-22 所示。

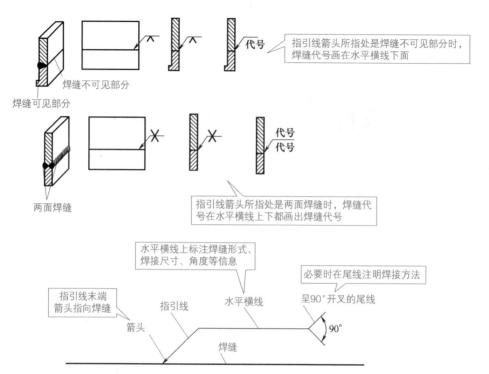

图 6-20　焊接连接的示意图

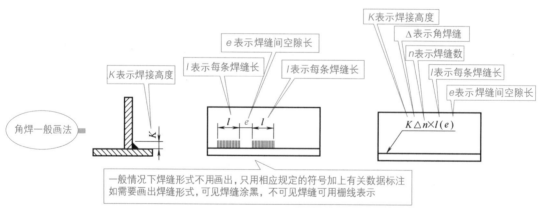

图 6-21　金属家具焊接的特点

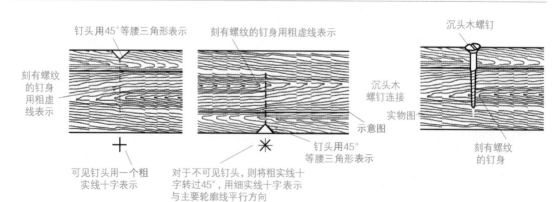

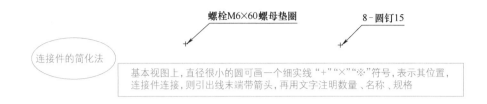

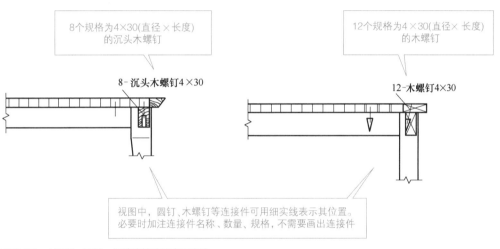

图 6-22　木螺钉、圆钉、螺栓连接件的表示方法

6.1.24　家具专用连接件的连接表示方法

家具专用连接件是指用在制造家具过程中使用的起连接作用的一类部件。广义上的家具连接件包括卯榫结构、气撑杆、滑轨、铜钉、枪钉、合页、衣通座、层板托、五金家具不锈钢结构等。狭义上的家具连接件是指在家具生产过程中，板与板间起到紧固、连接作用的一类部件，其包括螺钉、铆钉、偏心连接件、子母组合螺母等。

家具专用连接件的连接表示方法如图 6-23 所示。

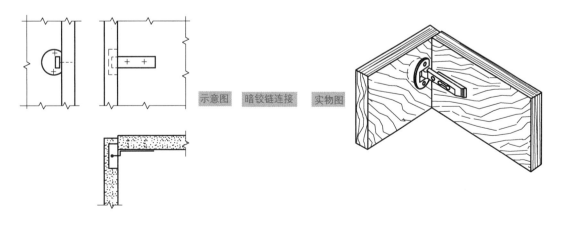

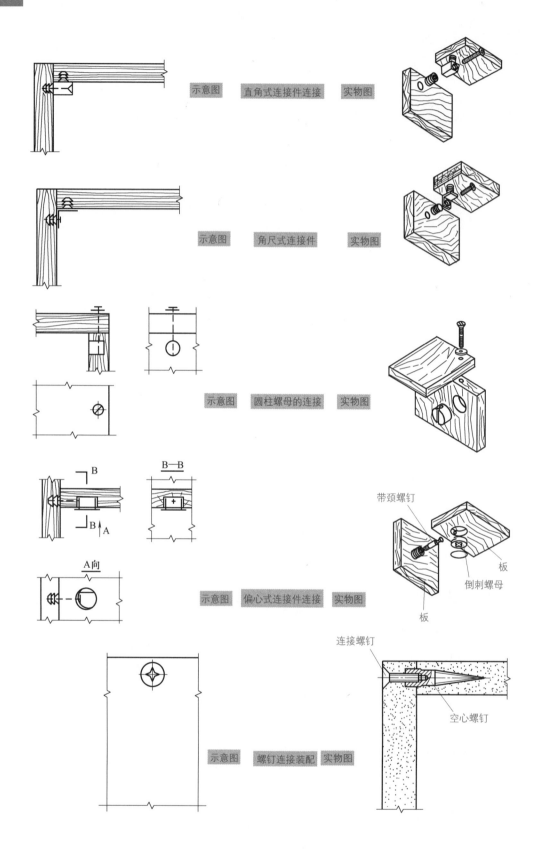

示意图 直角式连接件连接 实物图

示意图 角尺式连接件 实物图

示意图 圆柱螺母的连接 实物图

带颈螺钉

板

倒刺螺母

示意图 偏心式连接件连接 实物图

板

连接螺钉

示意图 螺钉连接装配 实物图

空心螺钉

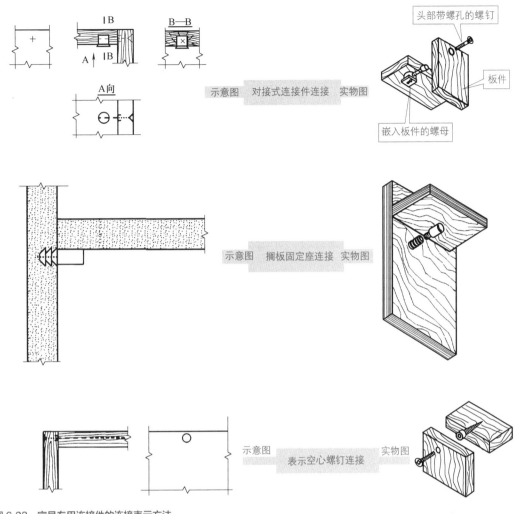

图 6-23　家具专用连接件的连接表示方法

> **知识贴士**
>
> 　　根据不同的组合，家具连接件分为四合一连接件、三合一连接件、二合一连接件、组合螺母等。
> 　　根据不同的功能，家具连接件分为拆装连接件、强力连接件、紧固连接件等。

6.2　实战识图

6.2.1　识读家具设计图的方法与要点

　　识读家具设计图时要看标题栏，掌握是什么家具；看视图，了解家具形象与特点；看尺寸定位特征、功能、外形与装饰；看文字，了解有什么提示交代的情况；看多个图与单个图结合，掌握其联动性，如图 6-24 所示。

看尺寸时，要区分总体尺寸、特征尺寸、功能尺寸等类型。
看装饰尺寸时，还要分清定位尺寸、外形尺寸等类型

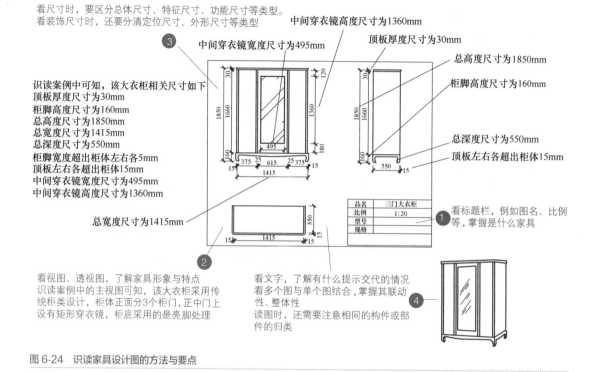

识读案例中可知，该大衣柜相关尺寸如下
顶板厚度尺寸为30mm
柜脚高度尺寸为160mm
总高度尺寸为1850mm
总宽度尺寸为1415mm
总深度尺寸为550mm
柜脚宽度超出柜体左右各5mm
顶板左右各超出柜体15mm
中间穿衣镜宽度尺寸为495mm
中间穿衣镜高度尺寸为1360mm

中间穿衣镜高度尺寸为1360mm
中间穿衣镜宽度尺寸为495mm
顶板厚度尺寸为30mm
总高度尺寸为1850mm
柜脚高度尺寸为160mm
总深度尺寸为550mm
顶板左右各超出柜体15mm

总宽度尺寸为1415mm

看标题栏，例如图名、比例等，掌握是什么家具

看视图、透视图，了解家具形象与特点
识读案例中的主视图可知，该大衣柜采用传统柜类设计，柜体正面分3个柜门，正中门上设有矩形穿衣镜，柜底采用的是亮脚处理

看文字，了解有什么提示交代的情况
看多个图与单个图结合，掌握其联动性、整体性
读图时，还需要注意相同的构件或部件的归类

图 6-24 识读家具设计图的方法与要点

6.2.2 识读家具装配图的方法与要点

家具结构装配图往往包括基本视图、结构局部详图、某些零件的局部视图等。其中，基本视图能够反映该家具整体的主要图形、结构特征。

识读家具装配图的方法与要点如图 6-25 所示。

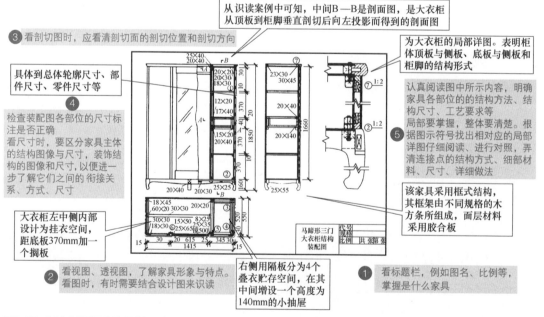

从识读案例中可知，中间B—B是剖面图，是大衣柜从顶板到柜脚垂直剖切后向左投影而得到的剖面图

看剖切图时，应看清剖切面的剖切位置和剖切方向

为大衣柜的局部详图。表明柜体顶板与侧板、底板与侧板和柜脚的结构形式

具体到总体轮廓尺寸、部件尺寸、零件尺寸等

认真阅读图中所示内容，明确家具各部位的的结构方法、结构尺寸、工艺要求等
局部要掌握，整体要清楚。根据图示符号找出相对应的局部详图仔细阅读、进行对照，弄清连接点的结构方式、细部材料、尺寸、详细做法

检查装配图各部位的尺寸标注是否正确
看尺寸时，要区分家具主体的结构图像与尺寸，装饰结构的图像和尺寸，以便进一步了解它们之间的衔接关系、方式、尺寸

该家具采用框式结构，其框架由不同规格的木方条所组成，面层材料采用胶合板

大衣柜左中侧内部设计为挂衣空间，距底板370mm加一个搁板

看视图、透视图，了解家具形象与特点。
看图时，有时需要结合设计图来识读

右侧用隔板分为4个叠衣贮存空间，在其中间增设一个高度为140mm的小抽屉

看标题栏，例如图名、比例等，掌握是什么家具

图 6-25 识读家具装配图的方法与要点

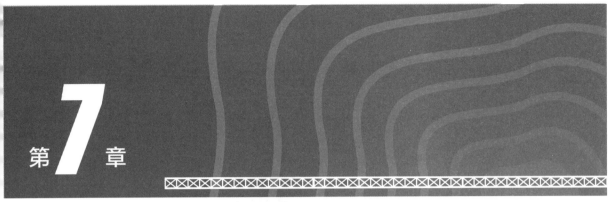

第 **7** 章

木工门窗

7.1 门窗基础与常识

7.1.1 木门窗特点、分类、工艺与图例

　　木门窗是以木材、木质复合材料为主要材料制作框与扇的门窗。木门（图 7-1），分为现场制作门、成品门。根据木门的材料，木门可以分为免漆门、复合门、实木门、实木复合门。根据木门的造型，可以分为平板门、凹凸门、玻璃门、平板造型门、凹凸造型门。木门窗见表 7-1。

木门的风格：实木双开系列、实木雕花系列、实木工艺系列、实木豪华系列、实木玻璃系列等

凹凸造型门　　　　平板门　　　　实木工艺　　　　实木雕花

实木复合门的门芯多以松木、杉木或进口填充材料等黏合而成，外贴密度板和实木木皮，经过高温热压后制成，并且用实木线条封边
实木复合门隔音效果与实木门基本相同

清油门是指外面刷清漆，能直接通过肉眼看到各种实木皮的纹理

实木复合门按制作工艺不同，可分为清油门、混油门

混油系列是指直接在平衡层上做造型后直接喷漆，没有实木纹理

玻璃实木复合门

图 7-1

免漆门表面光滑亮丽、有原木肌理、色彩丰富、有现代感、有个性等

模压木门是以木贴面并且刷"清漆"的木皮板面，保持了木材天然纹理的装饰效果,也可以进行面板拼花。模压门具有防潮、膨胀系数小、抗变形等特点

免漆门

模压木门

免漆门制作工艺：主要是以低档木料做龙骨框架，外用中密板/低密板，表面用免漆PVC贴膜

模压木门的制作工艺：可以采用人造林的木材，经去皮、切片、筛选、研磨成干纤维，拌入酚醛胶（作为黏合剂）和石蜡后，在高温高压下一次模压成型

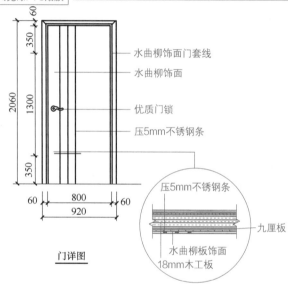

门详图

图 7-1　木门

表 7-1　木门窗

名称	解释
免漆门	（1）免漆门是指不需要再油漆的木门 （2）目前市场上的免漆门多数是指 PVC 贴面门
模压门	模压门是指模压成型的中空门，其是以胶合材、木材为骨架材料，面层为人造板或 PVC 板等经压制胶合或模压成型的中空门
木质复合门窗	木质复合门窗是以各种人造板或以木材和人造板为基材，其表面经涂饰或饰面的门窗
实木复合门窗	（1）实木复合门窗是指实木门窗扇面层覆贴装饰单板（薄木）或以单板层积材制作的门窗 （2）实木复合门的类型：复合玻璃系列、复合时尚系类、复合工艺系列、复合双开系列等 （3）实木复合门具有密度小、重量轻、不易变形、不易开裂、容易控制含水率、保温、耐冲击、阻燃、造型多等特点
实木门窗	实木门窗是指以木材、集成材（含指接材）制作的门窗
原木门	（1）原木门是指以精选的自然改性木材为原料加工制作的木门 （2）原木门，制作的门扇各个部件的材质都是同一树种且内外一致 （3）原木门是实木门的高端系列

7.1.2　原木门与实木门的区别

原木门与实木门的区别主要在于用料、含水率、价格不同，如图 7-2 所示。

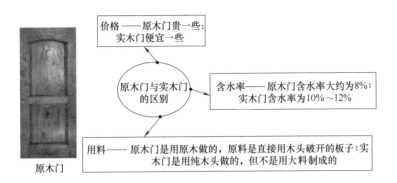

图 7-2　原木门与实木门的区别

防盗门又称防盗安全门。根据材质，防盗门可以分为钢质防盗门、不锈钢防盗门、铝合金防盗门、钢木结构防盗门、铜质防盗门等。新兴材料门包括高分子门、生态门、铝木门、铸铝门等。

7.1.3　木门的结构与门吸

木门的结构与门吸如图 7-3 所示。

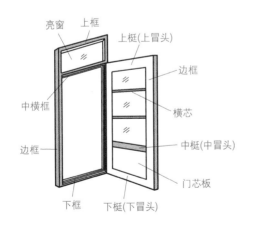

(a) 木门的结构

(b) 门吸

图 7-3　木门的结构与门吸

7.1.4　木门的门型

木门的门型如图 7-4 所示。

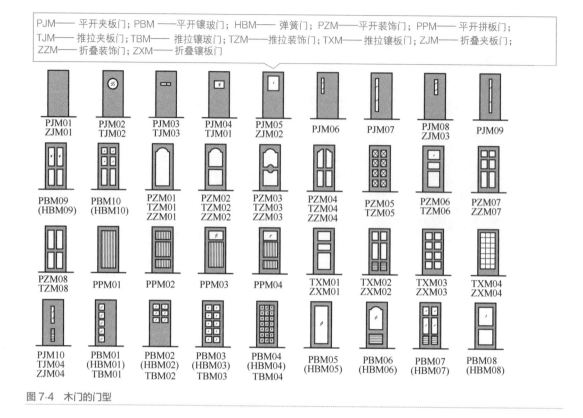

PJM——平开夹板门；PBM——平开镶玻门；HBM——弹簧门；PZM——平开装饰门；PPM——平开拼板门；
TJM——推拉夹板门；TBM——推拉镶玻门；TZM——推拉装饰门；TXM——推拉镶板门；ZJM——折叠夹板门；
ZZM——折叠装饰门；ZXM——折叠镶板门

图 7-4　木门的门型

7.1.5　蜂窝全板板门的选型与规格

蜂窝全板板门的选型与规格如图 7-5 所示。

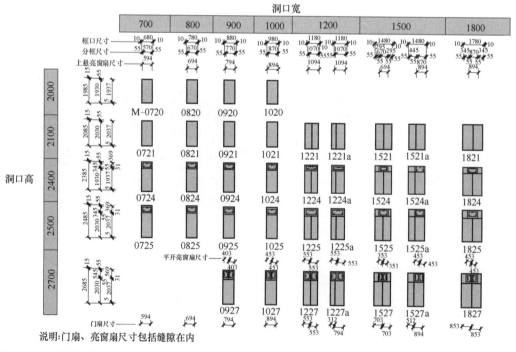

图 7-5　蜂窝全板板门的选型与规格

7.1.6 夹板门、植物芯全板板门的选型与规格

夹板门、植物芯全板板门的选型与规格如图 7-6 所示。

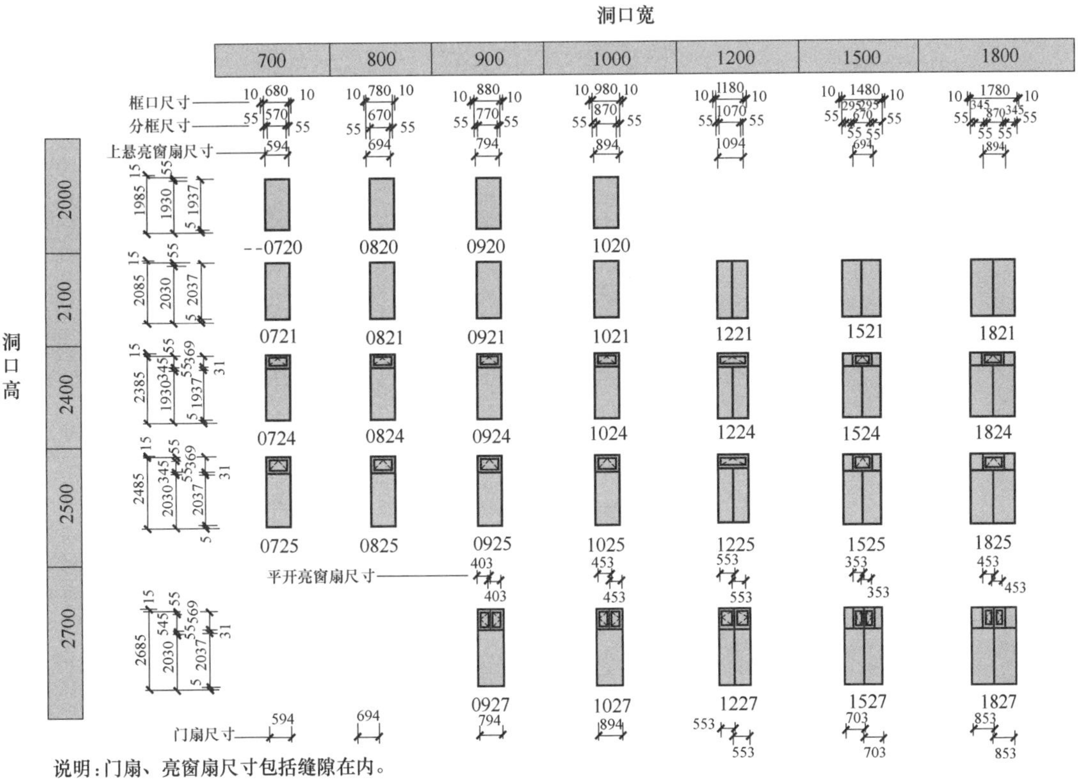

图 7-6　夹板门、植物芯全板板门的选型与规格

7.1.7 上挂式推拉门的选型与规格

上挂式推拉门的选型与规格如图 7-7 所示。

7.1.8 工艺门皮样式

工艺门皮样式如图 7-8 所示。

7.1.9 装修门样式

装修门样式如图 7-9 所示。

7.1.10 门扇骨架的特点与结构

门扇骨架特点与结构如图 7-10 所示。

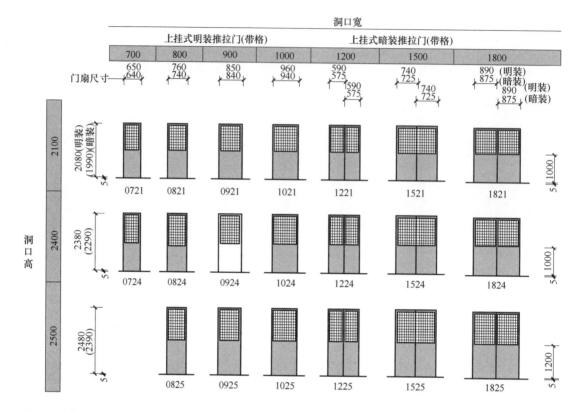

图7-7 上挂式推拉门的选型与规格

图7-8 工艺门皮样式

7.1.11 门窗套的特点、分类与结构

门窗套是在门框的基础上发展而成的。门窗套是指将安装门后剩余的墙壁包起来，以起到美观、对墙壁保护等作用，如图7-11所示。

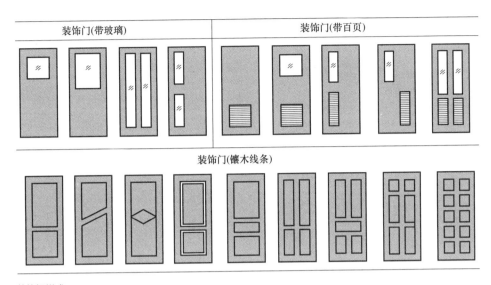

图 7-9   装修门样式

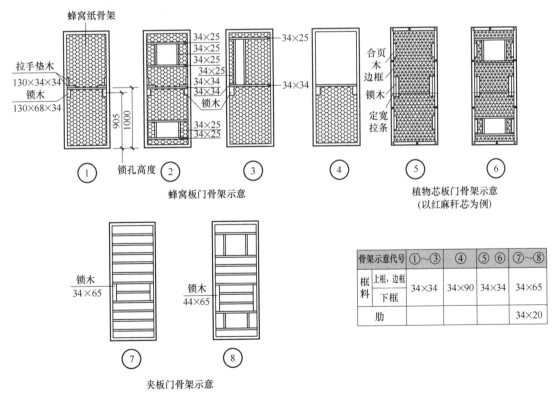

图 7-10   门扇骨架特点与结构

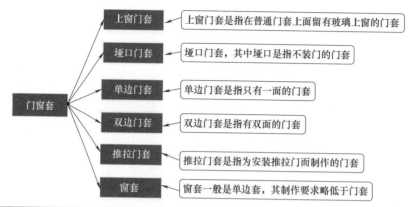

根据制作工艺不同，门窗套可以分为现场制作、工厂制作等类型
根据选材不同，门窗套可以分为实木套、复合套等类型
复合门窗套大多由底层、面层等组成
实木套 大多由一种实木制作而成

门窗套的制作材料，家装中大部分以木材为主，
少数使用金属材料、塑钢材料

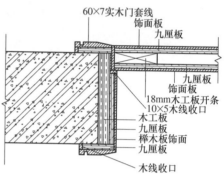

门及门套剖面

门窗套实物

门套实物结构

图 7-11　门窗套

7.1.12　门套包边的类型

门套包边的类型有单包、双包等，如图 7-12 所示。

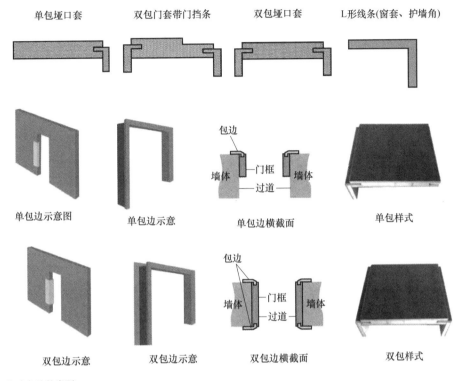

图 7-12　门套包边的类型

7.1.13　套线的类型

套线的类型如图 7-13 所示。

(a) 木塑实心套线　　　　　　(b) 木塑空心套线　　　　　　(c) 生态实木套线

图 7-13　套线的类型

7.1.14　50mm 宽实木门套线的样式与图例

50mm 宽实木门套线的样式与图例如图 7-14 所示。

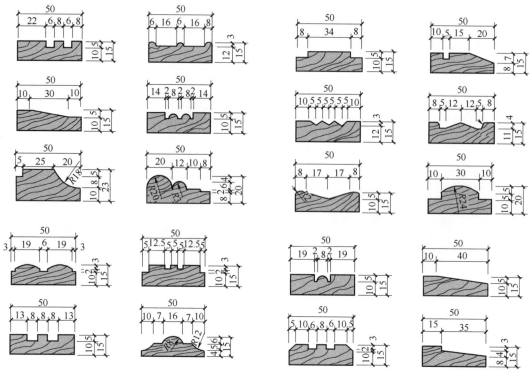

图 7-14　50mm 宽实木门套线的样式与图例

7.1.15　80mm 宽实木门套线的样式与图例

80mm 宽实木门套线的样式与图例如图 7-15 所示。

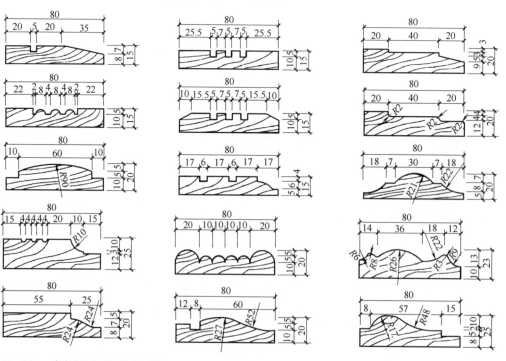

图 7-15　80mm 宽实木门套线的样式与图例

7.1.16　门套底衬板的特点与应用

复合门套一般由底衬板、饰面板组成。根据材料不同，底衬板分为细木工板、密度板、刨花板、三聚氰胺板等，如图 7-16 所示。

常见复合门套底衬板与饰面板的规格
有1220mm×2440mm等
底衬板的厚度有18mm、15mm、12mm等

图 7-16　门套底衬板

7.1.17　木门窗木压条、木贴脸的样式与图例

木门窗木压条、木贴脸的样式与图例如图 7-17 所示。

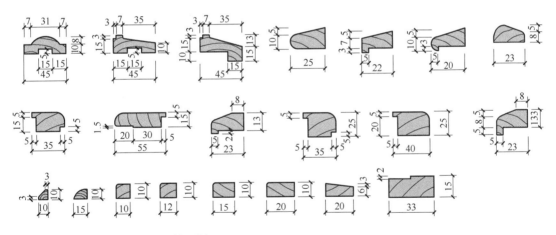

图 7-17　木门窗木压条、木贴脸的样式与图例

7.1.18　木门外框的模数与优先尺寸

木门外框的模数与优先尺寸见表 7-2。

表 7-2　木门外框的模数与优先尺寸

分类		主要模数	优先尺寸 /mm
卧室门	高度	1M	2000、2100、2200、2400
	宽度	1M、3M	900、1000

分类		主要模数	优先尺寸 /mm
厨房门	高度	1M	2000、2100、2200、2400
	宽度	1M、3M	800、900、1200、1500
卫生间门，阳台门（单扇）	高度	1M	2000、2100、2200、2400
	宽度	1M、M/2	700、750、800
户门	高度	1M	2000、2100、2200、2400
	宽度	1M、3M	1000、1200、1500
起居室门	高度	1M	2000、2100、2200、2400
	宽度	1M、3M	900、1000、1500

7.1.19　木窗外框的模数与优先尺寸

木窗外框的模数与优先尺寸见表 7-3。

表 7-3　木窗外框的模数与优先尺寸

分类	主要模数	优先尺寸 /mm
高度	3M	600、900、1200、1500、1800
宽度		

7.1.20　门洞的测量与定制尺寸门的确定

门洞的测量与定制尺寸门的确定如图 7-18 所示。

误差不超过1cm;
建议在门洞净尺寸基础上，报定制时的高、宽各缩到0.3～0.5cm，方便安装

门洞高度
预留贴瓷砖的空间取最小值

门洞厚度
取最大值

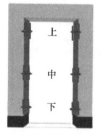

门洞宽度
取最小值

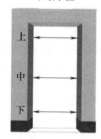

测量门洞的高度
选取三个以上的测量点进行垂直测量，选取最短为准。需预留出地面铺装材料厚度

测量门洞的厚度
左右各选取三个以上的测量点进行水平测量，选择最小值为准
注意墙面是否需要装修瓷砖等,需要增加装修材料的厚度

测量门洞的宽度
选取三个以上的测量点进行水平测量，选择最小值为准

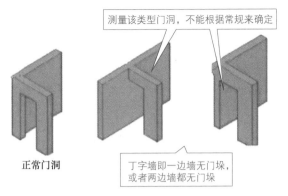

正常门洞

测量该类型门洞，不能根据常规来确定

丁字墙即一边墙无门垛，
或者两边墙都无门垛

图 7-18　门洞的测量与定制尺寸门的确定

7.1.21　民用建筑门窗洞口定位线位置

民用建筑门窗洞口定位线位置如图 **7-19** 所示。

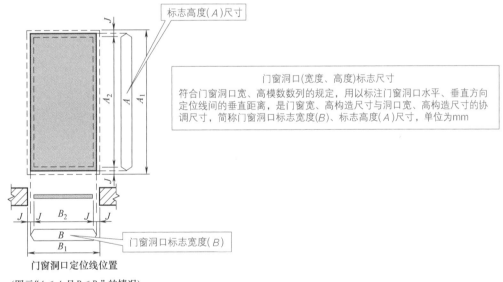

门窗洞口和门窗的宽、高构造尺寸，根据洞口宽、高定位线的不同位置，
分别有大于、等于或小于门窗洞口宽、高标志尺寸三种情况

标志高度(A)尺寸

门窗洞口(宽度、高度)标志尺寸

符合门窗洞口宽、高模数数列的规定，用以标注门窗洞口水平、垂直方向
定位线间的垂直距离，是门窗宽、高构造尺寸与洞口宽、高构造尺寸的协
调尺寸，简称门窗洞口标志宽度(B)、标志高度(A)尺寸，单位为mm

门窗洞口标志宽度(B)

门窗洞口定位线位置

(图示"$A < A_1$ 且 $B < B_1$"的情况)

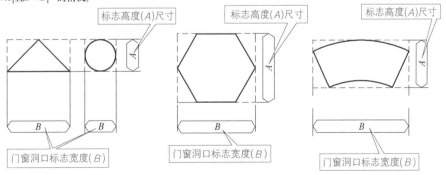

标志高度(A)尺寸　　标志高度(A)尺寸　　标志高度(A)尺寸

门窗洞口标志宽度(B)　　门窗洞口标志宽度(B)　　门窗洞口标志宽度(B)

非矩形门窗洞口定位线位置

图 7-19

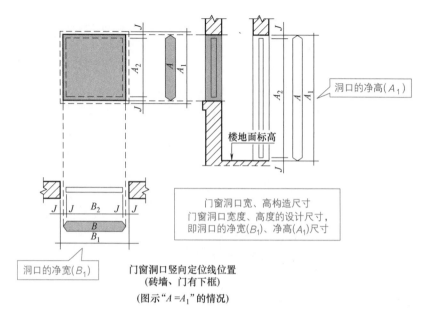

门窗洞口宽、高构造尺寸
门窗洞口宽度、高度的设计尺寸，
即洞口的净宽(B_1)、净高(A_1)尺寸

洞口的净宽(B_1)

门窗洞口竖向定位线位置
（砖墙、门有下框）
（图示"$A=A_1$"的情况）

门窗安装构造缝隙尺寸
门窗宽、高构造尺寸和门窗洞口宽、高构
造尺寸分别与洞口宽、高定位线之间装配
空间尺寸的总称，符号为J

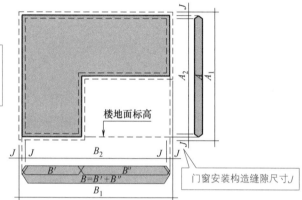

门窗安装构造缝隙尺寸J

连窗门洞口定位线位置
（图示"$A<A_1$且$B<B_1$"的情况）

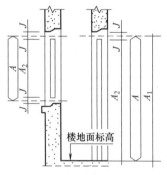

门窗洞口宽、高定位线
门窗洞口宽、高标志尺寸的位置线，即协调
门窗与洞口之间相互位置的基准

门窗洞口竖向定位线位置
（墙板、门无下框）
（图示"$A=A_1$"的情况）

门窗洞口和门窗的宽、高构造尺寸，分别以门窗洞口宽、高定位线为基准，按门窗
安装形式(平接、槽接、搭接)、安装方法(干法、湿法)和安装构造缝隙确定

门窗洞口和门窗的宽、高构造尺寸，应根据门窗与洞口间不同安装形式、安装方法，以及洞口墙体表面装饰层材料尺寸和门窗安装构造缝隙尺寸确定 (干法安装应考虑附框尺寸；湿法安装应考虑门窗框与洞口间的填塞缝隙)

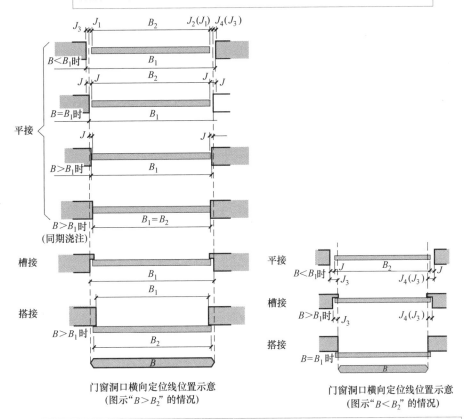

门窗洞口横向定位线位置示意
(图示"$B>B_2$"的情况)

门窗洞口横向定位线位置示意
(图示"$B<B_2$"的情况)

门窗干法安装是指墙体门窗洞口预先安置附加金属外框并对墙体缝隙进行填充、防水密封处理，在墙体洞口表面装饰湿作业完成后，将门窗固定在金属附框上的安装方法
门窗湿法安装是指将门窗直接安装在未经表面装饰的墙体门窗洞口上，在墙体表面湿作业装饰时对门窗洞口间隙进行填充和防水密封处理的安装方法

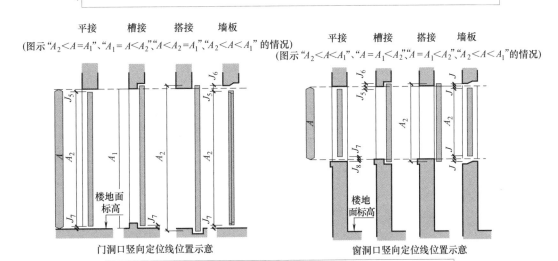

门洞口竖向定位线位置示意

窗洞口竖向定位线位置示意

洞口墙体表面装饰层处于门窗洞口和门窗框分别与洞口定位线间的装配空间中
(洞口与标志尺寸间的安装构造缝隙与门窗及标志尺寸间的安装构造缝隙之和)

图 7-19 民用建筑门窗洞口定位线位置

7.1.22　洞口与木门边框的间隙

洞口与木门边框的间隙见表 7-4。

表 7-4　洞口与木门边框的间隙

墙体饰面层材料	间隙 /mm
墙体外饰面贴釉面瓷砖	20 ～ 25
墙体外饰面贴大理石或花岗岩板	40 ～ 50
清水墙	10
墙体外饰面抹水泥砂浆	15 ～ 20
墙体外饰面贴马赛克	10 ～ 20

7.1.23　平开门五金应用数量

平开门五金应用参考数量见表 7-5。

表 7-5　平开门五金应用参考数量

五金	规格/mm	夹板门		镶玻门		装饰门		弹簧门		拼板门		亮子
		单扇	双扇	单扇	双扇	单扇	双扇	单扇	双扇	单扇	双扇	
插销	100											1
	150		2									
	250										2	
暗插销	200				2		2		2			
拉手	150	2	4			2	4	2	4	2	4	
底板拉手	200			2	4							
执手插销		1	1	1	1	1	1					
弹子门锁										1	1	
弹子插销				1	1			1	1			
风钩	200											2
地弹簧								1	2			
普通铰链	75											2
	100	3	6			3	6					
	125			3	6							
	150									3	6	
单面弹簧铰链	150	2	4	2	4	2	4			2	4	

注：1. 夹板门、镶玻门、装饰门、拼板门如采用单面弹簧铰链，应减去普通铰链的数量；反之采用普通铰链者，应减去单面弹簧铰链的数量。

2. 镶玻门如采用执手插销者应减去底板拉手和弹子插销的数量；反之采用底板拉手和弹子插销者，应减去执手插销的数量。

7.1.24　平开门的安装

平开门的安装如图 7-20 所示。

7.1.25　78mm 系列内平开下悬木窗节点

78mm 系列内平开下悬木窗节点如图 7-21 所示。

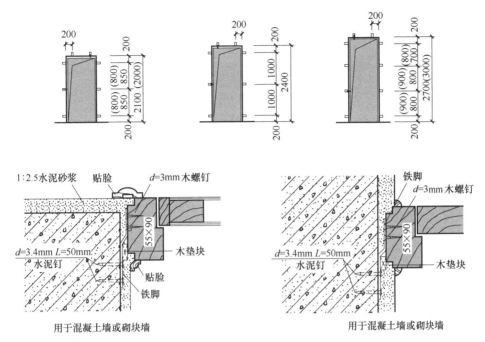

图 7-20　平开门的安装

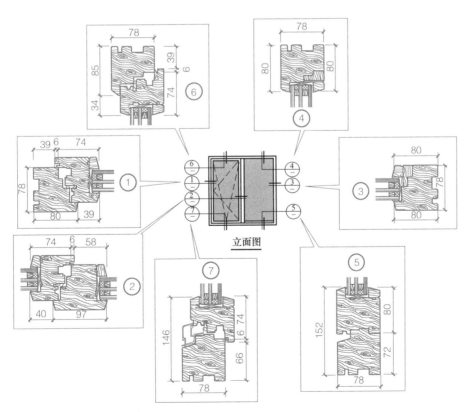

图 7-21　78mm 系列内平开下悬木窗节点

7.1.26 78mm 系列内平开下悬木窗安装节点

78mm 系列内平开下悬木窗安装节点如图 7-22 所示。

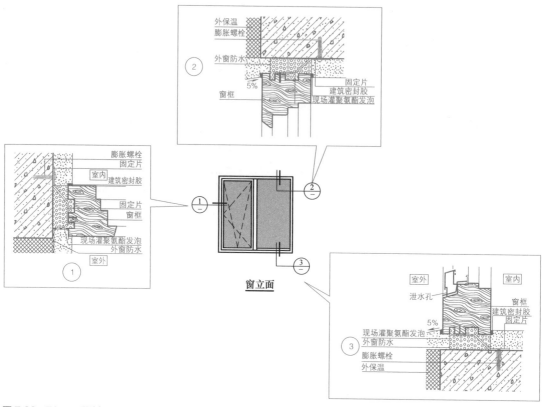

图 7-22　78mm 系列内平开下悬木窗安装节点

7.1.27 木门窗成品的尺寸允许偏差

木门窗成品的尺寸允许偏差见表 7-6。

表 7-6　木门窗成品的尺寸允许偏差

成品名称	Ⅰ（高）级 /mm			Ⅱ（中）级 Ⅲ（普）级 /mm			备注
	高	宽	厚	高	宽	厚	
木门窗框	±2	+2 −1	±1	±2	±2	±1	以里口尺寸计算
木门扇（含装木围条的夹板门扇）	+2 −1	+2 −1	±1	±2	+2 −1	±1	以外口尺寸计算
木窗扇、亮窗扇	+2 −1	+2 −1	±1	±2	+2 −1	±1	以外口尺寸计算

注：高度超过 2500mm 的厂房木门扇，高和宽度允许偏差可放宽至 ±5mm。

7.1.28 木门窗制作的允许偏差

木门窗制作的允许偏差见表 7-7。

表 7-7　木门窗制作的允许偏差

项目		允许偏差 /mm			检验法
		Ⅰ级	Ⅱ级	Ⅲ级	
胶合板门扇在 1m² 内平整度		2		3	用 1m 靠尺和楔形尺检查
宽、高	框	+10		+0	尺量检查，框量内裁口扇量外缘
		−1		−2	
	扇	−1		+2	
		−0		−0	
裁口线条和结合处高差（框扇）		0.5		1	用直尺和楔形塞尺检查
扇的冒头或梃子对水平线		±1		±2	尺量检查
翘曲	框	3		4	将框扇平卧在检查平台上，用楔形塞尺检查
	扇	2		3	
对角线长度差（框、扇）		2		3	尺量检查，框量裁口里角，扇量外角

注：装饰门只有Ⅰ、Ⅱ级。

7.1.29　木门窗安装质量要求

木门窗安装质量要求见表 7-8。

表 7-8　木门窗安装质量要求

项目	项目类型	要求	检验法
木门窗表面要求	一般项目	木门窗表面要洁净，不得出现锤印、刨痕等异常现象	可以采用观察法检查
木门窗的防腐、防火、防虫要求	主控项目	要符合有关设计、标准、规定等要求	（1）可以采用观察法检查 （2）检查材料进场验收记录
木门窗的品种、类型、规格、尺寸、开启方向、安装位置、连接方式、性能	主控项目	要符合有关设计、标准、规定等要求	（1）可以采用观察法检查 （2）尺量来检查 （3）检查合格证书、性能检验报告、进场验收记录、复验报告 （4）检查隐蔽工程验收记录
木门窗割角拼缝要求、裁口要求、刨面要求	一般项目	（1）木门窗割角拼缝要严密平整 （2）刨面要平整 （3）门窗框、扇裁口要顺直	可以采用观察法检查
木门窗框安装要求、预埋木砖处理要求、木门窗框的要求	主控项目	（1）安装要牢固 （2）预埋木砖要做防腐处理 （3）木门窗框固定点数量、定点位置、定点固定方法要符合有关设计、标准、规定等要求	（1）可以采用观察法检查 （2）检查隐蔽工程验收记录、施工记录 （3）手扳进行检查
木门窗木材要求	主控项目	木门窗要采用烘干的木材，并且含水率、饰面质量等要符合有关设计、标准、规定等要求	检查材料进场验收记录、性能检验报告、复验报告
木门窗配件的要求	主控项目	（1）木门窗配件的型号、规格、数量要符合有关设计、标准、规定等要求 （2）安装要牢固 （3）安装位置要正确	（1）可以采用观察法检查 （2）开启和关闭进行检查 （3）手扳进行检查

续表

项目	项目类型	要求	检验法
木门窗批水、盖口条、压缝条、密封条要求	一般项目	（1）安装要顺直 （2）与门窗结合要严密牢固	（1）可以采用观察法检查 （2）手扳进行检查
木门窗扇安装要求	主控项目	木门窗扇要安装牢固、灵活、关闭严密、无倒翘等异常现象	（1）可以采用观察法检查 （2）手扳进行检查 （3）开启和关闭进行检查
木门窗上槽孔要求	一般项目	木门窗上槽孔要边缘整齐，无毛刺现象	可以采用观察法检查
木门窗与墙体间的缝隙要求	一般项目	（1）木门窗与墙体间的缝隙要填嵌饱满 （2）严寒、寒冷地区的外门窗或门窗框，与砌体间的空隙要填充保温材料	（1）轻敲门窗框进行检查 （2）检查隐蔽工程验收记录、施工记录

7.1.30 地面做法的木门扇高度

地面做法的木门扇高度见表 7-9。

表 7-9　地面做法的木门扇高度

楼地面材料	门扇高 /mm	楼地面材料	门扇高 /mm
大理石、花岗岩	门框口高 -30	水泥砂浆	门框口高 -5
单层实铺木地板	门框口高 -（25 ～ 30）	现浇水磨石	门框口高 -20

7.1.31 门套的安装

门套的安装如图 7-23 所示。

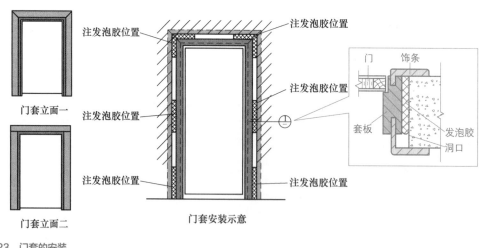

图 7-23　门套的安装

7.1.32 门窗套安装的允许偏差和检验法

门窗套制作与安装工程的主控项目、一般项目的一些质量要求与检验法可以参考其他工程。门窗套安装的允许偏差和检验法见表 7-10。

表 7-10　门窗套安装的允许偏差和检验法

项目	允许偏差 /mm	检验法
正、侧面垂直度	3	可以用 2m 垂直检测尺检查
门窗套上口水平度	1	可以用 1m 水平检测尺和塞尺检查
门窗套上口直线度	3	可以拉 5m 线，不足 5m 拉通线，用钢直尺检查

7.1.33　弹簧铰链的选型

弹簧铰链的选型见表 7-11。

表 7-11　弹簧铰链的选型

弹簧铰链 规格 /mm	单弹簧铰链		双弹簧铰链	
	门扇质量 /kg	门扇宽度 /mm	门扇质量 /kg	门扇宽度 /mm
75	12 ～ 15	600 ～ 700	10 ～ 12	600 ～ 700
100	17 ～ 20	600 ～ 800	12 ～ 16	600 ～ 750
125	20 ～ 30	700 ～ 900	20 ～ 25	650 ～ 750
150	30 ～ 35	750 ～ 900	25 ～ 30	650 ～ 750
200	40 ～ 50	750 ～ 900	30 ～ 35	750 ～ 900
250	50	900	35 ～ 40	750 ～ 900

注：1. 门扇的质量或宽度有一项超过本表规定时，应选用较大一号铰链。

2. 弹簧门均为双向，如需用单向弹簧门，可选用单向弹簧铰链，门框裁口同普通门框裁口，门扇裁口均为单裁口。

7.1.34　闭门器的选型

闭门器的选型见表 7-12。

表 7-12　闭门器的选型

开启力矩 /N·m	关闭力矩 /N·m	适用质量 /kg
30 以下	5 以上	15 ～ 30
45 以下	10 以上	25 ～ 45
60 以下	15 以上	40 ～ 65
80 以下	25 以上	60 ～ 85
100 以下	35 以上	80 ～ 120

7.1.35　木门窗安装允许偏差、留缝宽度

木门窗安装允许偏差、留缝宽度见表 7-13。

表 7-13　木门窗安装允许偏差、留缝宽度

项目		允许偏差 /mm			检验法
		Ⅰ级	Ⅱ级	Ⅲ级	
框与扇上缝留缝宽度		1.0 ～ 1.5			用楔形塞尺检查
窗扇与下框间留缝宽度		2 ～ 3			
门扇与地面间 留缝宽度	外门	4 ～ 5			
	内门	5 ～ 8			
	卫生间门	10 ～ 12			
	厂房大门	10 ～ 20			
门扇与下框间 留缝宽度	外门	4 ～ 5			
	内门	3 ～ 5			
框的正、侧面垂直度			3		用 1m 托线板检查
框对角线长度差		2	3		尺量检查
框与扇、扇与扇接触处高低差			2		用直尺和楔形尺检查
门窗扇对口和扇与框间留缝宽度		1.5 ～ 2.5			用楔形塞尺检查

注：装饰门只有 Ⅰ级、Ⅱ级。

7.2　移门

7.2.1　移门的特点和分类

移门又称可移动隔断、轨道隔断、活动隔墙、移动隔断、移动隔音墙等。移门具有障蔽间隔、艺术美化等作用。

移门包括常规推拉门、玻璃折叠门、常规折叠门、玻璃推拉门、活动隔断等类型。常规推拉门是指除玻璃材料外的常见材料（例如金属门、木框门、木门、金属框门等），其导轨连接件不与玻璃直接接触的一种移门。

常规推拉门分为带地轨的常规推拉门、带吊轨的常规推拉门、地轨吊轨结合的常规推拉门。

根据安装位置、款式，移门的分类如图7-24所示。

隔断门包括客厅隔断门、厨房隔断门、阳台隔断门、卫生间隔断门等。壁柜门包括百叶壁柜门、板材壁柜门、烤漆壁柜门、烤瓷壁柜门等。

根据安装位置不同，移门分为隔断门、壁框门等

隔断门

图 7-24　移门的分类

7.2.2　地轨移门的组成与吊轨移门的比较

地轨移门的组成与吊轨移门的比较如图7-25所示。

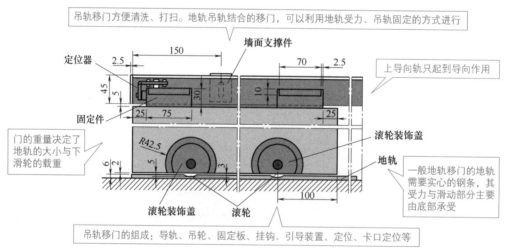

吊轨移门方便清洗、打扫。地轨吊轨结合的移门，可以利用地轨受力、吊轨固定的方式进行

墙面支撑件

定位器

上导向轨只起到导向作用

固定件

门的重量决定了地轨的大小与下滑轮的载重

滚轮装饰盖

地轨

一般地轨移门的地轨需要实心的钢条，其受力与滑动部分主要由底部承受

滚轮装饰盖　　滚轮

吊轨移门的组成：导轨、吊轮、固定板、挂钩、引导装置、定位、卡口定位等

图 7-25　地轨移门的组成与吊轨移门的比较

7.2.3　滑动门的特点与规格

滑动门又称为推拉门（图7-26），其主要安装在阳台、厨房、卫生间、隔断等部位。衣柜也可以采用推拉门。推拉门，开门的方向是来回推拉，不像木门推开时呈扇形，占地空间较大。因此在一些空间较紧促的地方，可以考虑安装推拉门。

图 7-26　推拉门

　　根据结构不同，推拉门可以分为滑轨、门框、门框中的主板等结构滑轨、门框有采用铝镁合金材质的。主板有采用玻璃、免漆板等。

　　推拉门型材的宽窄，有 40mm、50mm、60mm、80mm 等。

　　推拉门型材的厚度，有 0.8mm、1mm、1.2mm 等。

　　选择型材时，要注意型材的厚度。

 **知识贴士**

移门与推拉门的区别

　　① 用途不同。移门多用作橱柜门、壁柜门、隔断门、衣帽间门、浴室门等。推拉门多用作阳台门、卫生间门、厨房门、入户门等。

　　② 门套与套线的应用。移门仅有隔断功能，一般没有门套、套线。推拉门不仅要求有隔断功能，还要求有密封、保温、隔声等功能，其一般有门套和套线。

　　③ 锁具的应用。移门一般没有锁。推拉门一般要安装锁具。

　　④ 五金滑轮的应用。移门一般上下滑轮齐全。推拉门一般仅有下滑轮。

　　⑤ 型材厚度不同。目前，移门、推拉门多使用铝合金、铝镁钛合金等合金材料做边框材。为此，现代木工应了解一些金属门窗知识。移门所用型材一般比较薄，多为 0.8 ～ 1mm。推拉门的型材最薄的一般为 1mm，厚的可达到 1.8mm。

7.2.4　滑动门的辅件

　　滑动门的辅件包括磁条、防滑条、防撞条、滑轮毛条、面材、锁具等，见表 7-14。

表 7-14　滑动门的辅件

名称	解释
磁条	磁条一般安装在边框与门框的侧面，在边框与门框的侧面先装上两个磁条夹，再将磁性条插在里面，当门关闭时，有良好的密封与隔尘、隔音效果
防滑条	防滑条主要用于玻璃、板材与门的边框、过桥、上下横框的连接位置，是为了使玻璃、板材与边框等配件牢固地结合，以防打滑与起到减震作用
防撞条	防撞条一般贴在边框的侧面，当门与门框相撞时主要起到减震与缓冲等作用
滑轮	（1）滑轮是一个周边有槽，能够绕轴转动的一种小轮 （2）滑轮是整个滑动门的核心配件 （3）滑轮的种类：普通过道门滑轮、新型双子滑轮、重型门滑轮、吊轨门吊轮等
毛条	毛条一般用于壁柜门的两扇门交叉处、上轨空隙处，主要起到使两门间的缝隙更小、隔尘等作用
面材	（1）滑动门的面材有玻璃、藤编、布艺、板材、皮革等材料 （2）滑动门用玻璃——一般为 5 ～ 9mm。好的玻璃，应厚度均匀、纹理清晰、图案美观。烤漆玻璃应喷涂均匀，颜色真实 （3）滑动门用板材—— 一般为 5 ～ 9mm。一般用的板材应是环保认证的刨花板、密度板、三聚氰胺饰面板
锁具	锁具包括插锁、中锁、边锁，主要起到用于门的锁闭等作用

 **知识贴士**

柜门——滑动门的应用

　　柜门是指用在衣柜、书柜、储物柜等柜体上的滑动门。柜门的面材，可以选用玻璃、板材等。玻璃一般以不透明的为主，也可以使用透明玻璃夹布艺或藤编。

7.3 金属门窗

扫码看视频

金属门窗安装
工程施工要点

7.3.1 金属门窗安装工程施工要点

金属门窗安装工程施工要点见表 7-15。

表 7-15 金属门窗安装工程施工要点

名称	解释
划线定位	（1）根据图纸确定门窗安装位置、门窗安装尺寸、有关标高 （2）门窗边线一般是以门窗中线为准向两边量出 （3）门窗的安装标记一般是以门窗边线、水平安装线来确定 （4）门窗的水平安装线可以根据各楼层室内 +50cm 水平线量出
金属门窗的就位	（1）就位前，确定金属门窗规格、型号、开启方向等是否正确 （2）金属门窗放在安装位置，并且用木楔临时固定，以及将铁脚插入预留孔中，然后根据门窗边线、门窗水平线、距外墙皮尺寸等尺寸进行支垫，并且用托线板靠吊垂直 （3）金属门窗就位时，金属门窗框左右缝宽要一致 （4）金属门窗就位时，金属门窗上框距过梁一般有 20mm 缝隙
金属门窗的固定	（1）金属门窗固定前，要校正水平度、正面垂直度、侧面垂直度。然后把上框铁脚与过梁预埋件焊接好，以及把框两侧铁脚插入预留孔内，并且湿润预留孔，再用 C20 细石混凝土填实后抹平 （2）等三天后取出四周木楔，用 1：2 水泥砂浆填实框与墙间的缝隙，然后抹平
金属门窗五金配件的安装	（1）窗扇开启要灵活、关闭要严密 （2）螺孔的螺钉要拧紧 （3）锁安好后要开关灵活

7.3.2 金属门窗安装工程项目检测与质量

金属门窗的品种、类型、规格、尺寸、开启方向、安装位置、连接方式、性能；金属门窗框安装要求、预埋件处理要求、门窗框的要求；金属门窗配件的型号、规格、数量；金属门窗型材的表面处理要求；金属门窗排水孔的畅通、位置、数量等要符合有关设计、标准、规定等要求。

金属门窗安装工程一些项目的质量参考要求见表 7-16。

表 7-16 金属门窗安装工程一些项目的质量参考要求

项目	项目类型	要求	检验法
金属门窗表面的要求	一般项目	（1）金属门窗表面要洁净平整、色泽一致 （2）金属门窗表面要无锈蚀、无擦伤、无划痕、无碰伤 （3）金属门窗表面漆膜或保护层要连续	可以采用观察法检查
金属门窗框与墙体间的缝隙要求	一般项目	金属门窗框与墙体间的缝隙要采用密封胶填嵌饱满。密封胶表面要光滑顺直并且无裂纹	（1）可以采用观察法检查 （2）轻敲门窗框检查 （3）检查隐蔽工程验收记录

项目	项目类型	要求	检验法
金属门窗配件要求	主控项目	（1）安装要牢固 （2）位置要正确 （3）功能要满足使用要求	（1）可以采用观察法检查 （2）开启、关闭检查 （3）手扳检查
金属门窗扇安装要求	主控项目	（1）安装要牢固 （2）开关要灵活 （3）关闭要严密、无倒翘 （4）推拉门窗扇要安装防止扇脱落的装置	（1）可以采用观察法来检查 （2）开启、关闭检查 （3）手扳检查
金属门窗扇密封胶条或密封毛条装配要求	一般项目	要平整完好、交角处要平顺	（1）可以采用观察法检查 （2）开启、关闭检查
金属门窗推拉门窗扇开关力要求	一般项目	金属门窗推拉门窗扇开关力一般不大于 50N	可以采用测力计检查

7.3.3　钢门窗安装的留缝限值、允许偏差与检验法

钢门窗安装的留缝限值、允许偏差与检验法，见表 7-17。

表 7-17　钢门窗安装的留缝限值、允许偏差与检验法

项目	留缝限值/mm	允许偏差/mm	检验法
门窗槽口对角线长度差（＞2000mm）	—	4	可以用钢卷尺检查
门窗槽口对角线长度差（≤2000mm）	—	3	可以用钢卷尺检查
门窗槽口宽度、高度（＞1500mm）	—	3	可以用钢卷尺检查
门窗槽口宽度、高度（≤1500mm）	—	2	可以用钢卷尺检查
门窗横框标高		5	可以用钢卷尺检查
门窗横框的水平度	—	3	可以用 1m 垂直检测尺检查
门窗框、扇配合间距	≤2	—	可以用塞尺检查
门窗框的正、侧面垂直度	—	3	可以用 1m 垂直检测尺检查
门窗竖向偏离中心	—	4	可以用钢卷尺检查
平开门窗框扇搭接宽度（窗）	≥4		可以用钢直尺检查
平开门窗框扇搭接宽度（门）	≥6		可以用钢直尺检查
双层门窗内外框间距	—	5	可以用钢卷尺检查
推拉门窗框扇搭接宽度（窗）	≥6		可以用钢直尺检查
无下框时门扇与地面间留缝	4～8	—	可以用塞尺检查

7.3.4　涂色镀锌钢板门窗安装允许偏差、检验法

涂色镀锌钢板门窗安装允许偏差、检验法见表 7-18。

表 7-18　涂色镀锌钢板门窗安装允许偏差、检验法

项目	允许偏差/mm	检验法
门窗槽口对角线长度差（＞2000mm）	5	可以用钢卷尺检查
门窗槽口对角线长度差（≤2000mm）	4	可以用钢卷尺检查
门窗槽口宽度、高度（＞1500mm）	3	可以用钢卷尺检查

续表

项目	允许偏差 /mm	检验法
门窗槽口宽度、高度（≤1500mm）	2	可以用钢卷尺检查
门窗横框标高	5	可以用钢卷尺检查
门窗横框的水平度	3	可以用 1m 水平尺和塞尺检查
门窗框的正、侧面垂直度	3	可以用 1m 垂直检测尺检查
门窗竖向偏离中心	5	可以用钢卷尺检查
双层门窗内外框间距	4	可以用钢卷尺检查
推拉门窗扇与框搭接宽度	2	可以用钢直尺检查

7.3.5　铝合金门的力学性能项目

铝合金门的力学性能项目见表 7-19。

表 7-19　铝合金门的力学性能项目

项目	平开旋转类		推拉平移类			折叠类	
	平开（合页）	平开（地弹簧）	推拉	提升推拉	推拉下悬	折叠平开	折叠推拉
启闭力	√	√	√	√	√	√	√
耐软重物撞击性能	√	√	√	√	√		√
耐垂直荷载性能	√	√	—	—	—		√
抗静扭曲性能	√	√	—	—	—		√
抗扭曲变形性能	—	—	√	√	√	—	—
抗对角线变形性能	—	—	√	√	√	—	—
抗大力关闭性能	√	—	—	—	—	—	—

注："√"表示要求；"—"表示不要求。

知识贴士

根据型材挤压后的加工工艺，铝合金型材可以分为氧化电泳、静电粉末喷涂、氟碳喷涂等种类。铝合金型材比较通用的系列为 80 系列、60 系列等。

① 80 系列是指铝合金型材边框的宽度为 80mm。

② 60 系列是指铝合金型材边框的宽度为 60mm。

7.3.6　铝合金窗的力学性能项目

铝合金窗的力学性能项目见表 7-20。

表 7-20　铝合金窗的力学性能项目

项目	平开旋转类								推拉平移类				折叠类
	内平开（合页）	滑轴平开	外开上悬	内开下悬	滑轴上悬	中悬	内平开下悬	立转	推拉	提升推拉	提拉	推拉下悬	折叠推拉
抗大力关闭性能	√	—	√	√		√	√	—	—	—	—	—	—
开启限位抗冲击性能	√	√	√	√	√	√	√	—	—	—	—	—	—
撑档定位耐静荷载性能	√	—	√	—	—	√	√	—	—	—	—	—	—
启闭力	√	√	√	√	√	√	√	√	√	√	√	√	√

项目	平开旋转类								推拉平移类				折叠类
	内平开（合页）	滑轴平开	外开上悬	内开下悬	滑轴上悬	中悬	内平开下悬	立转	推拉	提升推拉	提拉	推拉下悬	折叠推拉
耐垂直荷载性能	√	√	—	—	—	—	√	√	—	—	—	—	—
抗扭曲变形性能	—	—	—	—	—	—	—	—	√	√	√	—	—
抗对角线变形性能	—	—	—	—	—	—	—	—	√	√	√	—	—

注："√"表示要求；"—"表示不要求。

7.3.7　铝合金门窗及框扇装配尺寸偏差

铝合金门窗及框扇装配尺寸偏差见表 7-21。

表 7-21　铝合金门窗及框扇装配尺寸偏差

项目	尺寸范围 /mm	允许偏差 /mm	
		门	窗
门窗宽度、高度构造尺寸	≤ 2000	± 1.5	
	> 2000 ~ 3500	± 2.0	
	> 3500	± 2.5	
门窗宽度、高度构造尺寸对边尺寸差	≤ 2000	≤ 2.0	
	> 2000 ~ 3500	≤ 2.5	
	> 3500	≤ 3.0	
对角线尺寸差	≤ 2500	± 2.5	
	> 2500	± 3.5	
门窗框与扇搭接宽度	—	± 2.0	± 1.0
框、扇杆件接缝高低差	相同截面型材	≤ 0.3	
	不同截面型材	≤ 0.5	
框、扇杆件装配间隙	—	≤ 0.3	

7.3.8　铝合金门窗安装允许偏差与检验法

铝合金门窗是采用铝合金建筑型材制作框、扇杆件结构的门、窗总称。铝合金门窗安装允许偏差与检验法见表 7-22。

表 7-22　铝合金门窗安装允许偏差与检验法

项目	允许偏差 /mm	检验法
门窗槽口对角线长度差（> 2500mm）	5	可以用钢卷尺检查
门窗槽口对角线长度差（≤ 2500mm）	4	可以用钢卷尺检查
门窗槽口宽度、高度（> 2000mm）	3	可以用钢卷尺检查
门窗槽口宽度、高度（≤ 2000mm）	2	可以用钢卷尺检查
门窗横框标高	5	可以用钢卷尺检查
门窗横框的水平度	2	可以用 1m 水平尺和塞尺检查
门窗框的正、侧面垂直度	2	可以用 1m 垂直检测尺检查
门窗竖向偏离中心	5	可以用钢卷尺检查
双层门窗内外框间距	4	可以用钢卷尺检查
推拉门窗扇与框搭接宽度（窗）	1	可以用钢直尺检查
推拉门窗扇与框搭接宽度（门）	2	可以用钢直尺检查

第 **8** 章

家具制作

8.1 家具制作的基础与常识

8.1.1 家具基材与木板、人造板基材的类型

家具基材与木板、人造板基材的类型如图 8-1 所示。

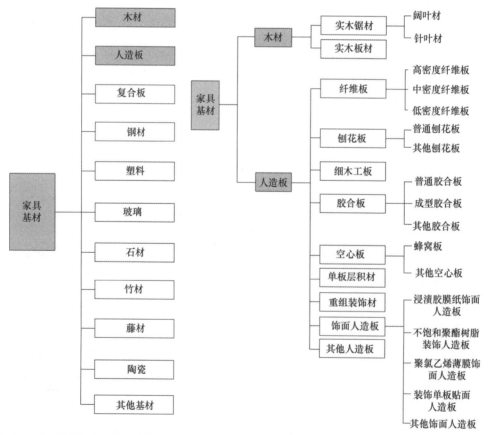

图 8-1 家具基材与木板、人造板基材的类型

8.1.2　家具五金配件的分类

家具五金配件的分类如图 8-2 所示。

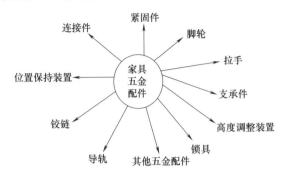

图 8-2　家具五金配件的分类

8.1.3　家具包覆材料的分类

家具包覆材料的分类如图 8-3 所示。

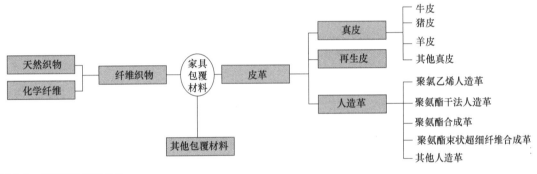

图 8-3　家具包覆材料的分类

8.1.4　家具贴面与封边材料的分类

家具贴面与封边材料的分类如图 8-4 所示。

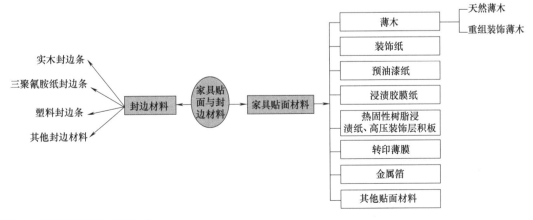

图 8-4　家具贴面与封边材料的分类

8.1.5 家具用涂料的分类

家具用涂料的分类如图 8-5 所示。

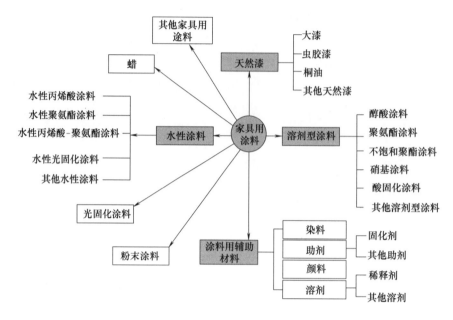

图 8-5 家具用涂料的分类

8.1.6 家具用胶黏剂的分类

家具用胶黏剂的分类如图 8-6 所示。

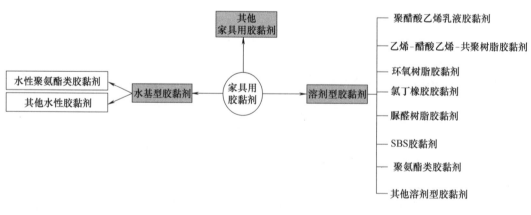

图 8-6 家具用胶黏剂的分类

8.1.7 家具填充材料的分类

家具填充材料的分类如图 8-7 所示。

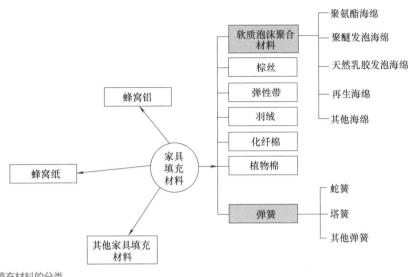

图 8-7　家具填充材料的分类

8.1.8　活动轮的特点与应用

活动轮（图 8-8）常用于主机座、推柜等。主机座的活动轮一般是配 4 个不带刹车的活动轮。推柜一般是配 2 个带刹车与 2 个不带刹车的活动轮。

8.1.9　家具的线脚

线脚是指家具中部件截断面边缘线的造型线式，通过线的高低形成的阳线、阴线，以及面高低形成的凸面、凹面进行显示。

线脚可以分为上下不对称、上下对称等类型，具体断面种类如图 8-9 所示。

(a) 4in 活动轮　　　　(b) 带刹车的活动轮

图 8-8　活动轮

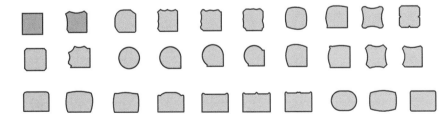

图 8-9　家具的线脚断面种类

8.1.10　家具用木制零件断面尺寸

家具用木制零件断面尺寸分别见表 8-1 和表 8-2。

表 8-1　家具甲组木制零件断面尺寸

厚度/mm	宽度/mm									
	20	25	30	35	40	45	50	55	60	65
10	○	○	○							
12	○	○	○	○						
15	○	○	○	○	○					
18	○	○	○	○	○	○	○			
20	○	○	○	○	○	○	○	○		
22	○	○	○	○	○	○	○	○	○	
25		○	○	○	○	○	○	○	○	
30			○	○	○	○	○	○	○	
35				○	○	○	○	○		
40					○	○	○			
45						○	○	○	○	
50							○	○	○	
55								○		
60									○	
65										○

注："○"表示可选用的木制零件断面尺寸。

表 8-2　家具乙组木制零件断面尺寸

厚度/mm	宽度/mm									
	19	24	29	34	42	47	52	60	70	80
9	○	○	○							
13	○	○	○	○	○					
16			○	○	○					
19	○		○	○	○	○	○			
24		○	○	○	○	○	○			
29			○	○	○	○	○	○		
34				○	○	○	○	○		
42					○	○	○	○		
45						○	○	○		
52							○	○	○	○

注："○"表示可选用的木制零件断面尺寸。

8.1.11　木家具的分类

木家具的分类如图 8-10 所示。

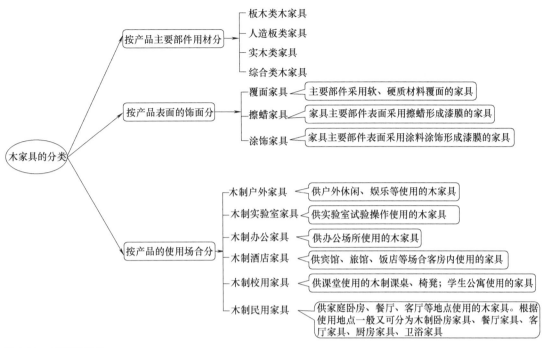

图 8-10　木家具的分类

8.1.12　木家具的主要部件

木家具的主要部件如图 8-11 所示。

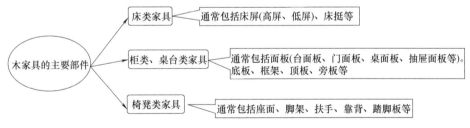

图 8-11　木家具的主要部件

传统木工家具制作主要涉及开料、选料、开榫做卯、组装等工艺。

8.1.13　木质贴脸板宽度的模数与优先尺寸

木质贴脸板宽度的模数与优先尺寸见表 8-3。

表 8-3　木质贴脸板宽度的模数与优先尺寸

分类	主要模数	优先尺寸 /mm
宽度	M/5	60、80

8.1.14 木家具的主要尺寸与允许偏差

木家具的主要尺寸与允许偏差见表 8-4。

表 8-4 木家具的主要尺寸与允许偏差

项目		要求 /mm		
柜类主要尺寸	衣柜	挂衣棍上沿至底板内表面间距		挂长衣≥ 1400
				挂短衣≥ 900
		挂衣空间深度≥ 530（测量方向应与挂衣棍垂直）		
		折叠衣物放置空间深≥ 450		
		挂衣棍上沿至顶板内表面距离≥ 40		
	文件柜	净深≥ 245		
		层间净高≥ 330		
床类主要尺寸	单层床	床铺面长：1900 ～ 2220		
		床铺面宽：单人床 700 ～ 1200，双人床 1350 ～ 2000		
		床铺面高［不放置床垫（褥）］≤ 450		
	双层床	床铺面长：1900 ～ 2020		
		床铺面宽：800 ～ 1520		
		底床面高［不放置床垫（褥）］≤ 450		
		层间净高：放置床垫（褥）≥ 1150，不放置床垫（褥）≥ 980 安全栏板缺口长度≤ 600		
		安全栏板高度：放置床垫（褥）时床褥上表面到安全栏板的顶边距离应≥ 200；不放置床垫（褥）时安全栏板的顶边与床铺面的上表面应≥ 300		
		对于床褥的最大厚度，应在床的相应位置标上永久性的标记线，显示床褥上表面的最大高度		
		双层床安全栏板长边因设置梯子中断长度：6 岁以下（包括 6 岁）儿童用床最小为 300，最大为 400；成人用床最小为 500，最大为 600		
桌类主要尺寸	桌面高：680 ～ 760			
	中间净空宽≥ 520			
	中间净空高≥ 580			
	中间净空高与椅凳座面配合高差≥ 200			
	桌、椅（凳）配套产品的高差 250 ～ 320			
椅凳类主要尺寸	座高：硬面 400 ～ 440，软面 400 ～ 460（包括下沉量）			
	扶手椅扶手内宽≥ 480			
尺寸偏差	所有尺寸偏差为 ±5			
产品外形尺寸偏差	产品外形宽、深、高尺寸的极限偏差为 +5，配套或组合产品的极限偏差应同取正值或负值			

8.1.15 深色名贵硬木家具外形尺寸偏差与形位公差

深色名贵硬木家具外形尺寸偏差与形位公差见表 8-5。

表 8-5 深色名贵硬木家具外形尺寸偏差与形位公差

项目					要求 /mm
产品外形尺寸偏差					± 5
翘曲度	面板、正视面板件	对角线长度	≥ 1400	≤	4.0
		对角线长度	700 ～ 1400	≤	3.0
		对角线长度	＜ 700	≤	2.0

续表

项目				要求 /mm
底脚平稳性	底脚着地平稳性		≤	2.0
邻边垂直度	面板、框架	对角线长度差值	≥ 1000　≤	3
			< 1000　≤	2
		对边长度差值	≥ 1000　≤	3
			< 1000　≤	2
位差度	门与框架、门与门相邻表面间的距离偏差（有设计要求时，应减去设计要求的距离）		≤	2.0
	抽屉与框架、抽屉与门相邻表面的距离偏差（有设计要求时应减去设计的距离）		≤	1.0
分缝	所有开门（有设计要求时，应减去设计的距离）		≤	2.0
下垂度	抽屉	下垂度偏差	≤	20
摆动度		摆动度偏差	≤	15

8.1.16　家具用改性木材的缺陷允许限度

家具用改性木材的缺陷允许限度见表 8-6。

表 8-6　家具用改性木材的缺陷允许限度

缺陷	检量与计算法	允许限度		
		一等	二等	合格
虫眼	任意材长 1m 范围内数量 / 个	不允许	≤ 3	≤ 15
钝棱	最严重缺角尺寸与材宽的比例 /%	≤ 20	≤ 30	≤ 40
弯曲	横弯最大拱高与内曲水平长的比例 /%	≤ 1	≤ 2	≤ 3
	顺弯最大拱高与内曲水平长的比例 /%	≤ 2	≤ 3	≤ 6
斜纹	斜纹倾斜程度 /%	≤ 10	≤ 20	≤ 30
活节及死节	最大尺寸与板宽的比例 /%	≤ 20	≤ 30	≤ 40
	任意材长 1m 范围内数量 / 个	≤ 5	≤ 7	≤ 12
腐朽	面积与所在材面面积的比例 /%	不允许	≤ 2	≤ 10
裂纹、夹皮	长度与材长的比例 /%	10	30	40

8.1.17　家具"三包"期限

家具"三包"期限见表 8-7。

表 8-7　家具"三包"期限

家具产品	"三包"期限	家具产品	"三包"期限
木家具	1 年	藤家具	1 年
深色名贵硬木家具、红木家具	2 年	塑料家具	1 年
		玻璃家具	1 年
金属家具	1 年	石材家具	1 年
软体家具	2 年	其他家具	1 年
竹家具	1 年		

8.2　衣柜的制作

8.2.1　衣柜制作方案及比较

衣柜制作方案有很多种，选择不同、工艺不同、设计不同，从而造价不同，适应性有差异，如图 8-12 所示。

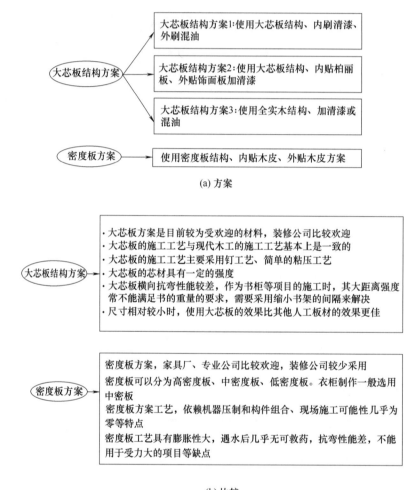

(a) 方案

- 大芯板方案是目前较为受欢迎的材料，装修公司比较欢迎
- 大芯板的施工工艺与现代木工的施工工艺基本上是一致的
- 大芯板的施工工艺主要采用钉工艺、简单的粘压工艺
- 大芯板的芯材具有一定的强度
- 大芯板横向抗弯性能较差，作为书柜等项目的施工时，其大距离强度常不能满足书的重量的要求，需要采用缩小书架的间隔来解决
- 尺寸相对较小时，使用大芯板的效果比其他人工板材的效果更佳

密度板方案，家具厂、专业公司比较欢迎，装修公司较少采用

密度板可以分为高密度板、中密度板、低密度板。衣柜制作一般选用中密板

密度板方案工艺，依赖机器压制和构件组合、现场施工可能性几乎为零等特点

密度板工艺具有膨胀性大，遇水后几乎无可救药，抗弯性能差，不能用于受力大的项目等缺点

(b) 比较

图 8-12　衣柜制作方案及其比较

8.2.2　衣柜的定义与分类

整体衣柜又称定制衣柜、入墙衣柜、衣帽间等。衣柜采用的材料有人造板、实木等。常见的人造板有微粒板（刨花板）、夹板、纤维板等。

根据柜门不同，衣柜分为常规型柜门衣柜、折叠门衣柜等。衣柜的柜门见表 8-8。整体衣柜的形式有"一"字形、"L"形、"U"形等。

表 8-8　衣柜的柜门

名称	解释
常规型柜门	常规型柜门的尺寸一般为宽 900mm× 高 2400mm，实际尺寸根据门洞的大小来确定，但是尽量要以常规尺寸来做标准
折叠门	（1）折叠门一般也由边框、上下横框、上下轨道、滑轮等组成 （2）折叠门的边框是隐框 （3）折叠门的面材，可以选用玻璃。安装时用双面胶将玻璃粘在边框上，并且一般玻璃背面要贴防破膜，以增强安全性 （4）折叠门每折理想的宽度应为 300 ～ 400mm，高度大约在 2400mm 内。太窄、太宽，推拉的效果均不理想

8.2.3　衣柜工艺构成

衣柜工艺构成包括衣柜柜体工艺、衣柜门板工艺、功能件与五金配件等。其中，衣柜柜体常见板材厚度的类别、材质与应用见表 8-9，板材规格的应用见表 8-10。

表 8-9　衣柜柜体常见板材厚度的类别、材质与应用

名称	解释
25mm、18mm 的 E1 级刨花板	主要用于衣柜柜体、衣柜顶柜柜体、平开门门板、抽屉面板等
12mm 的 E1 级中纤板	主要用于普通抽芯、格子架芯、裤架芯的侧板、酒格架等结构
10mm 的 E1 级中纤板	主要用于衣柜的门芯板、抽屉底板
5mm 的 E1 级中纤板	主要用于衣柜背板
35mm、46mm、50mm、60mm 加厚板（热 / 冷压而成）	主要用于电视柜、电脑台、床、欧式衣柜等

表 8-10　板材规格的应用

宽度 /mm	长度 /mm	厚度 /mm	应用
1220	2440	5	背板
		10	抽屉底板、门芯板等
		12	格子架芯、普通抽芯、裤架芯的侧板等
		15	阻尼抽芯的侧板等
		18	柜身等
1220	2800	25	装饰线条类、高侧板等

8.2.4　平开门衣柜柜体的结构类型

平开门衣柜柜体的结构类型见表 8-11。

表 8-11　平开门衣柜柜体的结构类型

名称	解释
普通单元柜体	普通单元柜体包含的板件有侧板（可以分为左侧板、右侧板、中侧板）、顶板、底板、层板（可以分为活动层板、固定层板、玻璃层板）、背板、脚线等
转角柜体	转角柜体包含的板件有侧板（可以分为左侧板、右侧板）、底板、顶板、层板（可以分为活动层板、固定层板）、脚线、背板、支撑板等
弧形柜体	弧形柜体包含的板件有侧板、底板、背板、顶板、层板（可以分为活动层板、固定层板、玻璃层板）、弧形脚线等

8.2.5　趟门衣柜柜体的结构类型

趟门衣柜柜体的结构类型见表8-12。

表8-12　趟门衣柜柜体的结构类型

名称	解释
普通单元柜体	普通单元柜体包含的板件有侧板（可以分为左侧板、右侧板、中侧板）、层板（可以分为活动层板、固定层板、玻璃层板）、背板、顶板、底板、脚线等
转角柜体	转角柜体包含的板件有侧板（左侧板、右侧板）、层板（分为活动层板、固定层板）、顶板、底板、背板、脚线、支撑板等

知识贴士

框架衣柜柜体的结构有侧板（可以分为左侧板、右侧板）、层板（玻璃层板）、背板等。

8.2.6　衣柜下柜柜体的参考尺寸

衣柜下柜柜体的参考尺寸见表8-13。

表8-13　衣柜下柜柜体的参考尺寸

项目	宽度 /mm	高度 /mm	深度 /mm
普通单元柜	366、516、686、651～1236	2070、2390	496、556、600、650
转角柜	994×（687～1236）、861×861	2070、2390	496、556、600、650
弧形柜	348	2070、2390	496、556、600、650

8.2.7　衣柜顶柜柜体的参考尺寸

衣柜顶柜柜体的参考尺寸见表8-14。

表8-14　衣柜顶柜柜体的参考尺寸

项目	宽度 /mm	高度 /mm	深度 /mm
顶柜	300～1200	根据实际情况定高度	496、556、600、650

8.2.8　框架衣柜的参考尺寸

框架衣柜的参考尺寸见表8-15。

表8-15　框架衣柜的参考尺寸

项目	宽度 /mm	高度 /mm	深度 /mm
框架衣柜	366、516、686、651～1236	2070、2390	496、556、600、650

8.2.9　衣柜其他项目参考尺寸

衣柜其他项目参考尺寸见表8-16。

表 8-16　衣柜其他项目参考尺寸

项目	解释
层板高度方向内空	层板高度方向内空 320mm、365mm 等
L 架内空	宽度方向内空 480mm，或者内空 650mm，高度方向 1028mm 等
脚线高度	脚线高度 50mm、110mm 等
抽屉内空高	（1）2 个标准抽屉内空高 326mm 等 （2）3 个标准抽屉内空高 489mm 等

8.2.10　衣柜偏心连接件孔间距的工艺

衣柜偏心连接件孔间距的工艺见表 8-17。

表 8-17　衣柜偏心连接件孔间距的工艺

非趟门衣柜侧板深度、顶底板深度 D/mm	趟门衣柜边侧板深度 D' 值（中侧板深度 +100mm）/mm	偏心连接件孔间距、系统孔间距、层板孔间距/mm	侧板后端靠齐距离值/mm	偏心连接件距离值/mm
$800 < D \leqslant 860$	$900 \leqslant D' \leqslant 960$	608	平分值	304
$740 < D \leqslant 800$	$840 \leqslant D' < 900$	608	64	304
$680 < D \leqslant 740$	$780 \leqslant D' < 840$	544	64	272
$610 < D \leqslant 680$	$710 \leqslant D' < 780$	480	64	—
$550 < D \leqslant 610$	$650 \leqslant D' < 710$	352	64	—
$480 < D \leqslant 550$	$580 \leqslant D' < 650$	352	64	—
$420 < D \leqslant 480$	$520 \leqslant D' < 580$	288	64	—
$360 < D \leqslant 420$	$460 \leqslant D' < 520$	224	64	—
$290 < D \leqslant 360$	$390 \leqslant D' < 460$	160	64	—
$220 < D \leqslant 290$	$320 \leqslant D' < 390$	96	64	—
$160 < D \leqslant 220$	$260 \leqslant D' < 320$	32	64	—

注：该工艺适用于深度尺寸为 160 ～ 860mm 的柜体侧板、顶底板、层板的排孔。

8.2.11　衣柜的脚线工艺

有的衣柜前后脚线长度大于等于 800mm 的，则采用角码与底板连接的方式。

有的衣柜柜体采用后脚线比底板前移 18mm 安装，以及前脚线比底板内进 2mm 安装的方式。

有的转角柜背板采用 18mm 背板，以及用 25mm 自攻钉连接不用打孔的方式。

衣柜的脚线工艺如图 8-13 所示。

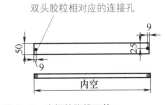

图 8-13　衣柜的脚线工艺

衣柜脚线高度为 50mm 的情况，则是左右两块上下钻孔，并且与底板排两个双头胶粒相对应的连接孔。

8.2.12　衣柜的拉槽工艺

不同的柜体采用的背板不同，包槽尺寸也不同。不同的柜体设计，则衣柜的拉槽工艺也会有所差异。衣柜的拉槽工艺，如图 8-14 所示，供参考。

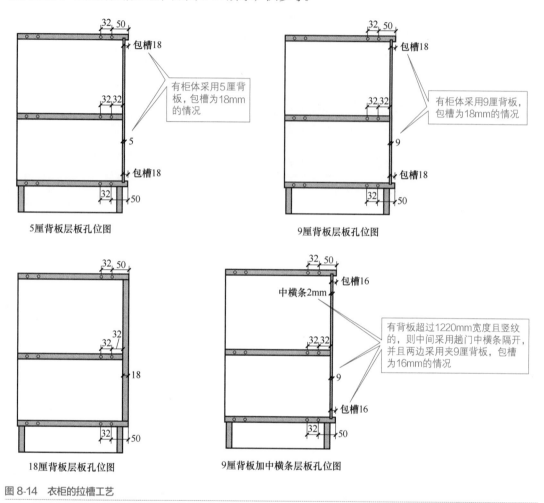

图 8-14　衣柜的拉槽工艺

8.2.13　衣柜路轨的规格

衣柜路轨的规格应根据衣柜路轨类型来考虑，见表 8-18。

表 8-18　衣柜路轨的规格

类型	规格 /mm
半拉不带阻尼路轨（L 长度）	410、360、310、260 等
半拉带阻尼路轨（L 长度）	410、360、310、260 等
全拉带阻尼路轨（L 长度）	300m 等
全拉阻尼隐藏路轨（L 长度）	400、300 等
三节的规格（L 长度）	400、350、300、250 等

8.2.14　衣柜衣通、衣通托

衣通是衣柜内用于悬挂衣物的杆状零件。根据材料不同，衣通可以分为铝合金衣通、塑料衣通、木质衣通、不锈钢衣通等。根据截面形状不同，衣通可以分为椭圆形、圆形、方形等。

每根衣通一般需要配 2 个衣通托，如图 8-15 所示。衣通长度超过 1.2m 时，则需要增配空中支架。

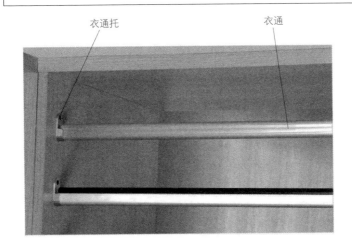

挂衣棍(衣通)上沿到顶板内表面距离≥40mm
挂衣棍(衣通)上沿到底板内表面距离≥1400mm适于挂长衣服
挂衣棍(衣通)上沿到底板内表面距离≥900mm适于挂短衣服
有特殊要求或实际要求时，各类尺寸根据实际情况来确定

衣通托　　　　　　　　　　　　　　衣通

图 8-15　衣柜衣通、衣通托

知识贴士

专门挂普通衬衫的，则衣通离顶部 20 ～ 30cm 即可。

专门挂大衣之类的，则衣通需要离顶部大约 10cm。

挂衣柜类的高度方面，挂衣杆（衣通）上沿到柜顶板的距离为 40 ～ 60mm。

8.2.15　抽屉的工艺

抽屉抽面高度的标准为 180mm，抽屉宽度的标准有 462mm、562mm、782mm 等，具体的抽屉工艺有关尺寸可能会有差异，如图 8-16 所示。

8.2.16　衣柜其他功能件的工艺

衣柜其他功能件的工艺见表 8-19。

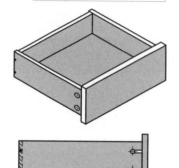

抽屉 ①

名称	规格/mm
抽侧深度	390、290
抽侧高度	180、130、82
抽底宽度	抽尾宽度+10
抽底深度	抽侧深度−3
抽尾宽度	内空−42
抽尾高度	抽侧高−2

抽屉 ②

名称	规格/mm
抽侧深度	400、300、250
抽侧高度	180、130、82
抽底宽度	抽尾宽度+10
抽底深度	抽侧深度−3
抽尾宽度	内空−42
抽尾高度	抽侧高−2

抽屉 ③

名称	规格/mm
抽侧深度	400、300、250
抽侧高度	180、130、82
抽底宽度	抽尾宽度+10
抽底深度	抽侧深度−3
抽尾宽度	内空−50
抽尾高度	抽侧高−2

图 8-16　抽屉的工艺

表 8-19　衣柜其他功能件的工艺

项目	解释
储物篮	储物篮规格为 564mm×460mm×140mm、764mm×460mm×140mm 等
格子架	（1）格子架高度为 110mm 等 （2）格子架深度为 400mm（具体深度要根据柜子深度而确定）等 （3）格子架宽度为 462mm、562mm、782mm 等（即格子架所在单元柜的内空）
裤架	（1）裤架深度为 400mm 等 （2）裤架高度为 50mm 等 （3）裤架宽度为 462mm、562mm、782mm 等（即裤架所在单元柜的内空）
升降衣架	（1）升降衣架规格：600～830mm，可以用于 900mm ＞柜体内空≥700mm （2）升降衣架规格：830～1150mm，可以用于 1150mm ≥柜体内空≥900mm
推拉镜	（1）铝框推拉镜规格为 H800mm、H1000mm、H1200mm 等 （2）木质推拉镜规格为 H800mm、H1000mm、H1200mm 等 （3）推拉镜标准深度为 360mm 等。
鞋架	（1）鞋架规格为 W562mm×L460mm×H130mm、W782mm×L460mm×H130mm 等 （2）组合鞋架规格为 W290mm×L460mm×H500mm（二层）、W290mm×L460mm×H700mm（三层）等

注：W 表示宽；L 表示长；H 表示高。

8.2.17　家装大衣柜的制作要求

① 如果大衣柜采用的是大芯板结构，且柜长度、高度超过 2.4m，则竖板、横板分别用两张九厘板重叠，以保证与大芯板的厚度一致。

② 开好的结构板，需要用刨子将边刨平，以及用砂纸打掉毛刺。

③ 根据图纸做好衣柜结构，然后用码钉或用大头圆钉将五夹板钉上做背板。

④ 清除柜内铅笔印、乳胶。

⑤ 如果衣柜柜体后面有弱电接头，不得封闭，需要在背板上挖孔，用空白盖板遮盖，以便于检修调试信号。

⑥ 衣柜线条收口、侧面饰面时，需要注意柜子两侧饰面板的高度和其他几个面向的线条收口的高度一致，以免从柜侧面看上去有高度差。

⑦ 如果是玻音软片衣柜，需要全部压木线且将玻音软片接头压入木线内。

⑧ 如果是色喷漆型的柜体且柜体靠墙较密实，则不必钉线条，可以将大芯板边刨平，但是柜内层板要用线条收口且层板低于竖板 5mm。

⑨ 衣柜柜门骨架用优质九厘板开 60mm 条，双面错位抽槽，槽间距离为 150mm。九厘板横向净空距离为 150mm，其接口缝隙保留超过 1mm。

⑩ 衣柜柜内刷油漆，衣柜柜外刷有色漆时，用木线收口，三夹板饰面后与木线刨平。

⑪ 衣柜柜门用料：采用九厘板条双面均匀涂上乳白胶。

⑫ 衣柜柜门双面涂有色漆，双面压两层三夹板，不用线条收口。外层用整张三夹板或用线条收口。

⑬ 衣柜柜门外侧涂清漆、擦漆、水性漆的，外侧压三夹板再压饰面板，内侧压两层三夹板。外面涂清漆、擦漆或水性漆，里面根据需要进行油漆施工。用线条收口，线条用乳白胶、蚊钉固定。

⑭ 衣柜柜门的压制及放置：柜门应放在预制好的平台上，加外压力 100kgf 以上且受力均匀，并且隔 3 天翻边再压。压制时间，夏天在 7 天以上，冬天在 10 天以上。压制好以后的柜门，不可斜放，不可受潮，以免变形。

⑮ 用柜子做隔墙时，背板用九夹板，柜背面用木方做成间隔龙骨架后，再将纸面石膏板平贴到龙骨上固定，衣柜背板的接缝需要与石膏板接缝错位，以保证防开裂、隔声的作用。

⑯ 新房靠墙衣柜，一般适当离墙少许放置：在柜背面横向固定两根以上的板宽 10～15cm 的大芯板条。

⑰ 新房靠墙衣柜，如果泥工新砌墙体则需要增加一层防潮膜，以便起到固定柜背板作用与隔潮作用。

8.2.18　全屋定制与现场木工制作的区别

全屋定制与现场木工制作的区别见表 8-20。

表 8-20　全屋定制与现场木工制作的区别

项目	现场木工制作	全屋定制
板材	现场木工制作，常用到木工板、指接板等	全屋定制，除少数高端实木家具定做外，则是以刨花作为制作基材的
封边	现场木工制作，常采用手工封边法，难免存在不满意的封边	全屋定制，往往采取机器封边，优势在于在机器的超强压力下，胶水发挥到更佳状态
挪动搬移	现场木工制作，主要以圆钉固定，挪动时易造成破坏	全屋定制，家具大多用扣件固定，拆卸起来比较方便
贴面	现场木工制作，常以胶贴合，平整度可能不强	全屋定制时虽也会用到胶，但是往往具有采用设备等优势，平整度可能更好一些
制作工艺	现场木工制作，主要看木工手法与设备	全屋定制，标准化较高，精度较高，款式较美等

8.2.19 人造板定制衣柜的分类

人造板定制衣柜的主要部件（装饰件、配件除外）采用人造板木质材料，是根据定制方的需求，经测量、设计、制作、安装、验收工序制成的衣柜。

人造板定制衣柜的分类如图 8-17 所示。

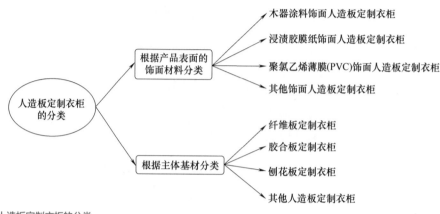

图 8-17　人造板定制衣柜的分类

8.2.20 人造板定制衣柜房间的主要尺寸的确定

对于人造板定制衣柜，一般应测量拟安装衣柜房间的长度、宽度、高度，测量数值一般精确到 1mm，如图 8-18 所示。

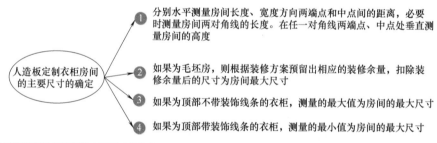

图 8-18　人造板定制衣柜房间的主要尺寸的确定

8.2.21 影响人造板定制衣柜结构设计的尺寸测量

人造板定制衣柜时，需要测量拟安装衣柜房间内的梁、柱、门、踢脚线、电源开关、壁挂空调等影响衣柜结构设计的建筑部件、墙面装饰部件的位置与尺寸，测量数值一般精确到 1mm，如图 8-19 所示。

8.2.22 影响人造板定制衣柜搬运、安装的尺寸测量

影响人造板定制衣柜搬运、安装的尺寸测量时，常应测量电梯、楼梯、门洞口、窗台、灯具等影响衣柜搬运、安装的建筑或装饰部件的尺寸，一般精确到 1cm，如图 8-20 所示。

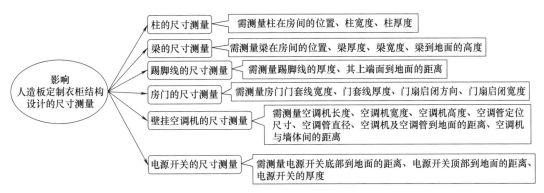

图 8-19　影响人造板定制衣柜结构设计的尺寸测量

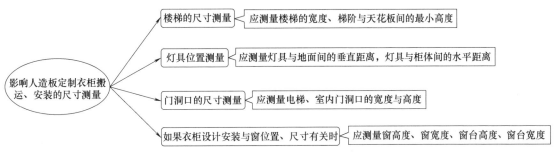

图 8-20　影响人造板定制衣柜搬运、安装的尺寸测量

8.2.23　人造板定制衣柜部件的外观质量要求

人造板定制衣柜部件的外观质量要求见表 8-21。

表 8-21　人造板定制衣柜部件的外观质量要求

项目	要求
木器涂料饰面部件（板面质量）	（1）外表应无褪色、无掉色现象，同色部件的色泽应相似，涂层应平整光滑、清晰，无明显粒子，不应有发黏、皱皮、漏漆等异常现象 （2）外表应无明显加工痕迹、无明显划痕、无明显鼓泡、无明显流挂、无明显雾光、无明显刷毛、无明显积粉、无明显缩孔、无明显杂渣等缺陷
软质覆面部件（板面质量）	（1）包覆的面料拼接对称图案需完整，不应有明显色差，同一部位绒面料的绒毛方向应一致 （2）包覆面料不应有划痕、色污及油污 （3）聚氯乙烯薄膜饰面部件，外表需色泽均匀，无明显污染、无明显鼓包、无明显皱纹等缺陷 （4）软面包覆表面应饱满、松紧均匀，不应有明显皱褶 （5）软面包覆对称工艺性皱褶应均匀、层次分明 （6）软面嵌线应圆滑挺直，圆角处对称，无明显浮线、明显跳针或外露线头 （7）外露泡钉排列应整齐，间距基本相等，不应有泡钉明显敲扁或脱漆等异常现象
硬质覆面部件（板面质量）	（1）浸渍胶膜纸饰面人造板部件，外表需无干花、无污斑、无透底、无湿花、无孔隙、无鼓泡、无划痕、无压痕、无明显的色差，光泽应均匀 （2）其他硬质覆面部件，外表需无明显划痕、无明显压痕、无明显色差
其他外观质量	（1）板件或部件的外表应光滑，倒棱、圆角、圆线应均匀一致 （2）板件或部件在接触人体或贮物部位，不应有毛刺、刃口和棱角 （3）封边、包边不应有脱胶、鼓泡、开裂等现象 （4）人造板部件的非交接面，应进行封边或涂饰处理 （5）贴面应严密、平整，不应有明显的透胶现象

8.2.24　人造板定制衣柜安装要求

　　人造板定制衣柜柜体间结合要紧密牢固、平整。封板、收口板、脚线、加固条等与相应的柜体、墙面、地面的连接要牢固，结合处要平整，无崩茬、无松动。

　　各种配件、连接件的安装要牢固并且不应少件、不应漏钉、不应透钉。推拉构件应推拉顺畅，无自动回滑、弹起等异常现象。

　　人造板定制衣柜安装偏差与要求见表 8-22。安装结束后，对人造板定制衣柜进行验收，其要求见表 8-23。

表 8-22　人造板定制衣柜安装偏差与要求

项目	安装偏差与要求
垫板	垫板与脚线、侧板间的分缝≤1.5mm
顶封板与见光侧板	顶封板与见光侧板上端平齐，分缝≤1mm
顶线	（1）顶线接驳时驳口要与柜门平齐 （2）顶线与顶线接驳处正面位差度≤0.2mm，上下位差度≤1mm
封板	（1）封板与墙、梁间的分缝≤2mm （2）梁位的封板与下柜收口板正面位差度≤0.5mm
搁板、侧板与背板	搁板、侧板与背板间的分缝≤1mm
格子架、裤架	如果为上格子架、下裤架时，格子架底表面距其上面搁板的下表面宜为（120±2）mm，格子架底板下表面与裤架上表面间的距离宜为（120±2）mm，裤架底表面距底固层的上表面宜为（600±2）mm
柜体顶封板与天花板间缝隙	柜体顶封板与天花板间应保留 3～5mm 的缝隙
基础柜体连接	基础柜与侧板间的正面位差度≤0.5mm
脚线与侧板	脚线两端与侧板间的分缝≤1mm
上柜掩门	（1）掩门门扇间的分缝应均匀一致，且≤2mm （2）掩门与顶封板间的分缝≤3mm （3）掩门间的位差度≤2mm
上下侧板	上下侧板接驳处的正面位差度和上下位差度应≤0.3mm
收口板	收口板与侧板平齐，与墙体间的分缝≤2mm
趟门上下轨	（1）上轨与两侧板间分缝≤1.5mm （2）下轨与两侧板间分缝≤1.5mm
趟门与侧板	趟门紧靠柜侧板时，趟门与侧板间的分缝≤2mm
推拉衣架、拉篮、领带架	推拉衣架、拉篮和领带架的前缘及侧边，应分别相对于搁板、侧板的前边缘缩进 6mm
有内进安装要求的搁板、内侧板、脚线	有内进安装要求的搁板、内侧板、脚线，内进偏差≤1mm

表 8-23　人造板定制衣柜的验收要求

项目	要求	
主体材料	符合设计方案	
外形尺寸的极限偏差	±5mm	
框架的邻边垂直度	两对角线长度差	≤2.0mm
	长边≥1000mm 时，两对边长度差	≤2.0mm
	长边＜1000mm 时，两对边长度差	≤1.0mm

续表

项目	要求		
部件主要尺寸 （即功能尺寸）	挂衣棍上沿至底板内表面间距离	挂长衣	≥1000mm
		挂短衣	≥900mm
	挂衣棍上沿至顶板内表面间距离		≥40mm
	挂衣空间深度		≥530mm
	折叠衣物放置空间深度		≥450mm
正视面板件的翘曲度	对角线长度≥1400mm		≤3.0mm
	700≤对角线长度＜1400mm		≤2.0mm
	对角线长度＜700mm		≤1.0mm
位差度	门与框架、门与门、抽屉与框架、抽屉与门、抽屉与抽屉相邻两表面间的非设计要求的距离偏差（有设计要求时，应减去设计要求的距离）		≤2.0mm
分缝	除安装偏差要求以外的所有分缝		≤2.0mm
抽屉下垂度			≤20mm
抽屉摆动度			≤15mm
正视面板件的平整度（表面为非平面的板件除外）			≤0.2mm

扫码看视频

吊码

8.3　吊码、橱柜的制作

8.3.1　吊码的制作

吊码是家具橱柜、衣柜的配件，其安装在吊柜中起调解高低的作用，与其相配合使用的还有固定在墙体上的吊片。

衣柜普通吊码可以包槽 18mm。衣柜重型吊码可以包槽 25mm。衣柜的吊码如图 8-21 所示。

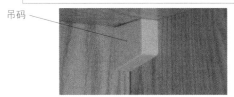

衣柜的吊码，主要用于吊柜背板为5mm、9mm厚的安装

吊码

图 8-21　衣柜的吊码

◁ **知识贴士**

衣柜吊码的配法——一个单元柜宽度＜ 1000mm 时，应配一套吊码（即左吊码、右吊码）。一个单元柜宽度＞ 1000mm 且有中侧时，应配两套吊码。

8.3.2　橱柜门板规格尺寸及偏差

橱柜门板厚度为 12 ～ 25mm 时，翘曲度应 < 0.5%；橱柜门板厚度为 12 ～ 25mm 时，厚度偏差为 ±0.5mm。橱柜门板幅面尺寸及偏差见表 8-24。

表 8-24　橱柜门板幅面尺寸及偏差

长度 /mm	宽度 /mm	允许偏差 /mm
2440	300	长度偏差 ±4 宽度偏差 ±2
2440	400	
2440	600	

8.3.3　木质地柜的模数与优先尺寸

木质地柜的模数与优先尺寸见表 8-25。

表 8-25　木质地柜的模数与优先尺寸

分类		主要模数	优先尺寸 /mm
灶具柜，水槽柜	宽度	1M	600、800、900、1000
	深度		500、600
	高度	M/5	600、720、840
消毒碗柜，烤箱柜	宽度	1M	600、900
	深度		500、600
	高度	M/5	600、720、840
储藏柜	宽度	1M	300、400、500、600、700、800、900、1000
	深度		300、400、500、600
	高度	M/5	360、480、600、720、810

注：深度是指柜体不含门板的净深度；高度是指柜体不含台面和踢脚板的净高度。

8.3.4　木质吊柜的模数与优先尺寸

木质吊柜的模数与优先尺寸见表 8-26。

表 8-26　木质吊柜的模数与优先尺寸

分类		主要模数	优先尺寸 /mm
吸油烟机吊柜	宽度	M/2	600、900
	深度		300、400
	高度	M/5	360、480、600、720
微波炉吊柜	宽度	M/2	450、600
	深度		300、400
	高度	M/5	480、600

续表

分类		主要模数	优先尺寸 /mm
普通吊柜	宽度	M/2	300、400、500、600、700、800、900
	深度		300、400
	高度	M/5	360、480、600、720、840

8.3.5　橱柜制作与安装工程作业条件准备

橱柜制作与安装工程作业条件准备如图 8-22 所示。

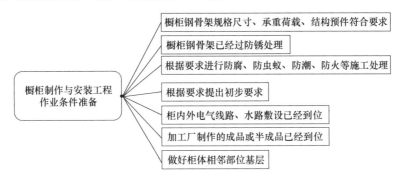

图 8-22　橱柜制作与安装工程作业条件准备

8.3.6　橱柜制作工艺流程

橱柜制作工艺流程如图 8-23 所示。

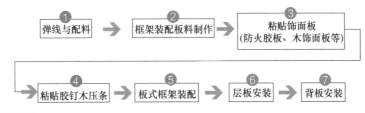

图 8-23　橱柜制作工艺流程

8.4　儿童家具

8.4.1　儿童家具的安全结构

儿童家具的安全结构如图 8-24 所示。

8.4.2　儿童桌符合人体工程学尺寸

儿童桌符合人体工程学尺寸如图 8-25 所示。

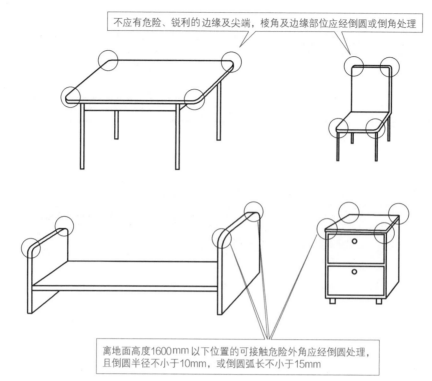

不应有危险、锐利的边缘及尖端，棱角及边缘部位应经倒圆或倒角处理

离地面高度1600mm以下位置的可接触危险外角应经倒圆处理，
且倒圆半径不小于10mm，或倒圆弧长不小于15mm

图8-24 儿童家具的安全结构

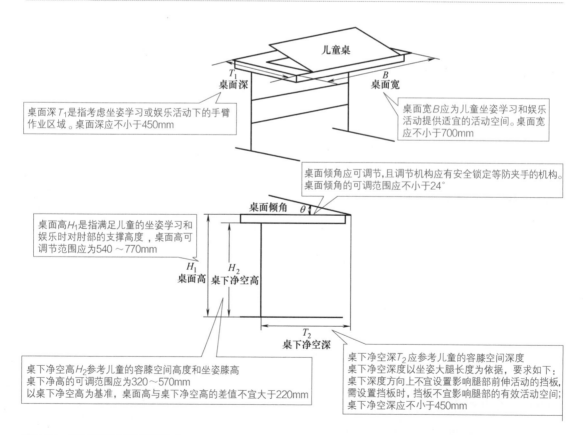

儿童桌

T_1 桌面深

B 桌面宽

桌面深T_1是指考虑坐姿学习或娱乐活动下的手臂
作业区域。桌面深应不小于450mm

桌面宽B应为儿童坐姿学习和娱乐
活动提供适宜的活动空间。桌面宽
应不小于700mm

桌面倾角应可调节，且调节机构应有安全锁定等防夹手的机构。
桌面倾角的可调范围应不小于24°

桌面倾角 θ

桌面高H_1是指满足儿童的坐姿学习和
娱乐时对肘部的支撑高度，桌面高可
调节范围应为540～770mm

H_1 桌面高

H_2 桌下净空高

T_2 桌下净空深

桌下净空高H_2参考儿童的容膝空间高度和坐姿膝高
桌下净空高的可调范围应为320～570mm
以桌下净空高为基准，桌面高与桌下净空高的差值不宜大于220mm

桌下净空深T_2应参考儿童的容膝空间深度
桌下净空深度以坐姿大腿长度为依据，要求如下：
桌下深度方向上不宜设置影响腿部前伸活动的挡板，
需设置挡板时，挡板不宜影响腿部的有效活动空间；
桌下净空深应不小于450mm

图8-25 儿童桌符合人体工程学尺寸

8.5 办公家具

8.5.1 办公家具屏风的安全要求

办公家具屏风的安全要求如图 8-26 所示。

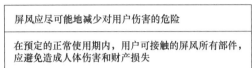
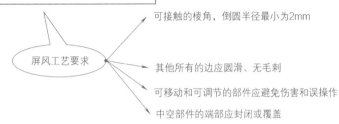

图 8-26 办公家具屏风的安全要求

8.5.2 电脑桌的主要尺寸与极限偏差

电脑桌的主要尺寸与极限偏差见表 8-27。

表 8-27 电脑桌的主要尺寸与极限偏差

项目			要求 /mm	极限偏差 /mm
桌面	宽度		≥ 600	±5
	深度		≥ 400	
	高度	高度可调	最小调整范围	680 ～ 760	
			每级调整范围[1]	≤ 32	
		高度固定	高度等级	680，700，720，740，760	
桌下净空[3]	最低搁板下净空高度		≥ 100	
	中间净空高度		≥ 580	
	中间净空宽度		≥ 520	
	中间净空深度	顶部	顶部净空深度 $+L^{[2]}$≥ 400	
		底部	底部净空深度 $+L^{[2]}$≥ 550	

① 仅适用于高度调节采用固定分级。
② L 为键盘托可拉出最大距离。
③ 桌下净空指操作人员腿脚安放空间。

8.5.3 办公桌符合人体工程学的尺寸

办公桌符合人体工程学的尺寸如图 8-27 所示。

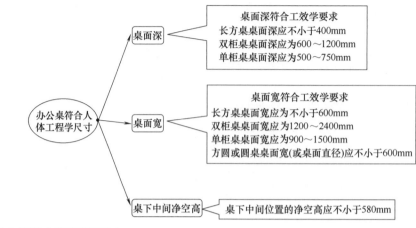

图 8-27　办公桌符合人体工程学的尺寸

8.5.4　办公家具木制柜、架主要尺寸与允许偏差

办公家具木制柜、架主要尺寸与允许偏差见表 8-28。

表 8-28　办公家具木制柜、架主要尺寸与允许偏差

项目			要求 /mm
主要尺寸	期刊柜（架）	净深	≥ 245
		层间净高	≥ 320
	图纸柜	净宽	≥ 900
	报架	净宽	≥ 620
	书柜（架）	净深	≥ 245
		层间净高	≥ 240
	资料柜（架）	净深	≥ 245
		层间净高	≥ 330
外形尺寸偏差	产品外形宽、深、高尺寸的允许偏差为 ±5mm，配套或组合产品的极限偏差应同取正值或负值		

8.6　床、餐桌椅与茶几

8.6.1　实木单层床的要求

实木单层床的形状与位置公差需要符合的要求规定，见表 8-29。实木单层床的木工外观要求的规定见表 8-30。

表 8-29　实木单层床的形状与位置公差需要符合的要求规定　　　　单位：mm

项目	试件名称及规格	允许值	基本分类（一般）
分缝	高箱实木单层床	≤ 2.0	√
位差度	高箱实木单层床	≤ 2.0	√
抽屉下垂度	高箱实木单层床	≤ 20	√

续表

项目	试件名称及规格		允许值	基本分类（一般）
抽屉摆动度	高箱实木单层床		≤ 15	√
着地平稳性	床脚与水平面的差值		≤ 2.0	√
翘曲度	正视面板件	对角线长度≥ 1400	≤ 3.0	√
		对角线长度＜ 1400	≤ 2.0	√
邻边垂直度	框架	对角线长度≥ 1000	≤ 3.0	√
		对角线长度＜ 1000	≤ 2.0	√

注："√"表示对应应符合的要求的项目。

表 8-30　实木单层床的木工外观要求的规定

项目	要求	项目分类	
		基本	外观
木工	各种配件安装应严密、平整、端正、牢固，结合处应无开裂或松动		√
	启闭部件安装后应使用灵活		√
	雕刻的图案应均匀、清晰、层次分明，对称部位应对称，凹凸和大挖、过桥、棱角、圆弧处应无缺角，铲底应平整，各部位不应有锤印或毛刺		√
	车木的线形应一致，凹凸台阶应匀称，对称部位应对称，车削线条应清晰，加工表面不应有崩茬、刀痕、砂痕		√
	板件或部件在接触人体或贮物部位不应有毛刺、刃口或棱角	√	
	板件或部件的外表应光滑，倒棱、圆角、圆线应均匀一致		√
	贴面应严密、平整，不应有明显透胶		√
	榫、塞角、零部件等结合处不应断裂	√	
	零部件的结合应严密、牢固		√
	各种配件、连接件安装不应有少件、漏钉、透钉（预留孔、选择孔除外）		√

注："√"表示对应应符合的要求的项目。

8.6.2　连体餐桌椅的主要尺寸与木工要求规定

连体餐桌椅的主要尺寸见表 8-31，连体餐桌椅的形状和位置公差、木工要求的规定分别见表 8-32 和表 8-33。

表 8-31　连体餐桌椅的主要尺寸

项目		要求 /mm	项目分类	
			基本	一般
桌面单人位宽度 B_1 [①]	多边形、矩形 ≥	600	—	√
	圆形	直径≥ 680		
桌面深度 T_1 ≥		600	—	√
椅（凳）面宽度 B_2 ≥		280	—	√
椅面深度 T_2 ≥		260	—	√
椅凳面高度 H_1		400 ～ 460	—	√
圆凳面直径 D ≥		280	—	√
椅面与桌面高度差 ΔH		280 ～ 340	√	—

续表

项目	要求 /mm	项目分类	
		基本	一般
椅（凳）前边缘与桌面边缘距离 L[②]	70 ～ 120	—	√

① 桌面单人位宽度，是指单人座位所对应的桌面宽度。

② 椅（凳）前边缘与桌面边缘距离仅适用于固定式，不适用于转动式。

表 8-32　连体餐桌椅的形状和位置公差

检验项目			要求
桌面板、框架邻边垂直度 /mm	对角线长度	≥ 1000	长度差 ≤ 3
		< 1000	长度差 ≤ 2
	对边长度	≥ 1000	对边长度差 ≤ 3
		< 1000	对边长度差 ≤ 2
底脚平稳性 /mm		≤	2.0
桌面水平偏差 /‰		≤	7
圆管弯曲处圆度 /mm	$\Phi < 25$	≤	2.0
	$\Phi \geq 25$	≤	2.5
桌面板翘曲度 /mm	对角线长度 ≥ 1400	≤	3.0
	700 ≤ 对角线长度 < 1400	≤	2.0
	对角线长度 < 700	≤	1.0
平整度 /mm	桌面板	≤	0.2

表 8-33　连体餐桌椅的木工要求

检验项目	检验内容及要求	项目分类	
		基本	一般
木工要求	人造板部件的非交接面应进行封边或涂饰处理	√	—
	板件或部件在接触人体或贮物部位不应有毛刺、刃口或棱角	√	—
	板件或部件的外表应光滑，倒棱、圆角、圆线应均匀一致	—	[*]√
	封边、包边不应出现脱胶、鼓泡或开裂现象	√	—
	贴面应严密、平整，不应有明显透胶	—	√
	榫、塞角、零部件等结合处不应断裂	√	—
	零部件的结合应严密、牢固	—	√
	各种配件、连接件安装不应有少件、漏钉、透钉	√	—
	各种配件安装应严密、平整、端正、牢固，结合处应无开裂或松动	—	√

注："*" 记号表示该单项中有 2 个以上（含 2 个）检验内容，若有 1 个检验项目不符合要求。应按 1 个不合格计数。若某缺陷明显到足以影响产品质量时则作为基本项目判定。

8.6.3　茶几推荐尺寸

茶几推荐尺寸见表 8-34。

表 8-34　茶几推荐尺寸

类型	尺寸 /mm	类型	尺寸 /mm
方形茶几	几面深度≥ 400	圆形茶几	几面直径≥ 450
	几面宽度≥ 400		几面高度为 300 ～ 520
	几面高度为 300 ～ 520	不规则形茶几	几面高度为 300 ～ 520

8.6.4　凳子制作尺寸

凳子制作尺寸如图 8-28 所示。

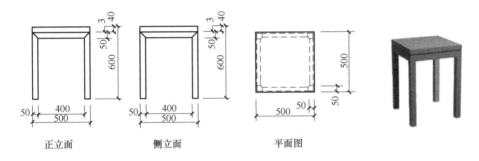

　　正立面　　　　　　侧立面　　　　　　平面图

图 8-28　凳子制作尺寸

8.6.5　实木椅子的制作结构与装配

实木椅子的制作结构与装配如图 8-29 所示。

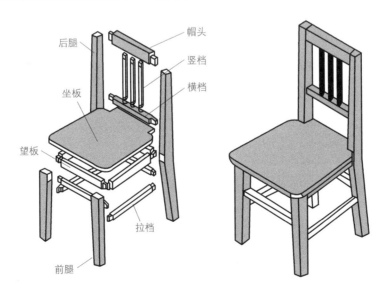

图 8-29

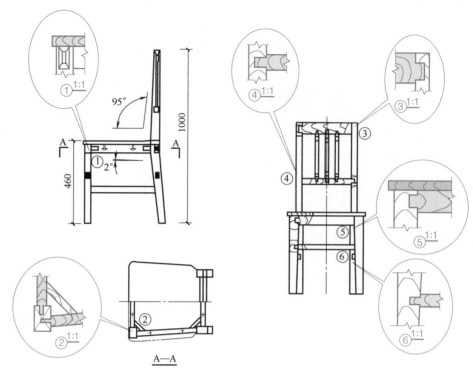

图 8-29　实木椅子的制作结构与装配

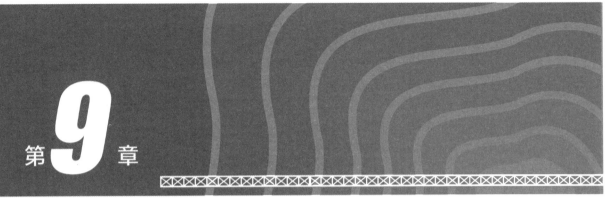

第 **9** 章

家具安装

扫码看视频

木梢的特点、
规格与选材

9.1　安装件

9.1.1　木梢的特点、规格与选材

木梢又称木塞、木榫、榫头。木梢常用的材质有：杉木、樟木、榉木、荷木、桦木、松木、花梨木、桃木、枫木、榆木、黄杨木、桉木、红木、楠木、椴木等。

木梢有斜纹、垂直纹等类型，如图9-1所示。为了提高胶合强度，圆榫表面常压成有贮胶的沟纹。

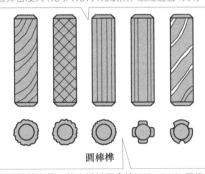

圆榫的选材，一般选择密度大、无节、无朽、无缺陷、纹理通直、具有中等硬度与韧性的木材

圆棒榫

圆榫直径、长度的选材：圆榫的直径一般为板材厚度的(2/5)～(1/2)。圆榫长度一般为直径的3～4倍

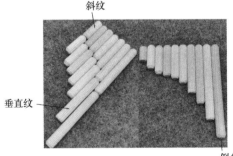

斜纹

垂直纹

倒角

图 9-1　木梢

木梢可以用于不同板件边间的连接。圆木梢直径有 ϕ5mm、ϕ6mm、ϕ8mm、ϕ10mm、ϕ12mm、ϕ16mm 等，长度有 20～120mm。

木梢常见规格为 ϕ6mm×30mm、ϕ6mm×40mm、ϕ8mm×30mm、ϕ8mm×40mm、ϕ10mm×60mm、ϕ10mm×70mm、ϕ12mm×100mm、ϕ12mm×120mm 等。

圆榫含水率的选择：圆榫的含水率一般应比家具用材低 2%～3%。

 **知识贴士**

圆榫接合的配合要求：圆榫需要配合孔深。圆榫与榫眼径向配合时，应采用过盈方式，过盈量为 0.1～0.2mm 时强度最高。但是用于板式家具中，基材为刨花板时，过盈量过大会引起刨花板内部的破坏。涂胶方式直接影响接合强度，而圆榫涂胶强度较好。榫孔涂胶强度要差一些，但是易实现机械化施胶。圆榫与榫孔，都涂胶时接合强度最佳。

9.1.2 偏心连接件的选择

板厚不同，选择的偏心连接件也不同，如图 9-2 所示。

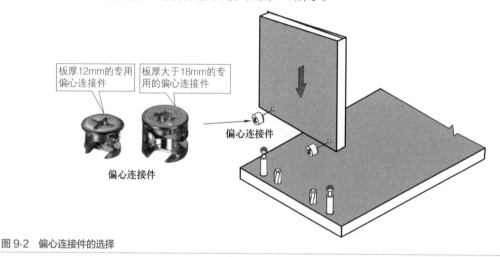

图 9-2 偏心连接件的选择

9.1.3 层板托的特点与应用

层板托可用于两件板进行垂直活动连接的情况。应用的层板托，每个层板扣需配 2 个孔塞，如图 9-3 所示。

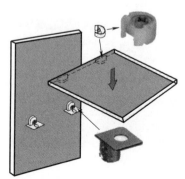

图 9-3 层板托

9.1.4　穿线盖的特点与应用

凡是有需要放电脑的台面，一般都需配一个穿线盖（即穿线盒），如图 9-4 所示。穿线盖规格有 35mm、50mm、53mm、60mm、80mm 等。

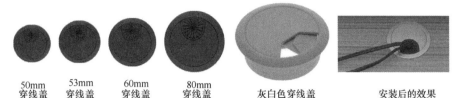

图 9-4　穿线盖

9.1.5　衣柜滑轨滑轮的特点与应用

衣柜滑轨滑轮的特点与应用如图 9-5 所示。

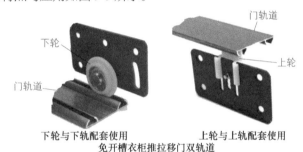

图 9-5　衣柜滑轨滑轮的特点与应用

9.1.6　衣柜滑轨的类型

衣柜滑轨的类型如图 9-6 所示。

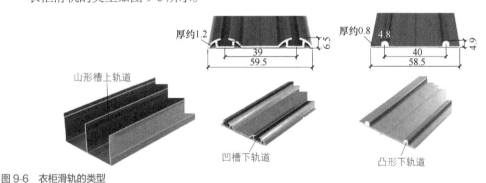

图 9-6　衣柜滑轨的类型

9.1.7　移门滑轮系统特点、分级与应用

根据移门移动方向，移门滑轮系统可以分为横向移门滑轮系统、竖向移门滑轮系统。

根据使用功能，移门滑轮系统可以分为无阻尼移门滑轮系统、阻尼移门滑轮系统、智能移门滑轮系统。

根据质量分级，移门滑轮系统可以分为 1 级（特等品）、2 级（优等品）、3 级（合格品）等。移门滑轮系统如图 9-7 所示。

移门滑轮系统 —— 移门承重、运行系统，一般是滑轮组件、配套导轨、其他功能装置等组成
智能移门滑轮系统 —— 通过启动开关、遥控、感应、客户端应用程序、人机交互等方式来实现移门自动移动的滑轮系统

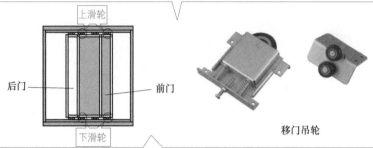

上滑轮

后门　　　　前门

下滑轮

移门吊轮

阻尼移门滑轮系统 —— 在与配套的导轨安装后，能够使移门关到一定距离时，并且通过阻尼器的缓冲作用，能够使移门朝闭合方向进行自动缓慢关闭的滑轮系统
无阻尼移门滑轮系统 —— 没有配置阻尼器，移门不能进行自动缓慢关闭的滑轮系统

图 9-7　移门滑轮系统

9.2　安装方法与要点

9.2.1　三合一连接件的安装

三合一连接件是由三合一预埋件（预埋螺母）、三合一杆、三合一扣（偏心轮）等部件组成，如图 9-8 所示。

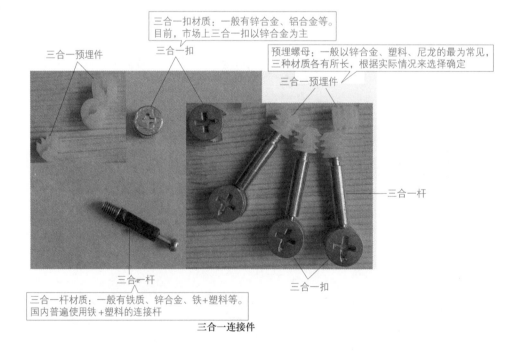

三合一扣材质：一般有锌合金、铝合金等。目前，市场上三合一扣以锌合金为主

预埋螺母：一般以锌合金、塑料、尼龙的最为常见，三种材质各有所长，根据实际情况来选择确定

三合一预埋件

三合一扣

三合一预埋件

三合一杆

三合一扣

三合一杆

三合一杆材质：一般有铁质、锌合金、铁+塑料等。国内普遍使用铁+塑料的连接杆

三合一连接件

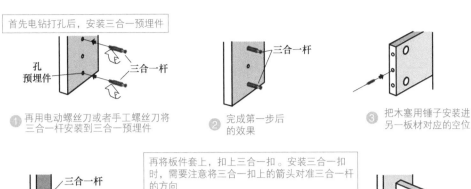

① 再用电动螺丝刀或者手工螺丝刀将三合一杆安装到三合一预埋件

② 完成第一步后的效果

③ 把木塞用锤子安装进另一板材对应的空位

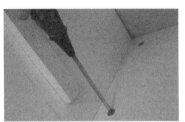

④ 将两块要结合的板材按图方式对接起来

⑤ 再用螺丝刀向右拧紧三合一扣,使三合一连接件锁紧,达到连接板件的效果

⑥ 完成后的效果

三合一连接件的安装图例

实物安装1　　　　实物安装2　　　　实物安装3

图 9-8　三合一连接件的安装

　　三合一连接件又称偏心连接件,主要用于板式家具的连接件。预埋螺母主要起到加固专用。连接杆主要起到连接专用。偏心头主要解决板材间锁紧问题。

9.2.2　三节走珠滑轨的安装

　　三节走珠滑轨有不同的规格,其安装如图 9-9 所示。根据抽屉实际尺寸,选择合适的滑轨。一般三节走珠滑轨选用比抽屉小一号的尺寸,例如抽屉深度为 320mm,则可以选择 300mm 的滑轨。

长度/in	10	12	14	16	18	20	22	24
长度/mm	250	300	350	400	450	500	550	600

长:20cm
宽:4.4cm
厚:1.3cm

三节抽屉滑轨

图 9-9

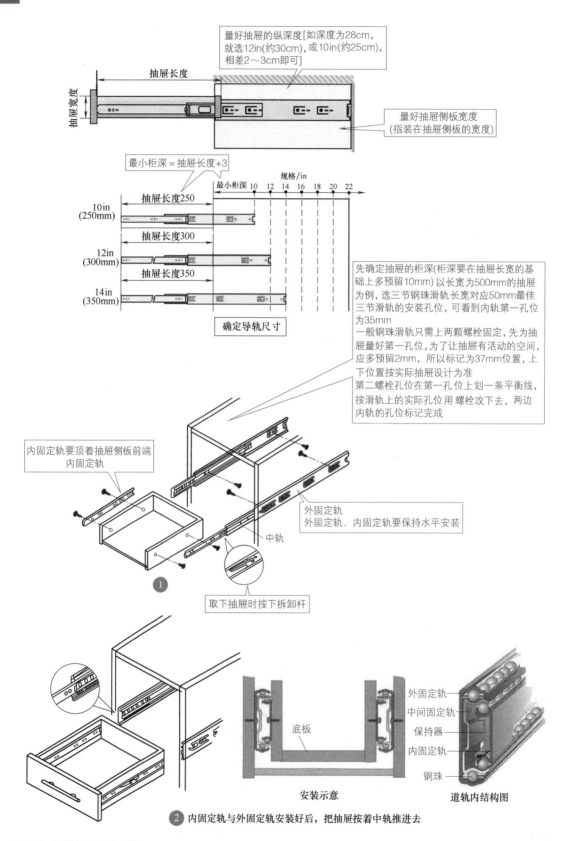

量好抽屉的纵深度[如深度为28cm，就选12in(约30cm)，或10in(约25cm)，相差2～3cm即可]

抽屉长度

抽屉宽度

量好抽屉侧板宽度(指装在抽屉侧板的宽度)

最小柜深=抽屉长度+3

规格/in

最小柜深 10 12 14 16 18 20 22

抽屉长度250

10in (250mm)

抽屉长度300

12in (300mm)

抽屉长度350

14in (350mm)

确定导轨尺寸

先确定抽屉的柜深(柜深要在抽屉长宽的基础上多预留10mm)以长宽为500mm的抽屉为例，选三节钢珠滑轨长宽对应50mm最佳三节滑轨的安装孔位，可看到内轨第一孔位为35mm

一般钢珠滑轨只需上两颗螺栓固定，先为抽屉量好第一孔位，为了让抽屉有活动的空间，应多预留2mm，所以标记为37mm位置，上下位置按实际抽屉设计为准

第二螺栓孔位在第一孔位上划一条平衡线，按滑轨上的实际孔位用螺栓攻下去，两边内轨的孔位标记完成

内固定轨要顶着抽屉侧板前端

内固定轨

外固定轨
外固定轨、内固定轨要保持水平安装

中轨

①

取下抽屉时按下拆卸杆

外固定轨
中间固定轨
保持器
内固定轨
钢珠

底板

安装示意　　　　**道轨内结构图**

② 内固定轨与外固定轨安装好后，把抽屉按着中轨推进去

图9-9　三节走珠滑轨的安装

9.2.3　铰链安装的类型

铰链安装的类型如图 9-10 所示。

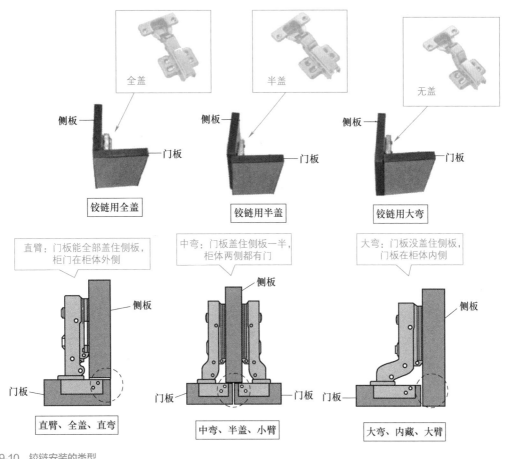

图 9-10　铰链安装的类型

9.2.4　铰杯的安装方式

门铰链的铰杯安装方式分为螺钉固定式、免工具式、压装式一、压装式二等，如图 9-11 所示。

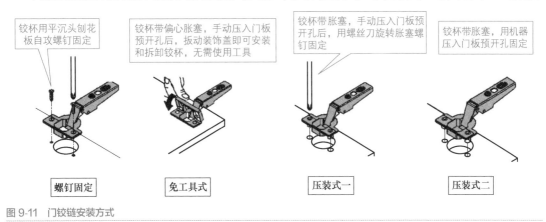

图 9-11　门铰链安装方式

9.2.5　铰座的安装

铰座的安装分为螺钉固定式、压装式，如图 9-12 所示。

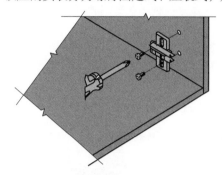 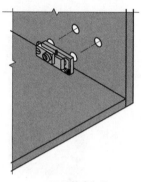

<table>
<tr><td>(a) 螺钉固定式安装
用刨花板螺栓、欧式专用螺栓或者预装专用螺塞，再用螺丝刀将其拧入</td><td>(b) 压装式安装
直接将铰座带胀塞用机器压入即可</td></tr>
</table>

图 9-12　铰座的安装

9.2.6　铰链的调节

门安装上后，可能出现缝隙不匀、关不上、合不严的情况，因此需要调校门铰使门达到理想位置，如图 9-13 所示。使用十字形、一字形快装铰座的调节，可以通过转动偏心凸轮在 -0.5 ～ 2.8mm 内调节，并且调节过程中不需要松开固定螺钉。

门板侧边的调节，调节前，门边距一般为 0.7mm，在 -0.5 ～ 4.5mm 内调节铰臂上的调节螺钉。厚门铰链或窄门铰链，一般调节范围为 -0.15 ～ 4.5mm。

(a) 铰链的调节——调节高度　　(b) 铰链的调节——调节侧面　(c) 铰链的调节——调节深度
(只有三维底座可以)

图 9-13　铰链的调节

知识贴士

普通铰座的前后调节，可以通过松开铰座上的固定螺钉进行。前后滑动铰臂位置在 2.8mm 内调节。调节后，重新拧紧螺钉。

9.2.7　门铰链的安装与拆卸（免工具安装）

柜门铰链免工具安装，适用于快装式铰链，可以采用锁扣方式，也可以不用任何工具安装与拆卸门板，如图 9-14 所示。

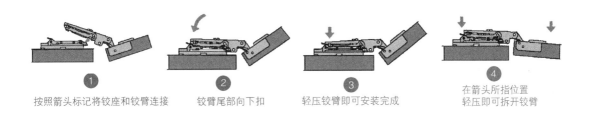

① 按照箭头标记将铰座和铰臂连接　　② 铰臂尾部向下扣　　③ 轻压铰臂即可安装完成　　④ 在箭头所指位置
　　　轻压即可拆开铰臂

图 9-14　门铰链的安装与拆卸免（工具安装）

9.2.8　门铰链的安装与拆卸（螺钉固定）

　　螺钉固定安装柜门铰链，柜门上的铰杯可以插入普通铰链，再用螺钉固定即可，如图 9-15 所示。

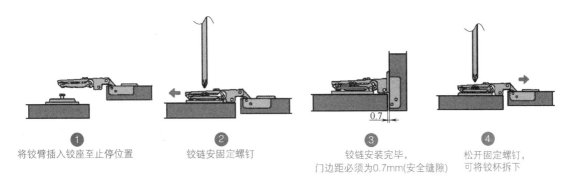

① 将铰臂插入铰座至止停位置　　② 铰链安固定螺钉　　③ 铰链安装完毕，　　④ 松开固定螺钉，
　　　　　　　　　　　　　　　　　　　　　　　　　　　门边距必须为0.7mm(安全缝隙)　　可将铰杯拆下

图 9-15　门铰链的安装与拆卸（螺钉固定）

9.2.9　抽屉的安装

　　抽屉的安装如图 9-16 所示。

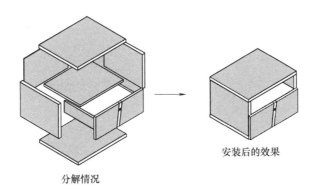

分解情况　　　　　　　　　　安装后的效果

图 9-16

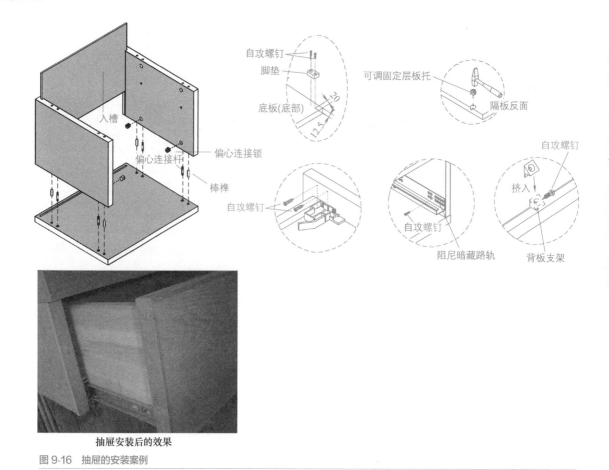

抽屉安装后的效果

图 9-16　抽屉的安装案例

9.2.10　桌台类可拆家具的安装技术

桌台类可拆家具的安装技术如图 9-17 所示。

如果是包含金属脚、金属管和化妆镜等配件的桌台类家具，在完成桌台柜体的安装后，再按照装配图安装金属脚，待面板与侧板连接后再通过金属管与柜体连接，最后用专用配件将化妆镜与柜面板连接，安装后镜面应稳固无倾斜

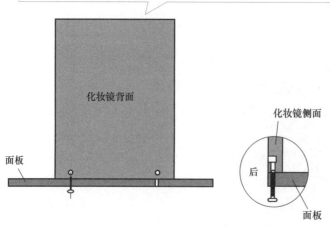

图 9-17　桌台类可拆家具的安装技术

9.2.11　床类可拆家具的安装技术

床类可拆家具的安装技术如图 9-18 所示。

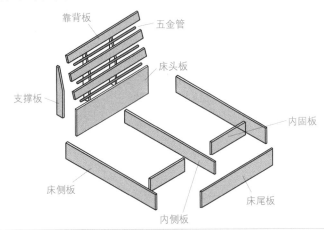

靠背板　　五金管

床头板

支撑板

内固板

床侧板

床尾板

内侧板

❶ 先用偏心连接件组装床头,安装床两边侧板上的连接螺杆,并将内侧板和内固板连接

❷ 安装好后再把床头板和床侧板用配套的连接件连接,将床头和床侧板间相对应的孔位对正锁好

❸ 床尾板与床侧板和内固板用偏心连接件连接

床活动部件安装示意

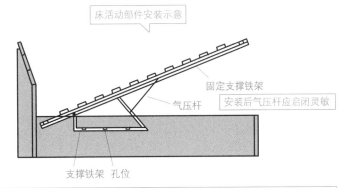

固定支撑铁架

气压杆　　安装后气压杆应启闭灵敏

支撑铁架　孔位

床体连接好后再安装床铺面架,安装时先将排骨架放平,再把固定支撑铁架和排骨架连接
排骨架两边的孔位与支撑铁架两边对应的孔连接,连接好后将排骨架放好,保持平整确保排骨架压在内侧板和内固板上面
把固定支撑架与床侧板连接,确保支撑架安装定位准确,最后将排骨架支起来把气压杆锁紧,安装后气压杆应启闭灵敏

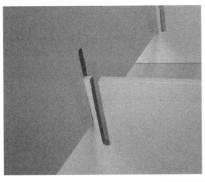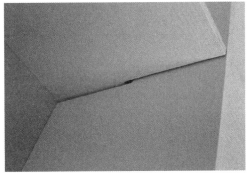

有的床内固板采用槽卡形式

图 9-18　床类可拆家具的安装技术

9.2.12　橱柜的安装

橱柜安装施工要点见表 9-1。整体橱柜在装修初期，厨房没有墙体方面上改动的情况，则可以在敲墙前进场测量。如果要改动厨房的墙体，但是对于橱柜的设计没有什么影响，也可以早期测量，提前计划。

表 9-1　橱柜安装施工要点

名称	解释
找线与定位	（1）安装橱柜地柜前，要对厨房地面清扫干净，以便准确测量地面水平。另外，还需要平整地板 （2）根据图纸与现场弹好的定位线、标准线，确定好正确的安装位置
橱柜框架安装	（1）用线坠、靠尺板等工具校正柜体垂直度、平整度 （2）柜体上下两侧用气枪钉、螺钉等恰当方式固定，并且钉帽不外露 （3）橱柜与周边基体间产生的缝隙，可以采用腻子、木压条、线角等恰当方式处理
橱柜门扇安装	（1）壁柜门常用的开启方式有推拉门、平开门。其中，推拉门常采用塑料滑道、滚轮滑道等方式。平开门常采用合页铰链、烟斗铰链等方式 （2）根据橱柜门扇规格尺寸确定五金配件的型号规格 （3）根据框扇连接件特点，划线确定位置与相关操作。例如合页槽位置、剔合页槽、铰链连接位置、滑道位置、试装等 （4）扇间、框扇间留缝要合适
抽屉安装	首先使用木螺钉把抽屉旁板底部的抽屉滑道框架拧固在旁板、隔板相应位置上，然后把抽屉放进上、下抽屉滑道间，并且确定好抽屉上下左右接合地方的间隙，以便抽屉能够正常拉出推进、回位正确
配件安装	（1）常见的五金件包括锁、铰链、拉手、合页等 （2）五金件安装要牢固整齐、表面洁净
安装吊柜（整体橱柜）	安装吊柜时，首先在墙面画一条与台面的距离为 650mm 的水平线，以确保膨胀螺栓水平。用连接件连接柜体，以确保吊柜柜体连接紧密。吊柜安装好后，要调整吊柜的水平度
安装台面（整体橱柜）	（1）安装前，检查台面材质、颜色等与选定的是否一致，以及检查台面接口的粗细，越细的接口线越显得美观且更牢固 （2）为了避免误差，一般在地柜与吊柜安装后一段时间内再安装台面，以确保橱柜安装准确 （3）采用人造石、天然石制成的橱柜台面，可以利用专业胶水安装。接缝的地方采用打磨机打磨抛光
安装水盆、龙头、拉篮等五金	（1）在安装橱柜时，若遇到下水安装情况，一般是在现场开孔。开孔孔径一般比管道至少大 3 ~ 4mm，并且开孔部分要用密封条密封，以免橱柜木材边缘渗水导致膨胀变形 （2）软管与水盆的连接，软管与下水道的连接，需要用密封条或玻璃胶密封，以防水盆或下水出现渗水情况
安装灶具电器	（1）在安装橱柜时，若遇到嵌入式电器，则往往只需在现场开电源孔 （2）抽油烟机与灶台的距离一般保持在 750 ~ 800mm，并且抽油烟机与灶具左右对齐 （3）灶具的安装，还需要连接气源，为此，橱柜往往要开燃气管孔

橱柜安装的一些注意事项如下。

① 壁柜安装时，注意检查底部与顶部水平面要平行，两边要垂直。

② 厨房内吊柜的安装位置不得影响自然通风、天然采光。安装或预留燃气热水器位置时，要满足自然通风的要求。

③ 橱柜设计的尺寸可能会比现场尺寸稍小 20 ~ 50mm，以防围墙身不直或其他误差，导致安装时放不进柜的情况。

④ 橱柜往往安装在厨房。一些厨房的地面会有排水坡度。因此，橱柜与地面不是水平的，安装时要调整好。

⑤ 地柜、吊柜安装时，要检查柜体的边角是否存在问题。安装后，可以用力摇摇看是否存在松动现象，以确保柜体完全固定在地面上或墙面上。

⑥ 电源插座、上下水口不能在两个柜身的侧板中间位置。

⑦ 调整门板时要保证柜门缝隙均匀且竖直横平。

⑧ 放置橱柜地板柜后，可以通过机柜的调整支腿调整机柜的水平。

⑨ 各接缝不能太大，否则会影响稳定性与美观性。

⑩ 一般在柜体间要使用 4 个连接件进行连接，以保证柜体间的紧密。

⑪ 柜子都采用一个平开门时要注意柜门打开方向要一致。如果两个相邻的柜门，一个安装在柜子左侧，一个安装在柜子右侧，则打开柜门时会不方便。

⑫ 离地高度不超过地脚线的管道，则可以考虑在橱柜底部穿过。

⑬ 泡沫墙、空心墙上不能够安装吊柜。

⑭ 墙边、转角位安装拉出式的柜，则要注意是否存在面墙小于 90°、窗台突出或存在门框线的情况，以免这些情况影响柜子无法拉出。

⑮ 如果是 U 形、L 形柜，则可以先确定基点，再从直角延伸到两侧。

⑯ 一般窗位不安装吊柜，如果有特别要求，则要加封夹板固定好，才能够安装吊柜。

橱柜制作与安装工程一些项目的质量参考要求见表 9-2。橱柜安装的允许偏差和检验法见表 9-3。

表 9-2　橱柜制作与安装工程一些项目的质量参考要求

项目	项目类型	要求	检验法
橱柜表面要求	一般项目	橱柜表面要平整洁净、色泽一致，无损坏、无裂缝、无翘曲	可以采用观察检验法检查
橱柜裁口要求	一般项目	橱柜裁口要顺直、裁口拼缝要严密	可以采用观察检验法检查
橱柜的抽屉与柜门要求	主控项目	抽屉柜门要开关灵活、回位要正确	（1）可以采用观察检验法检查 （2）开启和关闭检查
橱柜配件的品种、规格要求	主控项目	要符合设计、要求、标准等有关规定。配件要齐全，配件安装要牢固	（1）可以采用观察检验法检查 （2）手扳检查 （3）检查进场验收记录

表 9-3　橱柜安装的允许偏差和检验法

项目	允许偏差 /mm	检验法
立面垂直度	2	可以用 1m 垂直检测尺检查
门与框架的平行度	2	可以用钢尺检查
外形尺寸	3	可以用钢尺检查

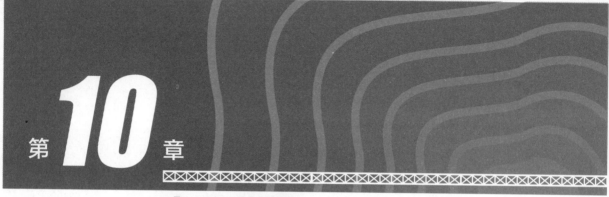

第10章

木工吊顶

10.1 吊顶基础与常识

10.1.1 吊顶材料的分类与图例

吊顶材料包括龙骨、面板等材料，如图 10-1 所示。

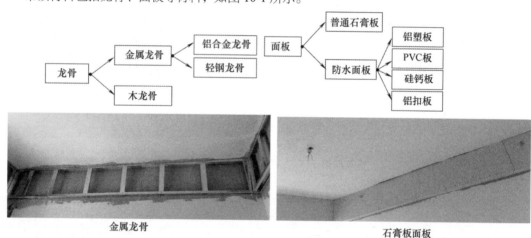

金属龙骨

石膏板面板

图 10-1 吊顶材料

10.1.2 硅钙板的特点

硅钙板又称石膏复合板，是一种多孔材料，具有良好的隔声、隔热等性能。硅钙板与石膏板比较，其外观上保留了石膏板的美观，但是其重量低于石膏板，强度高于石膏板，改变了石膏板因受潮而变形的弱点。硅钙板如图 10-2 所示。

10.1.3 铝扣板的特点、规格与分类

铝扣板是一种家装吊顶材料，主要用于厨房、卫生间的吊顶工程，如图 10-3 所示。

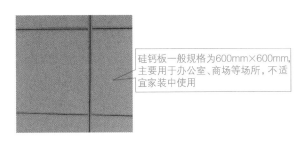

硅钙板一般规格为600mm×600mm，主要用于办公室、商场等场所，不适宜家装中使用

图 10-2　硅钙板

铝扣板的规格有长条形、方块形、长方形等
常用的长条形规格有5cm、10cm、15cm、20cm等
常用的方块形规格有300mm×300mm、600mm×600mm等
小面积吊顶多采用300mm×300mm铝扣板
大面积吊顶多采用600mm×600mm铝扣板
铝扣板厚度有0.4mm、0.6mm、0.8mm等
越厚的铝扣板越平整，使用年限也越长

根据表面处理工艺，家装铝扣板可以分为喷涂铝扣板、滚涂铝扣板、覆膜铝扣板等
喷涂铝扣板正常使用年限为5～10年
滚涂铝扣板正常使用年限为7～15年
覆膜铝扣板正常使用年限为10～30年

图 10-3　铝扣板

10.1.4　铝塑板的特点与结构

铝塑板（图 10-4）由铝层与塑层组成。铝塑板常见规格有 1220mm×2440mm 等。铝塑板是室内吊顶、包管的材料。

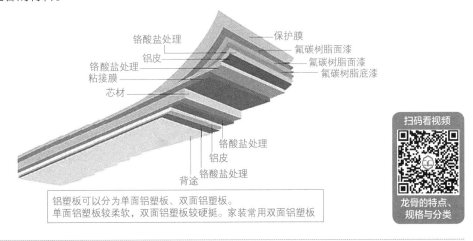

铬酸盐处理
铝皮
铬酸盐处理
粘接膜
芯材
保护膜
氟碳树脂面漆
氟碳树脂面漆
氟碳树脂底漆
铬酸盐处理
铝皮
铬酸盐处理
背途

铝塑板可以分为单面铝塑板、双面铝塑板。
单面铝塑板较柔软，双面铝塑板较硬挺。家装常用双面铝塑板

扫码看视频

龙骨的特点、规格与分类

图 10-4　铝塑板

10.1.5　龙骨的特点、规格与分类

龙骨分为木龙骨、轻钢龙骨等。
家装吊顶常用木龙骨规格为 30mm×50mm，常用木材有白松、红松、樟子松等。木龙骨也

是隔墙的常用龙骨。

轻钢龙骨吊顶架构由主龙骨、副龙骨、配件等组成，如图 10-5 所示。

铝扣板配套采用的轻钢龙骨。铝扣板分条形、方块形等，因此其配套龙骨也不相同。

图 10-5　轻钢龙骨

10.1.6　吊顶轻钢龙骨的配件

吊顶轻钢龙骨的配件如图 10-6 所示。

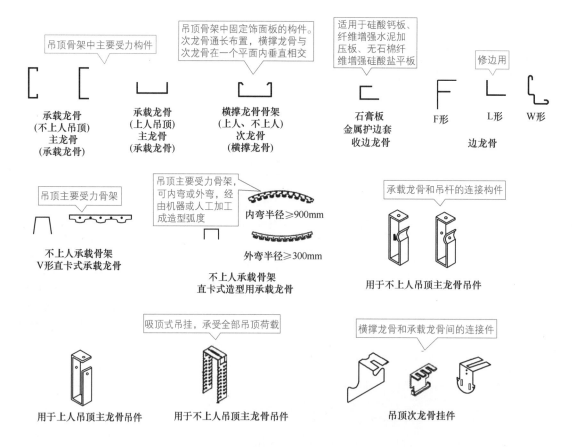

用于吊顶主龙骨、次龙骨的连接(延长)

与吊件连接，承受全部荷载

$\phi 4$、$\phi 6$钢筋用于不上人吊顶，$\phi 8$钢筋用于上人吊顶

当钢筋为通长套扣时也称为全牙吊杆，分别用M6、M8表示

连接件

钢筋吊杆

全牙吊杆

角与楼板之间固定件

平面连接次龙骨与横撑龙骨

也可用于单层龙骨吊顶，连接吊件与横撑龙骨

转角连接件

挂插件
(水平件)

塑料吸顶吊件
金属吸顶吊件
卡扣件

用于承载龙骨和次龙骨的连接固定
双扣卡挂件

吊杆实物

轻钢龙骨实物的安装

图 10-6　吊顶轻钢龙骨的配件

10.2　吊顶技能

10.2.1　石膏板吊顶配件

石膏板吊顶配件见表 10-1。石膏板的类型与应用见表 10-2。

表 10-1　石膏板吊顶配套材料

名称	用途
嵌缝石膏	石膏板拼缝的黏结处理，对表面破损进行修补
金属护角纸带	以嵌缝石膏共同使用，对吊顶的阴角或阳角进行保护，并可起到线条挺阔、美观的作用
接缝膏	用于石膏板直角边或穿孔石膏板直角边无纸带接缝
接缝纸带	与嵌缝石膏共同使用，做石膏板拼缝的黏结嵌缝处理，也可用作阴角或阳角的修饰，或对裂缝进行修复
玻纤网格带	

表 10-2　石膏板的类型与应用

名称	品种	适用范围	板型尺寸 /mm	
			长 × 宽	厚
纸面石膏板	普通型	一般建筑室内吊顶	2400 × 1200 2700 × 1200 3000 × 1200	9.5/12/15

续表

名称	品种	适用范围	板型尺寸 /mm	
			长 × 宽	厚
纸面石膏板	耐水型	一般建筑潮湿环境吊顶	2400×1200 2700×1200 3000×1200	9.5/12/15
	耐火型	一般建筑防火吊顶	2400×1200 2700×1200 3000×1200	9.5/12/15
	耐水耐火型	一般建筑防潮、防火吊顶	2400×1200 2700×1200 3000×1200	15
穿孔吸声石膏板	穿孔石膏板	需要吸声、降噪、调节音质的室内吊顶	600×600 600×1200	9.5/12
	覆膜石膏板		2400×1200 2700×1200 3000×1200	
装饰纸面石膏板	覆膜石膏板	有洁净要求的室内吊顶		
装饰石膏板	—	一般建筑室内吊顶	600×600	8/10/12/15
纤维石膏板	纸纤维石膏板	一般建筑室内吊顶	2400×1200 2440×1220 3000×1200	10/12.5/15
	木纤维石膏板（石膏刨花板）	一般建筑室内吊顶	3050×1200	8/10/12/15

10.2.2　石膏板吊顶主次龙骨的排列

石膏板吊顶主次龙骨的排列如图 10-7 所示。

每平方米吊顶主龙骨及配件							
主龙骨中距/mm	吊件中距/mm	主龙骨/m	主龙骨吊件/个	螺栓螺母/套	吊杆		主龙骨连接件/个
					根	螺母/个	
1200	800	0.82	1.03	1.03	1.03	2.06	0.33
	900		0.91	0.91	0.91	1.92	
	1000		0.82	0.82	0.82	1.64	
1100	800	0.91	1.14	1.14	1.14	2.28	0.36
	900		1.01	1.01	1.01	2.02	
	1000		0.91	0.91	0.91	1.82	
1000	800	1.00	1.25	1.25	1.25	2.50	0.4
	900		1.11	1.11	1.11	2.22	
	1000		1.00	1.00	1.00	2.00	
900	800	1.11	1.39	1.39	1.39	2.78	0.44
	900		1.23	1.23	1.23	2.46	
	1000		1.11	1.11	1.11	2.22	
800	800	1.25	1.56	1.56	1.56	3.12	0.5
	900		1.39	1.39	1.39	2.78	
	1000		1.25	1.25	1.25	2.50	

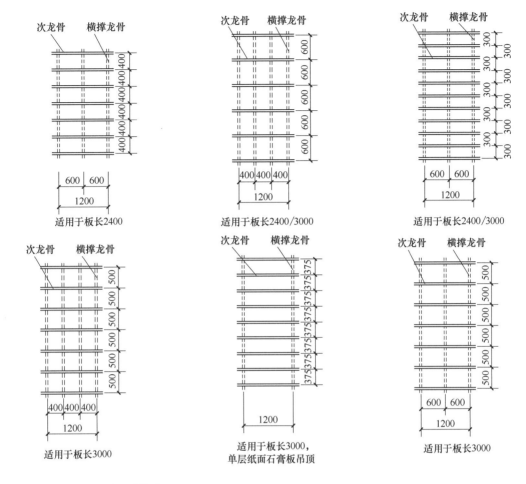

图 10-7   石膏板吊顶主次龙骨的排列

10.2.3   吸顶式吊顶的安装

吸顶式吊顶的安装如图 10-8 所示。

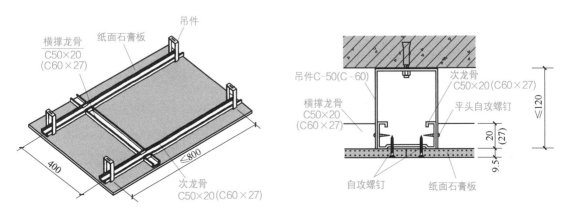

图 10-8   吸顶式吊顶的安装

10.2.4 卡式龙骨弧形吊顶安装

卡式龙骨弧形吊顶安装如图 10-9 所示。

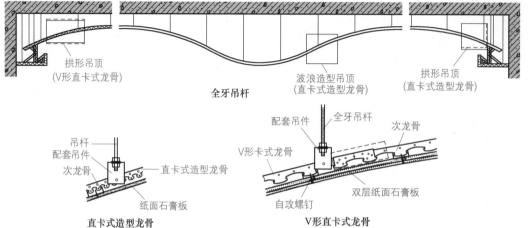

图 10-9 卡式龙骨弧形吊顶安装

10.2.5 吊顶工艺的技巧与要求

① 吊顶前要找水平点，要弹水平线。

② 龙骨木制材料均应刷防火涂料。

③ 石膏板面自攻螺钉一般内陷 1～2mm 并做防锈处理，平整牢固。对于异形处，要使其线条流畅。

④ 一般情况下严禁直接使用木楔状将吊顶钉到顶上，尤其是大型、比较重的吊顶。

⑤ 有的工程要求木龙骨刷防火涂料，直到看不见木龙骨颜色为止。

⑥ 有的工程要求木龙骨上蒙一层足尺柳桉芯九厘板后再上石膏板。

⑦ 有的工程要求龙骨上蒙一层足尺柳桉芯九厘板后再用万能胶粘贴铝塑板。

⑧ 铝塑板折叠面的角要圆滑，不可折断。

⑨ 吊顶结构应安装牢固，龙骨应顺直平整。

⑩ 吊顶罩面板接缝处应留 3～5mm 间隙，并倒出 45° 斜角。

⑪ 石膏板应用沉头螺钉固定，顶帽必须做防锈处理。

⑫ 吊顶跨度≥4m 时，应有不小于窄边宽度的 1/200 的起拱。

⑬ 圆弧形造型须用双层三夹板或双层五夹板错位再封一层石膏板。

⑭ 纸面石膏板安装以前须将板块四周倒边露出石膏来。

⑮ 灯槽可以用九夹板加石膏板。

⑯ 吊筋应固定在开口向上的木方上。

⑰ 吊筋可以用射钉固定，也可以用圆钉固定，还可以膨胀螺栓固定，具体根据实际情况来确定。

⑱ 顶面石膏板收口，收口应在侧向，不能在下方。

⑲ 纸面石膏板接口位置应倒角。

⑳ 预留的浴霸、顶灯口要在上面加固木方。

㉑ 石膏板钉装是大面盖住小面，即拼口在侧面。

10.2.6 纸面石膏板的安装技巧

① 石膏板宜竖向铺设，长边接缝需要安装在竖龙骨上。

② 木龙骨一般用木螺钉固定。轻钢龙骨一般用自攻螺钉固定。板中钉间距不得大于 300mm。沿石膏板周边钉间距，不得大于 200mm。螺钉与板边距离为 10 ~ 15mm。

③ 安装石膏板时，应从板的中部向板的四边固定。钉头略埋入板内，并且不得损坏纸面。钉眼需要进行防锈处理，如图 10-10 所示。

图 10-10　钉眼防锈处理

　　石膏板的接缝，需要根据设计要求进行板缝处理。石膏板与周围墙或柱，需要留有 3mm 的槽口，以便进行防开裂处理。龙骨两侧的石膏板、龙骨一侧的双层板的接缝，均需要错开，不得在同一根龙骨上接缝。

10.2.7 木龙骨吊顶工艺要点

① 熟读图纸，理解图纸，弄懂造型。

② 将木方刨平，并且刷上防火涂料。

③ 在墙面上弹出吊顶水平线。

④ 根据需要，在顶上先固定几根纵向龙骨制作龙骨框架。该先固定几根纵向龙骨，可以在地面上先钉好。

⑤ 根据图纸，制作龙骨框架。该龙骨框架的制作，也可以在地面上先钉好。

⑥ 如果是异形顶，一般需要应用细木工板做出模型。

⑦ 安装好吊杆，利用吊杆将木龙骨固定好。固定木龙骨时，需要注意调整水平度和垂直度。

⑧ 固定木龙骨时，需要注意预留出灯座底板、灯槽位置、电线留出线头等是否正确。

⑨ 将裁切的石膏板用自攻钉固定在木龙骨上。

有的项目，因层高考虑而没有吊杆，直接固定木龙骨，如图 10-11 所示。

　　有项目是用 20mm×40mm 木方做成 300mm×300mm 网架做龙骨架。要削掉木方上的树皮，面积大于 2m²，宽度伸出墙面距离超过 400mm 或长度大于 1000mm，需要在水泥顶棚上用膨胀螺栓（间距 600mm）加固，并且用 20mm×40mm 木方吊筋与龙骨架连接（间距在 450mm 以内）。

(a) 木方

(b) 木龙骨

图 10-11　木龙骨吊顶工艺

10.2.8　铝扣板吊顶的工艺要点

扫码看视频

铝扣板吊顶的
工艺要点

① 根据顶棚的管道、顶棚的层高、吊顶施工图确定吊顶高度，并且根据此高度弹水平线。

② 打眼，并且将铝扣板边角条沿水平线上沿固定好。拐角位置，需要将边角条根据 45° 角对角。

③ 确定主龙骨位置，并且在顶棚上打眼，安装吊筋。

④ 利用吊筋把主龙骨固定好。

⑤ 将铝扣板依次扣上主龙骨。如果是条状铝扣板，则需裁切成合适的长度。

⑥ 将铝扣板调平，并且注意平整度。

铝扣板吊顶的工艺要点如图 10-12 所示。

轻钢龙骨与吊片

铝扣板吊顶

图 10-12　铝扣板吊顶的工艺要点

 **知识贴士**

　　铝扣板吊顶，严格要求水平。轻钢龙骨的铝扣板吊顶，轻钢龙骨卡口齿要对齐，有的项目要求龙骨间距在 50cm 以内，吊筋间距 60 ～ 80cm 为宜。上铝扣板时手要轻，以免将板面按出坑来。铝扣板边条与瓷砖接触处不严实位置，要用密封胶打严实。

　　厨房、卫生间铝合金吊顶的工艺要点如下。

　　① 首先测量卫生间的下水弯头的最低高度，确定主龙骨位置高度。

　　② 定好吊顶高度，并且在墙上弹出墨线。

　　③ 一般用 6mm 的钻头打孔、钉木尖（可以采用膨胀螺栓固定方案），然后把合金角线固定在墨线的下边（可以采用玻璃胶固定角线方案）。

　　④ 厨卫天花上不能打孔、不能打电锤（以免破坏防水层），架好木方后，则可以安装扣板、主龙骨。

　　⑤ 不管是方扣板的主龙骨，还是条形扣板的主龙骨，一般应进合金角线 10mm 左右，中间要接几根线看平。方形扣板一般按 90° 正角排列装齐。

　　⑥ 灯、浴霸的地方要预留口子，并且在其上面应加固钉木框。

知识贴士

　　不能在扣板上压瓷片、砖块。但是，四边可钉一块 50mm 的大芯板条，把扣板压平。厨房、卫生间墙壁瓷砖可以贴高一点，以便边条可以直接在瓷砖上打胶固定。扣板不平整，若是龙骨太少，则必须按要求增加龙骨。

10.2.9　轻钢骨架活动罩面板顶棚

　　轻钢骨架活动罩面板顶棚施工质量记录常包括隐蔽工程记录、工程验收质量评评资料、技术交底记录、材料进场验收记录、材料进场复验报告等。

　　轻钢骨架活动罩面板顶棚允许偏差见表 10-3。

表 10-3　轻钢骨架活动罩面板顶棚允许偏差

龙骨						
项目	允许偏差 /mm					检验法
	矿棉板	塑料板	玻璃板	硅钙板	格栅	
龙骨间距	2	2	2	2	2	可以尺量检查
龙骨平直	3	3	3	3	3	可以尺量检查
起拱高度	±10	±10	±10	±10	±10	可以拉线尺测量
龙骨四周水平	±5	±5	±5	±5	±5	可以尺量或水准仪检查

面板						
项目	允许偏差 /mm					检验法
	矿棉板	塑料板	玻璃板	硅钙板	格栅	
表面平整	2	2	1	2	2	可以用 2m 靠尺检查
接缝平直	1.5	1.5	1	1.5	1.5	可以拉 5m 线检查
接缝高低	0.5	0.5	0.5	1	1	可以用直尺或塞尺检查
顶棚四周水平	±5	±5	±5	±5	±5	可以拉线或用水准仪检查

压条						
项目	允许偏差 /mm					检验法
	矿棉板	塑料板	玻璃板	硅钙板	格栅	
压条平直	2	2	2	2	2	可以拉 5m 线检查
压条间距	2	2	2	2	2	可以尺量检查

10.2.10　明龙骨吊顶工程施工安装的允许偏差和检验法

明龙骨吊顶工程施工安装的允许偏差和检验法见表 10-4。

表 10-4　明龙骨吊顶工程施工安装的允许偏差和检验法

项目	石膏板允许偏差 /mm	金属板允许偏差 /mm	矿棉板允许偏差 /mm	检验法
表面平整度	3	2	3	可以用 2m 靠尺和塞尺检查
接缝直线度	3	2	3	可以拉 5m 线，不足 5m 拉通线，用钢直尺检查
接缝高低差	1	1	2	可以用钢直尺和塞尺检查

10.2.11　格栅吊顶

格栅吊顶工程一些项目的质量要求，可以参考其他吊顶工程一些项目的质量要求。格栅吊顶工程安装的允许偏差和检验法见表 10-5。

表 10-5　格栅吊顶工程安装的允许偏差和检验法

项目	木格栅、塑料格栅、复合材料格栅允许偏差 /mm	金属格栅允许偏差 /mm	检验法
表面平整度	3	2	可以用 2m 靠尺和塞尺检查
格栅直线度	3	2	可以拉 5m 线，不足 5m 拉通线，用钢直尺检查

10.2.12　整体面层吊顶

整体面层吊顶工程质量参考要求见表 10-6。整体面层吊顶工程质量的允许偏差与其检验法见表 10-7。

表 10-6　整体面层吊顶工程质量参考要求

项目	项目类型	要求	检验法
吊顶内填充吸声材料的品种、铺设厚度	一般项目	要符合设计、标准、规定等有关要求与具有防散落措施	检查隐蔽工程验收记录、施工记录
吊杆与龙骨的材质、规格、安装间距、连接方式、其他要求	主控项目	（1）要符合设计、标准、规定等有关要求 （2）金属吊杆、龙骨要经过表面防腐处理 （3）木龙骨要进行防腐、防火处理	（1）可以采用观察检验法来检查 （2）尺量检查 （3）检查合格证书、性能检验报告、进场验收记录、隐蔽工程验收记录
顶标高、尺寸、起拱、造型	主控项目	要符合设计、标准、规定等有关要求	（1）可以采用观察检验法来检查 （2）尺量检查

续表

项目	项目类型	要求	检验法
金属龙骨的接缝	一般项目	（1）接缝要均匀一致，角缝要吻合 （2）表面要平整，无翘曲、无锤印	检查隐蔽工程验收记录、施工记录
面板上的灯具、烟感器、喷淋头、风口箅子、检修口等设备设施的位置与交接要求	一般项目	位置要合理美观，与面板交接要吻合严密	可以采用观察检验法来检查
面层材料表面要求	一般项目	（1）要洁净、色泽一致 （2）不得出现翘曲、裂缝及缺损 （3）压条要宽窄一致与平直	（1）可以采用观察检验法来检查 （2）尺量来检查
面层材料的材质、品种、规格、图案、颜色、性能	主控项目	要符合设计、标准、规定等有关要求	（1）可以采用观察检验法来检查 （2）检查合格证书、性能检验报告、进场验收记录、复验报告
木质龙骨的要求	一般项目	要顺直、无劈裂、无变形	检查隐蔽工程验收记录、施工记录
石膏板、水泥纤维板的接缝	主控项目	要根据施工工艺标准进行板缝防裂等处理	可以采用观察检验法来检查
双层板安装时，面层板与基层板的接缝要求	主控项目	接缝要错开，以及不得在同一根龙骨上接缝	可以采用观察检验法来检查
整体面层吊顶工程的吊杆、龙骨、面板的安装	主控项目	要安装牢固	（1）可以采用观察检验法来检查 （2）手扳检查 （3）检查隐蔽工程验收记录、施工记录

表 10-7　整体面层吊顶工程质量的允许偏差与其检验法

项目	允许偏差 /mm	检验方法
表面平整度	3	可以用 2m 靠尺和塞尺检查
缝格、凹槽直线度	3	可以拉 5m 线，不足 5m 拉通线，用钢直尺检查

10.2.13　板块面层吊顶

板块面层吊顶工程一些项目的质量参考要求见表 10-8。板块面层吊顶工程安装的允许偏差和检验法见表 10-9。

表 10-8　板块面层吊顶工程一些项目的质量参考要求

项目	项目类型	要求	检验法
板块面层吊顶工程的吊杆与龙骨安装情况	主控项目	安装要牢固	（1）手扳检查 （2）检查隐蔽工程验收记录、施工记录
玻璃板面层材料	主控项目	要使用安全玻璃，以及采取可靠安全措施	（1）可以采用观察检验法来检查 （2）检查产品合格证书、性能检验报告、进场验收记录、复验报告

表 10-9　板块面层吊顶工程安装的允许偏差和检验法

项目	石膏板允许偏差 /mm	金属板允许偏差 /mm	矿棉板允许偏差 /mm	木板、塑料板、玻璃板、复合板允许偏差 /mm	检验法
表面平整度	3	2	3	2	可以用 2m 靠尺和塞尺检查
接缝高低度	1	1	2	1	可以用钢直尺和塞尺检查
接缝直接度	3	2	3	3	可以拉 5m 线，不足 5m 拉通线，用钢直尺检查

第 **3** 篇

精通篇——匠心精铸

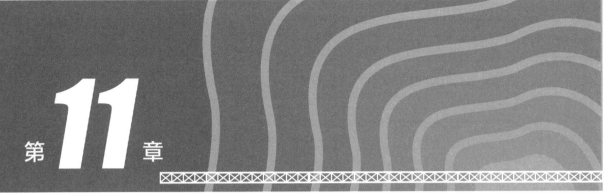

第**11**章

装修木工与工地木工

11.1 装修木工

11.1.1 家装木工施工工艺

家装木工施工工艺如下。

① 材料到工地，木工（组长）与项目经理等人员应检查材料的数量、质量、规格、分类等。不合格的材料，坚决不用。

② 根据图纸，要在现场核定尺寸，并且考虑与作业区域周围的联系后下料。

③ 下料时，必须考虑充分利用材料，并先开大料，再开小料，最后利用边角余料。

④ 所有位置用料都应与设计一致。

⑤ 制作工作台时，操作台一定要平整，要求锯机锯片是合金片，与锯机结构无间隙，锯片与活动板的轨道平行，同时活动板与固定轨道的间隙只能留 1mm，以保证下料平齐。

知识贴士

如果是饰面型推拉窗、推拉门，则下材时需要注意饰面板木纹的方向、颜色、花纹、拼板等情况。如果有色漆推拉窗、推拉门，则下材时一般先把推拉窗、推拉门用整张夹板挖好，然后利用挖出来的料压制柜门。

11.1.2 装修木工小常识

① 安装双层石膏板时，面层板与基层板的接缝应错开，不得在同一根龙骨上接缝。

② 抽屉应开启自如、轻松，不得有擦刮。

③ 厨房抽屉很有用。

④ 大的木板材买来后就要锯开风干。

⑤ 地板和墙间要留 8 ~ 10mm 的缝。

⑥ 地板木龙骨平整度是 5mm。

⑦ 地龙骨最好用烘干落叶松。

⑧ 吊顶的吊筋距离墙边不得大于 300mm。

⑨ 吊扇不能装在吊顶龙骨上。

⑩ 房门的大小应该一致。

⑪ 复合地板长度超过 8m 时要考虑伸缩缝。

⑫ 细部各尺寸一定要考虑好，否则改起来比较麻烦。

⑬ 工地开工时，认真听交底内容，并且记录与签字。

⑭ 花色面板施工时要预先挑色。

⑮ 花色面板一进场一般就要用油漆刷一遍，防止面板被弄脏。

⑯ 家里有小孩时玻璃要少用。

⑰ 铰链和五金一定要用质量好的。

⑱ 尽量少用中密度板做门套。

⑲ 毛地板要铺成 30° 或 45°，板和板间留 2 ～ 3mm，缝要错开。

⑳ 木工封闭前，要确认是否有水电施工需要整改。

㉑ 木工进场后，对整个房间要测量水平，标注水平线。

㉒ 木工进场前先要弹房子水平线。

㉓ 木门的上下冒头处要刷油漆。

㉔ 石膏板钉子间的距离不得大于 200mm。

㉕ 石膏板阳角位置最好做阳角条保护。

㉖ 石膏板要与墙有 3mm 的缝，以便进行防裂处理。

㉗ 石膏板应在自由状态下进行固定，以防止出现弯棱、凸鼓现象。

㉘ 饰面板进场后应涂刷一遍封底漆，防止施工过程中造成污染。

㉙ 同一平面柜门不得有色差。

㉚ 卫生间门套的底部要刷防水涂料。

㉛ 卫生间小的话尽量做移门，不要做开门，以免占空间。

㉜ 一定要好好看图纸。

㉝ 纸面石膏板的长边（即包封边）应沿纵向次龙骨铺设。

㉞ 纸面石膏板螺钉应与板面垂直。弯曲、变形的螺钉应剔除。

㉟ 纸面石膏板与龙骨固定，应从一块板的中间向板的四边进行，不得多点同时作业。

11.1.3　装修木工验收汇集

① 地脚线是否安装平直、离地准确。

② 构造是否平直。无论水平方向，还是垂直方向，正确的木工做法都应是平直的。

③ 柜门把手锁具安装位置是否正确、开启正常。

④ 弧度与圆度是否顺畅、圆滑。除了单个外，多个同样造型的产品还要确保造型一致。

⑤ 铝扣板、PVC 扣板等洗手间、厨房部分的天花板是否平整、没有变形现象。

⑥ 木工项目是否存在破缺现象。应保证木工项目表面的平整，没有起鼓或破缺。

⑦ 天花角线接驳处是否顺畅，有无明显不对纹和变形。

⑧ 转角是否准确。正常的转角均是 90°，特殊设计因素除外。

⑨ 装饰面板钉眼有没有补好。

⑩ 卧室门、其他门扇开启是否正常。关闭状态时，上、左、右门缝要应严密，下门缝隙适度，一般以 0.5cm 为佳。

⑪ 柜体柜门开关是否正常。柜门开启时，应操作轻便、没有异声。固定的柜体接墙部一般没有缝隙。

⑫ 拼花是否严密、准确。正确的木质拼花，要做到相互间无缝隙或者保持统一的间隔距离。

11.1.4　木地板的安装

家装家具的制作，包括衣柜的制作、门窗制作与安装、书柜制作与安装等。其中，本书前文已经介绍了衣柜的制作与安装、门窗制作与安装等，不再讲述。

木地板地面工程工艺准备包括作业条件准备、材料准备、主要施工机具准备等。

木地板地面工程工艺流程如图 11-1 所示。木地板地面工程一些施工要点见表 11-1。一些木地板工艺施工特点如图 11-2 所示。木地板地面工程施工质量要求（面层允许偏差）见表 11-2。

图 11-1　木地板地面工程工艺流程

表 11-1　木地板地面工程一些施工要点

项目	解释
安装格栅	（1）木格栅要做相应的防腐处理 （2）空铺式木格栅的两端要垫实钉牢。木格栅与墙间一般要留出不小于 30mm 缝隙 （3）实铺式木格栅的截面尺寸、间距、稳固方法等要根据设计等有关要求进行铺设
铺设毛地板	（1）铺设前要清除毛地板下空间内的杂物 （2）铺设毛地板时，要与格栅成 45° 或者 30° 钉牢，以及要使其髓心向上。板间的缝隙一般不大于 3mm，与墙间留有 8～12mm 的空隙 （3）毛地板的表面要刨平
安装木踢脚	（1）踢脚板接缝位置要做企口或错口相接，以及在 90° 转角位置要做 45° 斜角相接 （2）踢脚板要用钉与墙内防腐木砖钉牢，并且钉帽要砸扁，冲入板内 （3）踢脚板要与墙紧贴，并且上口平直 （4）踢脚板与木地板面层交接位置要采用钉设木压条

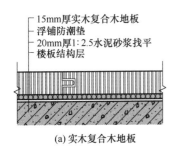

图 11-2　一些木地板工艺施工特点

地板的简单检测如图 11-3 所示。

表 11-2 木地板地面工程施工质量要求（面层允许偏差）

项目	面层允许偏差 /mm
板面缝隙宽度（拼花地板）	0.2
板面缝隙宽度（松木地板）	1
板面缝隙宽度（硬木地板）	0.5
板面拼缝平直	3
表面平整度（拼花、硬木地板）	2
表面平整度（松木地板）	3
踢脚线上口平齐	3
踢脚线与面层接缝	1
相邻板材高差	0.5

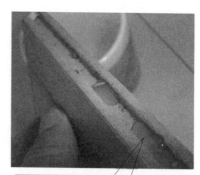

向地板基材内倒水，放置一段时间，如果水珠保持不变，则说明其基材密度大。如果水珠很快被吸收掉，则说明其质地疏松

图 11-3 地板的简单检测

11.1.5 桌子制作案例尺寸

桌子制作案例尺寸如图 11-4 所示。

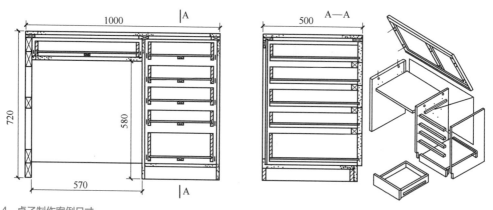

图 11-4 桌子制作案例尺寸

11.1.6 浴室柜的安装

浴室柜就是浴室间放物品的柜子。浴室柜面材，可以分为天然石材、人造石材、防火板、烤漆、玻璃、金属、实木等。基材是浴室柜的主体，其被面材掩饰。浴室柜基材的类型有刨花板、防潮板、不锈钢板、细木工板、中纤板、红木板等。柜体常见材料有实木类、陶瓷类、PVC类、密度板类、玻璃盆类等。

浴室柜的安装工艺流程如图 11-5 所示。不同的浴室柜有不同的安装要点，具体见表 11-3。

安装主柜 ❶ ➡ 安装置物架 ❷ ➡ 安装浴室镜 ❸ ➡ 安装侧柜 ❹

图 11-5 浴室柜的安装工艺流程

表 11-3   浴室柜的安装要点

名称	解释
落地式浴室柜	（1）落地式浴室柜一般不需要依附在墙体上 （2）可以先把柜体横着放，再把脚组件拧在固定片，然后安装上去，以及把整个柜子放在浴室中合适位置，再把柜脚往侧板方向靠拢，以及把脚螺栓调整好
挂墙式浴室柜	（1）挂墙式浴室柜一般采用膨胀螺栓等来安装 （2）先用冲击钻在墙面上打孔，再把挂墙配件塞入孔里，再用自攻螺钉安装
侧柜、置物架	侧柜、置物架的安装方法，可以参考挂墙式浴室柜的安装方法

浴室柜的安装注意事项如下。

① 安装前，检查配件是否齐全。

② 安装浴室柜时，应仔细检查核对浴室柜的颜色、规格等。

③ 浴室柜一般靠墙安装。

④ 安装浴室柜前，需要确定排水是墙排水，还是地排水。如果是墙排水，则下水管的墙面预留孔一般距地面 50 ～ 55cm，且在柜子正中间。如果是地排水，则只要预留孔在柜子正中间，但是距墙面不得太远。

⑤ 安装柜脚角后，一般根据是否平稳来确定是否调整。

⑥ 安装角阀前，需要关闭总水阀。安装角阀时，生料带要顺时针紧打在角阀螺纹上，并且漏出道丝，以便上角阀时比较好对应端口。生料带大概上 15 ～ 20 圈，具体根据道丝的松紧程度来确定。安装好角阀后，要先试水，在进水没有问题时再安装柜体。

⑦ 安装毛巾架，高度大约 25cm，具体高度尺寸根据使用者来确定。

⑧ 安装三角阀时，要确认冷水管和热水管是否保持水平线。

⑨ 涂抹胶水时，要均匀、紧密。

⑩ 安装时需要注意上水软管离出水管道的长度是否足够，如果长度不够，则需要加管子来实现连接。

⑪ 安装浴室柜后，要做一次测试与检查：水龙头角度位置是否合适、上下水路是否通畅等。

⑫ 安装浴室柜台盆龙头时，一般使用螺母将其固定。固定时，要用一只手扶好龙头，以免安装中将使位置偏离。

⑬ 在所有需要钻孔工作完成后才可打胶，以免灰尘落到胶上面影响美观。

⑭ 挂墙式浴柜主柜安装完，台面距地面 80 ～ 83cm，也可以根据使用者的身高和习惯考虑调整。

⑮ 如果安装镜前灯，则电线的出线一般距地面大约 200cm，并且放置在浴室柜的正中间。

⑯ 台盆连接进出水管和下水管的长度要适当，位置要合理。

⑰ 用硅胶固定住台盆与瓷砖，要达到柜体稳固与防渗漏作用。

⑱ 浴室柜安装的水龙头最好与浴室柜成套购买，以便出水角度会相对合适一些。

⑲ 浴室柜安装时，冷热进水管出口一般放在柜子中间，并且距地面 45 ～ 50cm 或稍高一点。

11.1.7   鞋柜制作案例尺寸

鞋柜制作案例尺寸如图 11-6 所示。

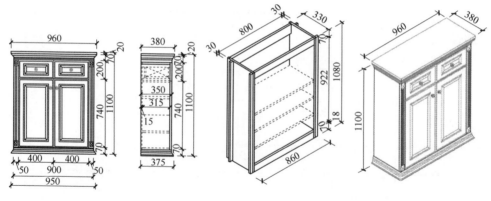

图 11-6　鞋柜制作案例尺寸

11.1.8　木窗帘盒、木窗台板的制作安装

窗帘盒就是用于遮挡窗帘杆、轨道和窗帘上部的装饰件，以及悬挂窗帘用的窗帘配套件。窗帘盒的安装，一般有明装、暗装等方式。

木窗帘盒（明窗帘盒）制作工艺流程如图 11-7 所示。木窗帘盒安装工艺流程如图 11-8 所示。木窗台板制作与安装工艺流程如图 11-9 所示。木窗帘盒安装工艺施工要点见表 11-4。木窗台板制作与安装施工要点见表 11-5。

木窗帘盒和窗台板制作与安装工程一些项目的质量参考要求见表 11-6。木窗帘盒和窗台板安装的允许偏差、检验法见表 11-7。

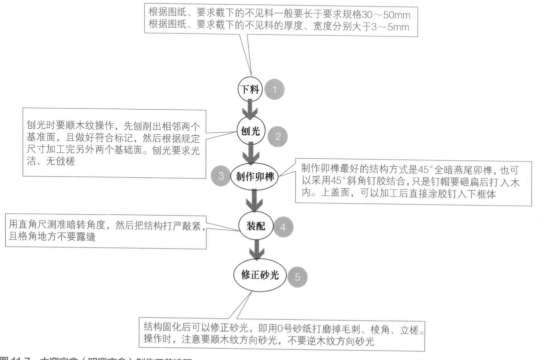

图 11-7　木窗帘盒（明窗帘盒）制作工艺流程

图 11-8　木窗帘盒安装工艺流程

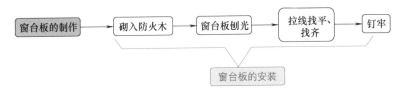

图 11-9　木窗台板制作与安装工艺流程

表 11-4　木窗帘盒安装工艺施工要点

名称	解释
配料	根据图纸、要求进行选料、配料、加工。采用细工板制作的木制窗帘盒，则要涂刷防火涂料
组装	（1）组装前，核查加工的窗帘盒品种、规格、组装构造是否符合设要求 （2）组装时，根据图纸、要求、现场特点进行组装 （3）组装时，可以先抹胶，再用钉子钉牢，注意溢出的胶要及时擦净 （4）窗帘盒的长度，一般由窗洞口的宽度确定。通常窗帘盒的长度比窗洞口的宽度长 300 ～ 360mm （5）采用钢筋棍、木棍做窗帘杆时，可以在窗帘盒两端头板上钻孔，并且孔径大小要与钢筋棍、木棍的直径一致
定位	（1）为了使轨道安装顺直、窗帘盒安装符合要求、窗帘杆安装符合要求，安装前要划线定标高、划线定位置、划线找平、划线找好窗口、划线找好挂镜 （2）定位前，要检查窗帘安装点的材料特点。如果安装点对应的是石膏板承重性较差材质的墙面或顶面，则需要加固石膏板，以确保承重可靠
预埋件	木窗帘盒与墙面可以通过在墙内砌入木砖或预埋铁件来实现固定。预埋铁件的尺寸、位置、数量要符合要求。安装前，要先检查预埋件是否符合要求。如果不符合要求，则需要整改到位或者修整到位
安装窗帘盒	（1）暗装窗帘盒的主要特点是窗帘盒与吊顶部分结合在一起。暗装窗帘盒常见的有内藏式窗帘盒、外接式窗帘盒 （2）内藏式窗帘盒主要是在窗顶部位的吊顶处做一条凹槽，然后窗帘轨安装在槽内。含在吊顶内的窗帘盒，一般要与吊顶施工一起做好 （3）外接式窗帘盒是在吊顶平面上做一条贯通墙面长度的遮挡板，窗帘轨安装在遮挡板内吊顶平面上。遮挡板可以采用射钉固定、预埋木楔圆钉固定、膨胀螺栓固定等方式。遮挡板与顶棚交接线，可以用棚角线压住。外接式窗帘盒遮挡板，可以采用木构架双包镶，且底边做封板边处理 （4）安装时，确定窗帘盒安装标高，同一墙面上有几个窗帘盒要拉通线使其高度一致。另外，窗帘盒的中线要对准窗洞口中线，使窗帘盒两端伸出窗洞口的长度一样 （5）安装时，窗帘盒靠墙部分要与墙面紧贴无缝隙 （6）有的安装情况，需要根据预埋铁件位置，在盖板上钻孔，然后采用螺栓加垫圈拧紧。如果预埋木砖，则采用木螺钉、钉子进行固定
安装窗帘轨	（1）窗帘轨道有单轨道、双轨道、三轨道等类型。轨道形式有工字形、槽形、圆杆形等 （2）窗帘轨道安装前，先要检查其平直性。如果窗帘轨道存在弯曲现象，则要调直后再安装 （3）对于单体窗帘盒，一般先安装轨道。暗装窗帘盒安装轨道时，注意轨道要保持在一条直线上 （4）槽形窗帘轨的安装，可以使用钻头在槽形轨的底面打小孔，然后采用螺栓穿小孔，将槽形轨道固定在窗帘盒内的顶面上 （5）工字形窗帘轨通过配套的固定爪来安装固定。安装时，先把固定爪套入工字形窗帘轨上，每米窗帘轨道大概三个固定爪安装在墙面上或窗帘盒木结构上 （6）暗窗帘盒可后安装轨道。明窗帘盒一般宜先安装轨道 （7）窗宽度大于 1.2m 时，窗帘轨道中间要断开，并且断头位置要煨弯错开，以及弯曲度要平缓，搭接长度不少于 200mm （8）挂重的窗帘时，明窗帘盒安装轨道要采用木螺钉 （9）挂重的窗帘时，暗窗帘盒安装轨道小角要加密（即加密间距），木螺钉规格不小于 30mm （10）电动窗帘轨，要根据要求调试

表 11-5　木窗台板制作与安装施工要点

名称	解释
窗台板的制作	（1）木窗台表面要光洁，净料尺寸厚度为 20 ～ 30mm，比待安装的窗长大约 240mm。板宽根据窗口深度来确定，一般突出窗口 60 ～ 80mm （2）台板外沿要倒棱或起线 （3）台板宽度大于 150mm，需要拼接时，背面要穿暗带防止翘曲，窗台板背面要开卸力槽
砌入防火木	（1）窗台墙上，预先砌入防腐木砖，木砖间距大约 500mm，每樘窗不少于两块，在窗框的下槛裁口或打槽 （2）窗台板刨光起线后，放在窗台墙顶上居中，里边嵌入下槛槽内。窗台板的长度一般比窗樘宽度长大约 120mm，两端伸出的长度要一样 （3）同一房间内同标高的窗台板要拉线找齐找平，标高一致，凸出墙面尺寸一致 （4）窗台板上表面要向室内略有倾斜，坡度大约 1% （5）窗台板的宽度大于 150mm，拼接时，背面要穿暗带，以防翘曲
钉牢	用明钉把窗台板与木砖钉牢，钉帽要砸扁。窗台线预先刨光，根据窗台长度两端刨成弧形线脚，再用明钉与窗台板斜向钉牢，钉帽要砸扁冲入板内

表 11-6　木窗帘盒和窗台板制作与安装工程一些项目的质量参考要求

项目	项目类型	要求	检验法
窗帘盒、窗台板与墙、窗框的衔接要求	一般项目	衔接要严密，密封胶缝要顺直光滑	可以采用观察检验法来检查
窗帘盒配件安装要求	主控项目	安装要牢固	手扳检查；检查进场验收记录
窗帘盒与窗台板表面要求	一般项目	平整洁净，线条顺直，接缝严密，色泽一致，无裂缝、无翘曲	可以采用观察检验法来检查

表 11-7　木窗帘盒和窗台板安装的允许偏差、检验法

项目	允许偏差 /mm	检验法
两端出墙厚度差	3	可以用钢直尺检查
两端距窗洞口长度差	2	可以用钢直尺检查
上口、下口直线度	3	可以拉 5m 线，不足 5m 拉通线，用钢直尺检查
水平度	2	可以采用 1m 水平尺和塞尺检查

11.2　工地木工

扫码看视频

木模板的特点与规格

11.2.1　木模板的特点与规格

工地木工的重要工作就是支木模与拆木模。

木模板（图 11-10），一般是先加工成基本元件——拼板，然后现场进行拼装。常见木模板（面板）尺寸规格有 915mm×1830mm、1220mm×2440mm、1200mm×2400mm、900mm×1800mm 等；厚度有 12mm、15mm、18mm 等。木模板面板是使混凝土成形的部分。

木模板属于一种人造建筑模板。常用的木质建筑模板有三合板、五合板、九夹板等。木模板在加热 / 不加热条件下均可压制而成。木模板层数多为奇数，少量为偶数。

有的建筑红板（模板），有 915mm×1830mm×（10 ～ 16mm）等规格，7 ～ 10 层等芯板层数，酚醛树脂膜（黑色、红色、棕色）等膜纸材料，三聚氰胺胶、酚醛胶等胶种。

木模板

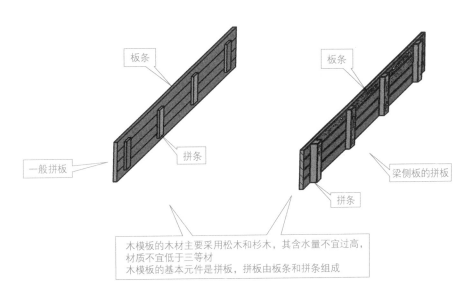

图 11-10　木模板

知识贴士

　　1220mm×2440mm 高层建筑模板（红板）的常见厚度为 12mm、13mm、14mm、15mm、16mm，或者定制厚度。

　　1830mm×915mm 高层建筑模板（红板）的常见厚度为 11mm、12mm、13mm、14mm、15mm、16mm，或者定制厚度。

11.2.2　混凝土用木工字梁的特点、规格与结构

　　混凝土模板用木工字梁的特点、规格与结构如图 11-11 所示。

木工字梁规格尺寸	
项目	尺寸/mm
木梁长度	2900，3900，4900，5900
翼缘厚度	40
腹板厚度	27，30

翼缘
木工字梁的上、下两根木质构件

腹板
连接木工字梁翼缘的木基结构板材，包括多层胶合板和三层实木板

混凝土模板用木工字梁
由两根木质材料做翼缘，木基结构板材做腹板
用室外型胶黏剂黏结的混凝土模板支撑用工字形木梁，简称木工字梁

图 11-11　混凝土模板用木工字梁的特点、规格与结构

11.2.3　木模板支撑支架

±0.000 以上楼板支撑体系一般采用钢管架，不得使用门式架作为支撑体系。碗扣架、可调钢管架、扣件式钢管架，均可作为模板支撑架。木模板支撑支架如图 11-12 所示。

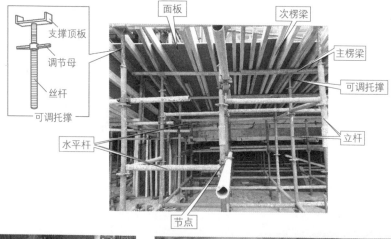

支撑顶板
调节母
丝杆
可调托撑

面板　　次楞梁
主楞梁
可调托撑
立杆
水平杆
节点

图 11-12　木模板支撑支架

11.2.4　建筑木模板常见施工顺序

建筑木模板常见施工顺序如图 11-13 所示。

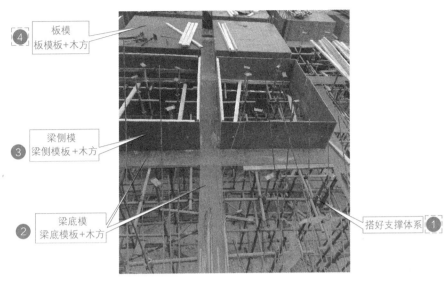

图 11-13　建筑木模板常见施工顺序

11.2.5　柱模板的特点与结构

柱子的特点主要体现为断面尺寸不大而高度较高。为此，柱模主要满足垂直度、柱模施工时的侧向稳定性、抵抗混凝土的侧压力、方便灌注混凝土、方便清理垃圾、方便绑扎钢筋等要求。

柱模板如图 11-14 所示。

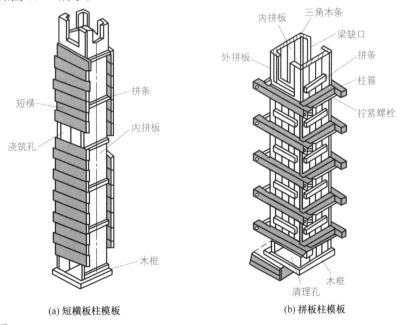

图 11-14　柱模板

11.2.6　梁模板的特点与结构

梁模板具有跨度大且宽度不大，以及梁底往往是架空的等特点。为此，混凝土对梁模板有水平侧压力，也有竖向压力。梁模板及其支架系统，需要能够承受荷载，并且不致发生过大的变形。

梁模板如图 11-15 所示。

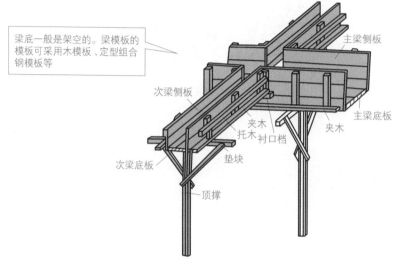

图 11-15　梁模板

11.2.7　楼板模板的特点与结构

楼板模板的特点与结构如图 11-16 所示。

扫码看视频

楼板模板的特点与结构

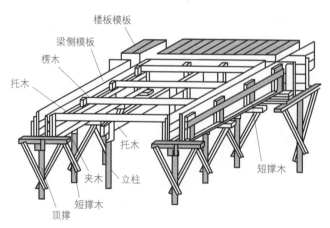

图 11-16　楼板模板的特点与结构

第**12**章

木工计算、尺寸与数据

12.1 木工计算

12.1.1 木工榫头的计算

木工榫头的计算见表 12-1。

表 12-1 木工榫头的计算

名称	案例计算
开口贯通单榫	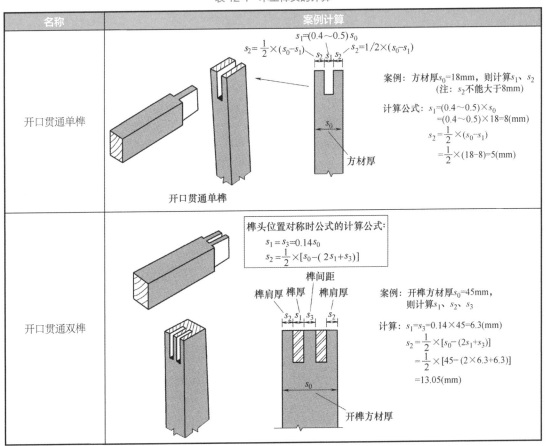 开口贯通单榫 $s_1=(0.4\sim0.5)\,s_0$ $s_2=\frac{1}{2}\times(s_0-s_1)$ $s_2=1/2\times(s_0-s_1)$ s_0 方材厚 案例：方材厚s_0=18mm，则计算s_1、s_2 （注：s_2不能大于8mm） 计算公式：$s_1=(0.4\sim0.5)\times s_0$ $=(0.4\sim0.5)\times18=8\text{(mm)}$ $s_2=\frac{1}{2}\times(s_0-s_1)$ $=\frac{1}{2}\times(18-8)=5\text{(mm)}$
开口贯通双榫	**榫头位置对称时公式的计算公式：** $s_1=s_3=0.14s_0$ $s_2=\frac{1}{2}\times[s_0-(2s_1+s_3)]$ 榫间距 · 榫肩厚 · 榫厚 · 榫肩厚 s_2 s_1 s_3 s_2 · s_0 · 开榫方材厚 案例：开榫方材厚s_0=45mm，则计算s_1、s_2、s_3 计算：$s_1=s_3=0.14\times45=6.3\text{(mm)}$ $s_2=\frac{1}{2}\times[s_0-(2s_1+s_3)]$ $=\frac{1}{2}\times[45-(2\times6.3+6.3)]$ $=13.05\text{(mm)}$

名称	案例计算
开口贯通三榫	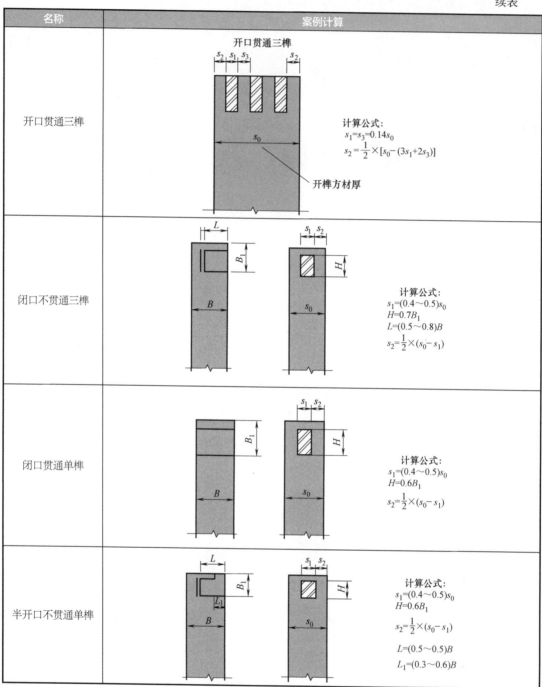开口贯通三榫 计算公式： $s_1=s_3=0.14s_0$ $s_2=\frac{1}{2}\times[s_0-(3s_1+2s_3)]$ 开榫方材厚
闭口不贯通三榫	计算公式： $s_1=(0.4\sim0.5)s_0$ $H=0.7B_1$ $L=(0.5\sim0.8)B$ $s_2=\frac{1}{2}\times(s_0-s_1)$
闭口贯通单榫	计算公式： $s_1=(0.4\sim0.5)s_0$ $H=0.6B_1$ $s_2=\frac{1}{2}\times(s_0-s_1)$
半开口不贯通单榫	计算公式： $s_1=(0.4\sim0.5)s_0$ $H=0.6B_1$ $s_2=\frac{1}{2}\times(s_0-s_1)$ $L=(0.5\sim0.5)B$ $L_1=(0.3\sim0.6)B$

12.1.2　板凳的计算

　　旧制传统木尺的一尺（这里的尺不是英尺），是现在的 30cm。旧制传统木尺的一寸，是现在的 3cm。旧制传统木尺的二分，是现在的 6mm。

　　传统长条板凳（正面凳腿与侧面凳腿斜度不一致）：正面凳腿斜度一寸放二分，侧面凳腿斜度一寸放一分半。

一寸放二分，转换现在的尺寸为：3cm 放 6mm。依此类推，15cm 放 3cm（3cm×5 放 6mm×5）。

一寸放二分斜度的划线法：首先划一条直线，取 15cm 点处平移 3cm 定点。定点与起点的直线也就是一寸放二分斜度线，如图 12-1 所示。

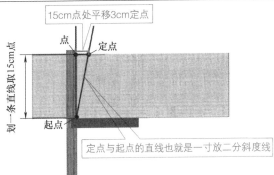

图 12-1　板凳的计算

12.2　木工尺寸与数据

12.2.1　结构用木材强度等级——针叶树木材

结构用木材强度等级——针叶树木材强度等级与性能指标见表 12-2。

表 12-2　结构用木材强度等级——针叶树木材强度等级与性能指标

性能指标	强度等级												
	S10	S14	S16	S18	S20	S22	S24	S28	S32	S36	S40	S45	S50
抗弯强度特征值 /MPa	10	14	16	18	20	22	24	28	32	36	40	45	50
顺纹抗拉强度特征值 /MPa	5	7	8	10	11	12	13	15	17	19	21	24	27
横纹抗拉强度特征值 /MPa	0.5	0.5	0.5	0.5	0.5	0.5	0.5	0.5	0.5	0.5	0.5	0.5	0.5
顺纹抗压强度特征值 /MPa	13	16	17	18	19	20	21	22	22	23	24	25	28
横纹抗压强度特征值 /MPa	2.0	2.5	2.5	2.5	3.0	3.0	3.5	3.5	4.0	4.5	5.0	5.0	5.0
剪切强度特征值 /MPa	1.5	2.0	2.5	2.5	2.5	2.8	3.0	3.0	3.5	3.5	3.5	3.8	3.8
抗弯弹性模量平均值 /GPa	7	8	8.5	9	9.5	10	10.5	11.5	12.5	13.5	14.5	15	16
密度平均值 /（g/cm³）	0.33	0.35	0.36	0.38	0.39	0.40	0.41	0.44	0.46	0.49	0.51	0.53	0.55

注：横纹抗压强度指标为局部横纹抗压强度特征值；密度指标为全干密度平均值；含水率条件为 12%。

12.2.2　结构用木材强度等级——阔叶树木材

结构用木材强度等级——阔叶树木材强度等级与性能指标见表 12-3。

表 12-3　结构用木材强度等级——阔叶树木材强度等级与性能指标

性能指标	强度等级							
	H14	H18	H24	H130	H40	H50	H60	H70
抗弯强度特征值 /MPa	14	18	24	30	40	50	60	70
顺纹抗拉强度特征值 /MPa	7	9	12	15	20	25	30	35
横纹抗拉强度特征值 /MPa	0.6	0.6	0.6	0.6	0.6	0.6	0.6	0.6
顺纹抗压强度特征值 /MPa	16	18	21	22	24	28	35	41
横纹抗压强度特征值 /MPa	4	4.5	5.5	6.5	8	9.5	11	12.5
剪切强度特征值 /MPa	2.0	2.5	3.0	3.0	3.5	4.5	5.0	6.5
抗弯弹性模量平均值 /GPa	8	8.5	10	11	13	15	17	19
密度平均值 / (g/cm³)	0.46	0.48	0.55	0.60	0.69	0.78	0.87	0.96

注：横纹抗压强度指标为局部横纹抗压强度特征值；密度指标为全干密度平均值；含水率条件为 12%。

12.2.3　木地板的模数与优先尺寸

木地板的模数与优先尺寸见表 12-4。

表 12-4　木地板的模数与优先尺寸

分类		主要模数	优先尺寸 /mm
实木地板	长度	1M	600、900、1200
	宽度	3×（M/10）	90、120、180、210、300
	厚度	0.1×（M/10）	12、15、18
浸渍纸层压木质地板、实木复合地板	长度	1M	900、1200
	宽度	3×（M/10）	90、120、180、210、300
	厚度	0.1×（M/10）	8、10、12、14、16

12.2.4　直跑成品木质楼梯的模数与优先尺寸

直跑成品木质楼梯的模数与优先尺寸见表 12-5。

表 12-5　直跑成品木质楼梯的模数与优先尺寸

分类	主要模数	优先尺寸 /mm
踏步高度		170、180、190、200
踏板宽度	M/10	220、260、280、300
梯段宽度		700、800、900、950、1000

12.2.5　木质踢脚线宽度的模数与优先尺寸

木质踢脚线宽度的模数与优先尺寸见表 12-6。

表 12-6 木质踢脚线宽度的模数与优先尺寸

分类	主要模数	优先尺寸 /mm
宽度	M/5	60、80

12.2.6 双包镶板木框内撑档的间距要求

双包镶板木框内撑档的间距要求见表 12-7。

表 12-7 双包镶板木框内撑档的间距要求

覆面材料	撑档间距 /mm	应用部位	使用要求	最大撑档间距 /mm
三层胶合板、3mm 厚纤维板 ≤	75	桌柜面板、门板	一般部件	90
	90	一般部件		
五层胶合板、5mm 厚纤维板 ≤	100	桌柜面板、门板	受力部件	100
	150	一般部件		
5 ～ 8mm 厚胶合板、纤维板 ≤	120	桌柜面板、门板	受力部件	120
	170	一般部件		
8mm 厚以上胶合板、纤维板 ≤	150	桌柜面板	受力部件	150

12.2.7 桌类主要尺寸

桌类主要尺寸见表 12-8。

表 12-8 桌类主要尺寸

名称	主要尺寸、数据
餐椅桌	（1）桌面高 680 ～ 760mm （2）中间净空宽≥ 520mm （3）中间净空高≥ 580mm （4）中间净空与椅凳座面配合高差≥ 200mm （5）桌面与椅凳桌面配合高差 250 ～ 320mm
长方桌	（1）桌面宽≥ 600mm （2）桌面深≥ 400mm （3）中间净空高≥ 580mm
单柜桌	（1）座面宽 900 ～ 1500mm （2）座面深 500 ～ 750mm （3）中间净空高≥ 580mm （4）中间净空宽≥ 520mm （5）侧柜抽屉内宽≥ 230mm
方桌	（1）桌面宽≥ 600mm （2）中间净空高≥ 580mm （3）中规格方桌（中式餐桌）长度 800mm、宽度 800mm、高度 780mm （4）小规格方桌（中式餐桌）长度 750mm、宽度 750mm、高度 760mm
梳妆桌 （梳妆台）	（1）桌面高≤ 740mm （2）中间净空高≥ 580mm （3）中间净空宽≥ 500mm （4）镜子下沿离底面高≤ 1000mm （5）镜子上沿离地面高≥ 1400mm （6）大规格梳妆台长度 1200mm、宽度 600mm、高度 760mm （7）中规格梳妆台长度 1000mm、宽度 500mm、高度 740mm （8）小规格梳妆台长度 900mm、宽度 360mm、高度 720mm

名称	主要尺寸、数据
双柜桌	（1）座面宽 1200～2400mm （2）座面深 600～1200mm （3）中间净空高≥580mm （4）中间净空宽≥520mm （5）侧柜抽屉内宽≥230mm
圆桌	（1）桌面直径≥600mm （2）中间净空高≥580mm （3）特大规格圆桌（中式餐桌）高度800mm、直径1500mm （4）大规格圆桌（中式餐桌）高度780mm、直径1200mm
电脑桌	（1）中规格电脑桌宽度1200mm、高度760mm、深度600mm （2）中规格的抽出式键盘搁板宽度540mm、高度（离地面）645mm、深度370mm、厚度110mm （3）中规格的带轮活动矮柜宽度400mm、高度580mm、深度460mm （4）小规格电脑桌宽度1000mm、高度750mm、深度560mm （5）小规格的抽出式键盘搁板宽度480mm、高度离地面640mm、深度360mm、厚度100mm （6）小规格的抽出式鼠标搁板宽度300mm、高度（离地面）580mm、深度360mm
书桌	（1）特大规格书桌长度1800mm、宽度900mm、高度780mm （2）大规格书桌长度1500mm、宽度850mm、高度780mm （3）中规格书桌长度1200mm、宽度600mm、高度760～780mm （4）小规格书桌长度1000mm、宽度520mm、高度760mm

12.2.8　椅凳类主要尺寸

椅凳类主要尺寸见表12-9。

表 12-9　椅凳类主要尺寸

名称	主要尺寸、数据
长方凳	（1）凳面宽≥320mm （2）凳面深≥240mm
方凳	（1）凳面宽≥300mm （2）一般方凳长度300mm、宽度300mm、高度440mm （3）小规格方凳长度300mm、宽度265mm、高度420mm。
护手椅	（1）扶手内宽≥480mm （2）座深400～480mm （3）扶手高220～250mm （4）背长≥350mm
靠背椅	（1）座前宽≥400mm （2）座深340～460mm （3）背长≥350mm
椅凳座高	（1）硬面400～440mm （2）软面400～460mm（包括下沉量）
圆凳	凳面直径≥300mm
折叠椅	（1）座前宽340～420mm （2）座深340～440mm （3）背长≥350mm
梳妆凳	（1）梳妆凳长度300mm （2）梳妆凳宽度300mm （3）梳妆凳高度420mm
餐椅	（1）椅背高度650～850mm （2）座位宽度380～480mm、高度400～440mm、深度400～440mm

12.2.9 沙发主要尺寸

沙发主要尺寸见表 12-10。

表 12-10 沙发主要尺寸

名称	主要尺寸、数据
沙发背高	≥ 600mm
沙发座前高	340 ~ 440mm
沙发座前宽	（1）单人沙发≥ 480mm （2）双人沙发≥ 960mm （3）双人以上沙发≥ 1440mm
沙发座深	480 ~ 600mm

12.2.10 办公家具尺寸

办公家具尺寸见表 12-11。

表 12-11 办公家具尺寸

名称	主要尺寸、数据
办公桌	（1）办公桌长 1200 ~ 1600mm （2）办公桌宽 500 ~ 650mm （3）办公桌高 700 ~ 800mm
办公椅	（1）办公椅高 400 ~ 450mm （2）办公椅（长 × 宽）450mm×450mm
茶几	（1）前置型茶几（长 × 宽 × 高）900mm×400mm×400mm（高）mm （2）中心型茶几（长 × 宽 × 高）900mm×900mm×400mm、700mm×700mm×400mm （3）左右型茶几（长 × 宽 × 高）600mm×400mm×400mm
书柜	（1）书柜高 1800mm （2）书柜宽 1200 ~ 1500mm （3）书柜深 350 ~ 450mm
书架	（1）书架高 1800mm （2）书架宽 1000 ~ 1300mm （3）书架深 300 ~ 400mm

12.2.11 办公椅主要尺寸

办公椅主要尺寸见表 12-12。

表 12-12 办公椅主要尺寸

名称	数据	名称	数据
办公椅背高	≥ 275mm	办公椅座宽	≥ 360mm
办公椅扶手高	160 ~ 250mm	办公椅座深	340 ~ 540mm
办公椅扶手内宽	≥ 440mm	办公椅的座面升降行程	≥ 60mm
办公椅座高	≥ 380mm		

12.2.12 吧椅主要尺寸

吧椅主要尺寸见表 12-13。

表 12-13   吧椅主要尺寸

名称	数据	名称	数据
吧椅最低座高	≥550mm	吧椅座面与脚踏高差	380～480mm

12.2.13 影视剧院公共座椅主要尺寸

影视剧院公共座椅主要尺寸见表 12-14。

表 12-14   影视剧院公共座椅主要尺寸

名称	主要尺寸、数据	名称	主要尺寸、数据
影视剧院公共座椅座高	400～450mm	影视剧院公共座椅扶手中距	≥520mm
影视剧院公共座椅座深	400～500mm	影视剧院公共座椅扶手距地面高度	550～650mm
影视剧院公共座椅座宽	≥400mm	影视剧院公共座椅背距地面高度	≥750mm
影视剧院公共座椅扶手内宽	≥460mm		

12.2.14 体育馆公共座椅主要尺寸

体育馆公共座椅主要尺寸见表 12-15。

表 12-15   体育馆公共座椅主要尺寸

名称	数据	名称	数据
体育馆公共座椅背长	≥120mm	体育馆公共座椅座高	400～440mm
体育馆公共座椅扶手高	160～250mm	体育馆公共座椅座宽	380mm
体育馆公共座椅扶手内宽	≥460mm	体育馆公共座椅座深	340～450mm

12.2.15 衣柜主要尺寸

衣柜主要尺寸见表 12-16。

表 12-16 衣柜主要尺寸

名称	主要尺寸、数据
底层屉面下沿离地面高	有抽屉的衣柜≥50mm
顶层抽屉上沿离地面高	有抽屉的衣柜≤1250mm
挂衣棍上沿到底板内表面距离	挂长衣≥1400mm，挂短衣≥900mm
挂衣棍上沿到顶板内表面距离	≥40mm
挂衣空间深度	≥530mm
镜子上沿距离地面高	有镜子的衣柜≥1700mm，装饰镜不受高度要求
折叠衣服放置空间深度	≥450mm
衣柜规格	（1）大规格衣柜宽度 1500mm、高度 2200mm、厚度 620mm （2）中规格衣柜宽度 1200mm、高度 2000mm、厚度 600mm （3）小规格衣柜宽度 1000mm、高度 1900mm、厚度 520mm （4）隔墙式衣柜宽度现场尺寸、高度现场尺寸、厚度 500～600mm

12.2.16 床头柜主要尺寸

床头柜主要尺寸见表 12-17。

表 12-17　床头柜主要尺寸

名称	主要尺寸、数据
柜体外形高	450 ～ 760mm
柜体外形宽	400 ～ 600mm
柜体外形深	300 ～ 450mm
床头柜规格	（1）大规格床头柜长度 600mm、高度 700mm、深度 300 ～ 500mm （2）中规格床头柜长度 450mm、高度 660mm、深度 300 ～ 500mm （3）小规格床头柜长度 400mm、高度 600mm、深度 300 ～ 500mm

12.2.17 书柜主要尺寸

书柜主要尺寸见表 12-18。

表 12-18　书柜主要尺寸

名称	主要尺寸、数据
层间净高	≥ 250mm
柜体外形高	1200 ～ 2200mm
柜体外形宽	600 ～ 900mm
柜体外形深	300 ～ 400mm
书柜	（1）大规格书柜宽度 1500mm、高度 2400mm、厚度 320 ～ 350mm （2）中规格书柜宽度 1200mm、高度 2000mm、厚度 300 ～ 320mm （3）小规格书柜宽度 900mm、高度 1800mm、厚度 280 ～ 300mm

12.2.18 文件柜主要尺寸

文件柜主要尺寸见表 12-19。

表 12-19　文件柜主要尺寸

名称	主要尺寸、数据
柜体外形宽	450 ～ 1050mm
柜体外形深	400 ～ 450mm
柜体外形高	（1）370 ～ 400mm （2）700 ～ 1200mm （3）1800 ～ 2200mm
层间净高	≥ 330mm

12.2.19 茶几主要尺寸

茶几主要尺寸见表 12-20。

表 12-20　茶几主要尺寸

名称	主要尺寸、数据
方形茶几	（1）几面深度≥400mm （2）几面宽度≥400mm （3）几面高度 300～520mm
圆形茶几	（1）几面直径≥450mm （2）几面高度 300～520mm
不规则形茶几	（1）几面高度 300～520mm （2）几面尺寸由供需协定、实际情况确定
长茶几	（1）大规格长茶几宽度 1400mm、宽度 550mm、高度 500mm （2）中规格长茶几宽度 1200mm、宽度 500mm、高度 450mm （3）小规格长茶几宽度 1000mm、宽度 450mm、高度 450mm
方茶几	（1）大规格方茶几宽度 650mm、宽度 460mm、高度 580mm （2）中规格方茶几宽度 600mm、宽度 420mm、高度 500mm （3）小规格方茶几宽度 560mm、宽度 400mm、高度 400mm

12.2.20　床主要尺寸

床主要尺寸见表 12-21。

表 12-21　床主要尺寸

名称	主要尺寸、数据
单层床	（1）床铺面长 1900～2220mm （2）床铺面宽：单人床 700～1200mm，双人床 1350～2000mm （3）床铺面高（不放置床垫或褥）≤450mm
双层床	（1）床铺面长 1900～2020mm （2）床铺面宽 800～1520mm （3）底床面高（不放置床垫）≤450mm （4）层间净高：放置床垫≥980mm，不放置床垫≥1150mm （5）安全栏板缺口长度≤600mm （6）安全栏板高度： 放置床垫（褥）——床褥上表面到安全栏板的顶边距离应≥200mm； 不放置床垫（褥）——安全栏板的顶边与床铺面的上表面应≥300mm
单人床	（1）大规格单人床长度 2000mm、宽度 1200mm、高度 460mm （2）中规格单人床长度 1960mm、宽度 1000mm、高度 440mm （3）小规格单人床长度 1920mm、宽度 900mm、高度 420mm
双人床	（1）大规格双人床长度 2100mm、宽度 1800mm、高度 460mm （2）中规格双人床长度 2000mm、宽度 1500mm、高度 440mm （3）小规格双人床长度 1960mm、宽度 1350mm、高度 420mm

12.2.21　中小学学生身高与课桌椅尺寸的参考选择

中小学学生身高与课桌椅尺寸的参考选择见表 12-22。

表 12-22　中小学学生身高与课桌椅尺寸的参考选择

标准身高	180cm	172.5cm	165cm	157.5cm	150cm	142.5cm	135cm	127.5cm	120cm	112.5cm
学生身高范围	约173cm	165～179cm	158～172cm	150～164cm	143～157cm	135～149cm	128～142cm	120～134cm	113～127cm	约119cm
课桌 /mm										
尺寸名称	1 号	2 号	3 号	4 号	5 号	6 号	7 号	8 号	9 号	10 号
桌面高	760	730	700	670	640	610	580	550	520	490
桌下净空高 1	≥630	≥600	≥570	≥550	≥520	≥490	≥460	≥430	≥400	≥370
桌下净空高 2	≥490	≥460	≥430	≥400	≥370	≥340	≥310	≥280	≥250	≥220
桌面深、桌下净空深 1	400									
桌下净空深 2	≥250									
桌下净空深 3	≥330									
桌面宽	单人用≥600，双人用 1200									
桌下净空宽	单人用≥440，双人用≥1040									
课椅 /mm										
尺寸名称	1 号	2 号	3 号	4 号	5 号	6 号	7 号	8 号	9 号	10 号
座面高	440	420	400	380	360	340	320	300	290	270
靠背上缘距座面高	340	330	320	310	290	280	270	260	240	230
靠背点距座面高	220	220	210	210	200	200	190	180	170	160
靠背下缘距座面高	180	180	170	170	160	160	150	140	130	120
座面有效深	380	380	380	340	340	340	290	290	290	260
座面宽	≥360	≥360	≥360	≥320	≥320	≥320	≥280	≥280	≥270	≥270
参考型号										
高中	●	●	●	●						
初中		●	●	●	●	●				
小学				●	●	●	●	●	●	●

注："●"表示参考选择。

12.2.22　木踢脚板、木墙裙尺寸

木踢脚板、木墙裙尺寸见表 12-23。

表 12-23　木踢脚板、木墙裙尺寸

名称	数据	名称	数据
木踢脚板高	80～200mm	木墙裙高	800～1500mm

12.2.23　餐厅木质家具尺寸

餐厅木质家具尺寸见表 12-24。

表 12-24　餐厅木质家具尺寸

名称	主要尺寸、数据
木餐桌	木餐桌高 750～790mm
木餐椅	木餐椅高 450～500mm
木圆桌直径	（1）二人木圆桌直径 500mm、800mm （2）四人木圆桌直径 900mm （3）五人木圆桌直径 1100mm （4）六人木圆桌直径 1100～1250mm （5）八人木圆桌直径 1300mm （6）十人木圆桌直径 1500mm （7）十二人木圆桌直径 1800mm
木方餐桌尺寸	（1）二人木方餐桌尺寸 700mm×850mm （2）四人木方餐桌尺寸 1350mm×850mm （3）八人木方餐桌尺寸 2250mm×850mm
木酒吧台	（1）木酒吧台高 900～1050mm （2）木酒吧台宽 500mm
木酒吧凳	木酒吧凳高 600～750mm

12.2.24　饭店客房木质家具尺寸

饭店客房木质家具尺寸见表 12-25。

表 12-25　饭店客房木质家具尺寸

名称	主要尺寸、数据
木床	木床高 400～450mm
木床头柜	（1）木床头柜高 500～700mm （2）木床头柜宽 500～800mm
木写字台	（1）木写字台长 1100～1500mm （2）木写字台宽 450～600mm （3）木写字台高 700～750mm
木行李台	（1）行李台长 910～1070mm （2）行李台宽 500mm （3）行李台高 400mm
木衣柜	（1）木衣柜宽 800～1200mm （2）木衣柜高 1600～2000mm （3）木衣柜深 500～600mm
化妆台	（1）化妆台长 1350mm （2）化妆台宽 450mm

12.2.25　家装门尺寸数据

家装门尺寸数据见表 12-26。

表 12-26　家装门尺寸数据

名称	主要尺寸、数据	名称	主要尺寸、数据
大门	（1）高 2.0～2.4m （2）宽 0.90～0.95m	折叠门	（1）宽度 450～600mm （2）高度 1900～2400mm
室内门	（1）高 1.9～2.0m （2）宽 0.8～0.9m	推拉门	（1）宽度 600～900mm （2）高度 1900～2400mm
厕所、厨房门	（1）厕所、厨房门高 1.9～2m （2）厕所、厨房门宽 0.8～0.9m	门套线	门套线宽度 30～120mm

12.2.26　家装其他尺寸数据

家装其他尺寸数据见表 12-27。

表 12-27　家装其他尺寸数据

名称	主要尺寸、数据
窗帘盒	（1）窗帘盒高度 120～180mm （2）单层窗帘盒深度 120mm （3）双层窗帘盒深度 160～180mm
实木地板规格（长×宽×高）	750mm×60mm×18mm 、750mm×90mm×18mm、910mm×94mm×18mm 等
复合地板规格	复合地板规格长×宽×厚度：1200mm×90mm×8mm、1200mm×90mm×10mm 等
楼梯	宽度 850～1000mm
楼梯踏步	（1）踢面 170～210mm （2）踏面 230～250mm
楼梯栏杆	高度 800～1100mm
洗面台	（1）长度 900～1100mm （2）宽度 500～600mm （3）高度 800～850mm
双人洗面台	（1）长度 1400～1600mm （2）宽度 500～600mm （3）高度 800～850mm
吊柜	（1）宽度 600～3000mm （2）高度 400～600mm （3）深度 400～600mm
矮柜	（1）大规格矮柜宽度 1500～2000mm、高度 600mm、深度 400～500mm （2）中规格矮柜宽度 1000～1500mm、高度 500mm、深度 400～500mm （3）小规格矮柜宽度 600～1000mm、高度 400mm、深度 400～500mm
五屉柜	（1）宽度 1000mm （2）高度 1200mm （3）厚度 500～600mm
装饰柜	（1）大规格装饰柜宽度 1200mm、高度 900mm、厚度 350～400mm （2）小规格装饰柜宽度 600mm、高度 1200mm、厚度 240～400mm
酒柜	（1）大规格酒柜宽度 1500mm、高度 1800～2400mm、厚度 400mm （2）中规格酒柜宽度 1200mm、高度 1200～1800mm、厚度 350mm （3）小规格酒柜宽度 900mm、高度 800～1200mm、厚度 300mm
鞋柜	（1）大规格鞋柜宽度 1200mm、高度 1500mm、厚度 350mm （2）中规格鞋柜宽度 1000mm、高度 1200mm、厚度 300mm （3）小规格鞋柜宽度 800mm、高度 1100mm、厚度 280mm （4）隔墙式鞋柜宽度现场尺寸、高度现场尺寸、厚度 300～350mm
电视柜（台）	（1）大规格电视柜（台）宽度 2000～3000mm、宽度 600mm、高度 450mm （2）中规格电视柜（台）宽度 1500～2000mm、宽度 550～600mm、高度 400mm （3）小规格电视柜（台）宽度 1200～1499mm、宽度 500～549mm、高度 299mm

随书附赠视频汇总

2.4.2 木工工作台的制作	3.2.5 弹簧铰链的特点、分类与应用	3.2.12 连接件类的特点、分类与应用
7.2.1 移门的特点和分类	7.3.1 金属门窗安装工程施工要点	8.3.1 吊码
9.1.1 木梢的特点、规格与选材	10.1.1 吊顶材料的分类与图例	10.1.5 龙骨的特点、规格与分类
10.2.4 卡式龙骨弧形吊顶安装	10.2.5 吊顶工艺的技巧与要求	10.2.8 铝扣板吊顶的工艺要点
11.2.1 木模板的特点与规格	11.2.7 楼板模板的特点与结构	

参考文献

［1］ T/CNHA 1034—2020. 全装修及类似用途家居五金　抽屉导轨.

［2］ T/CNHA 1035—2020. 全装修用及类似用途家居五金　暗铰链.

［3］ LY/T2383—2014. 结构用木材强度等级.

［4］ GB 50005—2017. 木结构设计标准.

［5］ 阳鸿钧，等. 装饰制图识图实战技法一本通［M］. 北京：化学工业出版社，2020.

［6］ 16J601-1 木门窗.

［7］ 16J607 建筑节能门窗.

［8］ 陕 02J06-2_室内装饰木门.

［9］ 陕 02J06-1 木门.

［10］ GB 50206—2012. 木结构工程施工质量验收标准.

［11］ GB/T 32442—2015. 可拆装家具拆装技术要求.

［12］ 阳鸿钧，等. 模板工程从入门到精通［M］. 北京：化学工业出版社，2022.

［13］ GB/T 32445—2015. 家具用材料分类.

［14］ GB/T 39032—2020. 难燃刨花板.

［15］ GBT 31434—2015. 住宅装修木制品模数.

［16］ QB/T 2385—2018. 深色名贵硬木家具.

［17］ LY/T 2876—2017. 人造板定制衣柜技术规范.

［18］ LY/T 3219—2020. 木结构用自攻螺钉.

［19］ 12J502-2. 内装修——室内吊顶.

［20］ 阳鸿钧，等. 装修工艺全能王［M］. 北京：化学工业出版社，2021.